云和虚拟数据
存储网络

Cloud and Virtual Data Storage Networking

［美］ Greg Schulz 著

李洪涛 席峰 顾陈 孙理 译

国防工业出版社

·北京·

著作权合同登记　图字：军-2014-044 号

图书在版编目（CIP）数据

云和虚拟数据存储网络 /（美）格雷格·舒尔茨（Greg Schulz）著；李洪涛等译.
—北京：国防工业出版社，2017.5
书名原文: Cloud and Virtual Data Storage Networking
ISBN 978-7-118-10833-0

Ⅰ. ①云… Ⅱ. ①格… ②李… Ⅲ. ①计算机网络－信息存贮 Ⅳ. ①TP393

中国版本图书馆 CIP 数据核字（2017）第 177112 号

Cloud and Virtual Data Storage Networking, by Greg Schulz.

Authorized translation from English language edition published by CRC.

Press, part of Taylor & Francis Group LLC.

All right Reserved.

本书原版由 Taylor&Francis 出版集团旗下，CRC 出版公司出版，并经其授权翻译
出版。

※

国防工业出版社出版发行

（北京市海淀区紫竹院南路 23 号　邮政编码 100048）

三河市众誉天成印务有限公司印刷

新华书店经售

*

开本 710×1000　1/16　印张 19¾　字数 305 千字

2017 年 5 月第 1 版第 1 次印刷　印数 1—2000 册　定价 79.00 元

（本书如有印装错误，我社负责调换）

国防书店：(010) 88540777　　　发行邮购：(010) 88540776

发行传真：(010) 88540755　　　发行业务：(010) 88540717

译 者 序

云计算被视为继个人计算机革新、互联网革新之后的第三次 IT 浪潮，是国家战略性新兴产业的重要组成部分。云存储是一个以数据存储和管理为核心的云计算系统，承担着最底层以服务形式收集、存储和处理数据的任务，并在此基础上展开上层的云平台、云服务等业务。云计算和云存储的研究将会给生活、生产以及商业带来根本性的变革，已成为当今社会关注的热点。本书是一部系统介绍云存储和虚拟数据存储的 IT 技术专著，研究内容全面、翔实，注重理论与应用紧密结合，技术手段和实现方式超前。

原作者 Greg Schulz 是公认的 IT 行业专家，具有三十多年丰富的工作经验，致力于数据基础设施研究，对不同区域产业具有敏锐的洞察力，并担任过许多不同职务。Greg Schulz 曾撰写包括 *Resilient Storage Networks - Designing Flexible Scalable Data Infrastructures*、*The Green and Virtual Data Center* 等多部专著，本书是其中的代表作之一。为了推动云计算及云存储在国内的普及，我们组织翻译了本书。本书以一种简明的形式，向读者全面深入地介绍了云、虚拟化以及数据中心等基本概念，信息架构及其所涉及的服务、存储和网络等相关技术。重点探讨了虚拟数据网络架构所涉及的服务评价体系和软硬件实现技术，介绍了一个典型数据存储网络的基本硬件和软件，并分别从数据存储网络的硬件架构、供电系统、操作系统、可靠性、存储系统及数据保护、能耗、成本核算模型等方面详细讲述了如何从设计者和构建者的角度去解构一个数据中心。

全书内容可分为四个部分：第一部分（第 1、2 章）介绍为什么需要云、虚拟化和数据存储网络；第二部分（第 3～6 章）详细介绍数据存储网络所涉及的数据与资源管理任务，并为各种任务定义相应的评价指标以指导网络架构设计；第三部分（第 7～13 章）重点探讨了云和虚拟化技术在数据存储网络应用中所涉及的各种技术；最后，第四部分（第 14、15 章）对前文进行了总结，并展望了云、虚拟化和数据存储网络的未来。

本书第 1～4 章由席峰翻译，第 5～7 章由顾陈翻译，第 8～12 章由李洪涛翻译，第 13～15 章以及附录由孙理翻译。参与翻译工作的还有南京理工大学博士研究生胡恒、王超宇、陈诚、曾文浩、马义耕、袁泽世、赵恒等；硕士研究生胡姗姗、侍宇峰、李康、朱璨、杨宇宸、王骏扬、侯云飞、季文韬、王芳、金薇等。硕士研究生李隽对本书文字方面做了大量的校对工作。南京理工大学电光学院院领导以及电子工程系的苏卫民教授、朱晓华教授、顾红教授对本书提出了许多宝贵建议，在此一并表示衷心感谢。

由于译者水平有限，加之技术发展日新月异，对原著的翻译难免有不妥，甚至错误之处，希望可以得到各位专家、同行的批评与指正。

译　者
2016 年 12 月

前　言

自从我写了《绿色和虚拟数据中心》（CRC 出版社，2009 年）一书后，我有机会通过个人或者各种虚拟渠道与世界各地众多 IT 专业人士认识并交流。在出版上一本书时，关于本书的一些新的想法也一起产生，我提炼了我的思想，也定义了新的行业发展趋势。其中的一个行业趋势是对各种来源材料的炒作和 FUD（恐惧、不确定和怀疑）。然而在炒作和 FUD 之间也有个距离，也就是本书讨论的主题：不要害怕云和虚拟化，但要三思而后行。也就是说，应该好好做功课、做准备、学习，并参与概念验证和培训来提高能力，在 IT 的道路上不断前进，在提高敏捷性、灵活性、规模和生产力的同时降低成本及复杂性。

另一个显著的趋势则是大量数据被生成、移动、处理以及更长时间存储的现象并没有减少的迹象，甚至在最近的全球金融危机和衰退中也很少有数据或信息放缓的迹象。实际上有相反的迹象：尽管金融机构被破纪录的负面经济影响，它们仍在不断地生成、移动、处理、记录相当一部分需要被保护的数据。唯一改变了的事实是，为了支持和维护业务的增长，需要做得更多而不是更少，或者说对目前拥有的做更多的事情。这意味着利用现有的和新兴的技术与方法来延伸可用资源，包括预算、人力、场地、功耗，以及新的应用程序甚至更多的数据和信息以支持业务增长。

为了在维持业务增长的同时应用新的功能和服务，信息服务供应商需要判断各种可提高效率的选择。变得高效不仅仅意味着成本规避，还包括效率提高以及信息服务交付的简化。这意味着进一步拉伸资源（人力、流程、预算、硬件、软件、能源、设施及服务），同时实现更好的业务灵活性和生产力。本书联系了《绿色和虚拟数据中心》（英特尔推荐开发商阅读）一书的结尾，并考虑 IT 和其他信息服务供应商如何能够在可用资源（人力、流程、产品和服务）的基础上做更多的事情，并减少单位成本，保留或者提高服务质量和客户满意度。

关键词，热点和 FUD 背景知识

有人认为云技术就是零基础的建设，或者至少是建立新的协议、接口、管理标准和参考模型。毫不奇怪，这些人往往是工程师、技术营销者、投资者、企业家，或者最新"闪亮新玩具"迷们。也有人相信云和虚拟化技术以及与之相关的技术可以用来补充或提高现有环境。

本书着眼于澄清"云混乱"，在为灵敏性、灵活性及易于管理性的整合之外扩大虚拟化的讨论。对于一些人，这意味着私有云或者传统意义上的 IT 方法结合若干新技术；而对另一些人，这意味着公共云以完全的或互补的方式被利用。利用共用云的那部分人将使用还在不断出现，或许还在重建、淘汰并更新的技术，其他人则将这种变化视为创造绿色领域或洁净空间的机会。

谁应该读这本书

本书提供一种从各种 IT 数据技术和资源领域中精简出来的单一资源，主要讨论那些需要支持以达到虚拟化、高效率、高功效、敏捷的信息服务交付环境以及其相互依存关系。你需要或者想要云吗？你需要或者想要一个虚拟环境吗？你觉得有必要有一个融合数据和存储网络吗，或者说需要特殊的商业机会或者挑战吗？什么是运用云或动态基础框架，虚拟化技术的商业案例、需求、挑战、机会？本书着眼于这些以及其他一些问题，提供答案、想法和见解，激发人们关于何时、何地、为什么以及如何利用公共、私有或 IT 基础来部署云、虚拟化及数据存储网络资源的思考。本书对关于云、虚拟化以及动态基础结构的技术、工艺及各种最佳实践与传统环境下的信息服务进行了融合。

可能会从本书中获益的读者包括 IT 采购人员、设备管理人员、服务器管理人员、存储管理员、网络维护员、数据库管理员、应用程序分析员、企业主管与结构人员，以及首席信息官、首席技术官、首席营销官与首席财务官。此外，制造商与解决方案合作伙伴（供应商）、增值经销商、咨询师，销售员、市场营销人员，技术支持与工程专家、公共关系专家，投资界人士以及与之相关媒体专业人士的技术与服务人员也都可以找到自己感兴趣的部分。

本书着眼于通过数据和存储网络的角色变化来支持和保持弹性与灵活性，扩展虚拟和云环境，以及在现存的环境中如何利用这些技术来达到更高的效率，提升服务质量，同时降低单位成本。如果你对这个主题有共鸣或者想要了解更多，那么本书就是你从现实世界角度和眼光来探寻服务器、存储、网络以及其他基础资源管理主题的必读书籍，这些管理主题支持当下和下一代依靠灵活的、可扩展和弹性的数据存储及网络的公共或私有虚拟数据中心。本书可以是云和虚拟化之旅的起点，也是可以在传统环境中运用得很好的资源。它对炒作和 FUD 介绍得很少，相反，它着重于介绍你需要确定的，并可以运用的各种技术和技巧。

本书的结构

本书分为四个部分。第一部分"为什么需要云、虚拟化和数据存储网络"，包括第 1 章和第 2 章，涵盖了信息服务交付和云的背景及基础知识。第二部分"管理数据和资源保护、保存、安全和服务"，包括第 3 章 ~ 第 6 章，并着眼于常见的管理任务以及衡量标准以实现高效和有效的数据基础设施环境。第三部分"技术、工具和解决方法",包括第7章~第13章,探讨各种技术资源（服务器、存储和网络）和技术。最后,第四部分"将IT全部结合起来",包括第14章和第15章,汇集了以前的内容,并展望未来的云、虚拟化和数据存储网络。

它将引领我们腾飞,还是旅途的落脚点?

本书的一个重要主题是,IT行业在为了探索更多的可用资源,同时保持或者提升服务质量、功能特色,并降低成本的道路上,已经走了几十年。在这个过程中的挑战包括出发太早,在时机到来时未做好适当的准备工作,或者等得太久又错过了时机。另一方面,太快得发展可能会导致达不到预期愉悦体验的惊喜效果。所以,不要害怕云、动态基础结构、虚拟化,但是要三思而后行。学习云的好处的同时也要学习其注意事项,理解其中的差距,这样才可以更好地利用它们,从长远意义来看知道利用什么才能扩大视野。

当阅读本书时,你会发现现有的和新兴的技术融合在一起;对一些人而言可能是旧的技术,对另一些人而言可能是新的技术。本书的主要思想是云和虚拟环境依赖于物理或基本资源、流程以及以一种更高效、灵活方式进行协作的人员。无论是打算全心全意投入云和虚拟化,还是想维持原商业环境不变,只是拓展一下对于云以及虚拟化的了解程度,本书中提到的技术技巧和最佳实践对任何规模的云、虚拟化、物理数据和存储网络环境来说都是相同的。

对某些环境而言,在这场从大型机—分布式—客户端—网络—被整合—虚拟化以及云计算模式的旅行中,已经有数不清的中间停顿,也有多种多样的举措,包括面向服务的体系结构（SOAs）、信息利用及其他模式等。一些组织已经"马不停蹄"地从一个时代跨越到另一个时代,而另一些则是干干净净（从零开始）的。

对一些人而言,这场旅行是追求云（公共云或私有云）,而对于其他人而言,云是一个平台,它是几年或者几十年信息连续旅程的过渡。比如,尽管被宣告死亡,大型机在一些组织中还是非常活跃,拥有支持传统和Linux开放式系统,并提供SOAs和私有云或公共云的能力。其中的关键在于找到新旧的平衡点,而不执着于过去或在还不知道走向哪里的时候急于走向未来。

旅途中的重要组成部分包括测量你的进步,确定你在哪里以及你要何时到达你想去的地方,同时需要确保在合理的预算以及时间范围内可以完成。在过渡时期内保持资源安全、企业数据的连续、灾难恢复及一般性数据保护也很重要。

当出差或者旅游时，可能是步行，也可能乘坐交通工具（自行车、汽车、飞机、火车或者各种组合）。做决定的时候可能是基于性能、速度、容量、舒适度、空间、可靠性、时间合适度、效益、个人喜好及经济状况。通常情况下，决定都是根据经济状况做出的，而不考虑时间、效率或者享受度。而有的时候，从美国西海岸乘飞机到中西部是因为节省时间，尽管这个价格比开车要贵得多。

谈到这里，是时候收起你的物品，请将你的座椅靠背直立，并将小桌板置于锁定位置，固定好安全带，我们就要起飞了。希望你可以通过下列章节享受一次全新的旅程。

格雷格·舒尔茨（Greg Schulz）

目　录

第1章 行业发展的趋势和展望：从问题和挑战中探索机遇

没有像数据或信息衰退一样的事情。

——格雷格·舒尔茨

本章概要

- ➤ 不作虚假宣传
- ➤ 引导云计算和数字化
- ➤ 信息工程和数据存储的商业需求
- ➤ 数据存储中信息工程遇到的问题与挑战
- ➤ 云计算和虚拟化数据存储网络的商业利益
- ➤ 解决数据存储问题和挑战的机遇
- ➤ 虚拟化、云计算和存储网络的角色
- ➤ 在不影响服务质量的情况下实现信息技术资源最大化
- ➤ 定义公共及私有云计算服务、产品、解决方式或模型
- ➤ 信息获取、数据一致性和可用性的重要性

本章以商业问题和需求为指导定义了云计算、虚拟化和数据存储网络的必要性。涉及的主题和关键词包括云计算、云存储、公共云和私有云、信息工厂、虚拟化、商业问题或挑战、生产力障碍、工艺工具和技术及最佳实践方式。额外的主题和议题讨论包括启用敏捷性、灵活性、可扩展性、弹性、多租户、托管服务供应商（MSP）、融合网络、基础设施型服务（IaaS）、平台型服务（PaaS）、软件型服务（SaaS）和信息技术优化。

1.1 入门

你可能在早上醒来的时候没有思考过"要找人购买或者采用云、虚拟化或存储网络解决方案"。当然，如果你是供应商或顾问，这可能是你的工作（评估、设计、销售、安装或支持数据存储、网络、虚拟化或云）。不过，如果你不是一个供应商、顾问、分析师或者记者，而是负责信息技术的人员，那么你需要在面对机遇中的商业需求或资本问题时为所在公司提出新的解决

1

方案。

　　许多公司共同的挑战是要面对爆炸性的数据增长与随之而来的管理任务和约束，包括预算、人员、时间、物质设施、占地空间、电源及设备冷却。在进一步深入讨论为什么需要或者不需要云、虚拟化和存储网络之前，退后一步，看看是什么在推动数据增长，以及为何要更有效地管理它。

1.2　数据和存储的重要性

　　作为社会的一员，生活在一个以信息为中心的世界，当创建和使用数据成为每时每刻的需要时，对创建和使用数据的依赖也就越来越强烈（图 1.1）。数据和相关信息服务的启用和提供则是通过信息技术服务以及与之相结合的应用、设备、网络、服务器、存储硬件和软件资源来实现的。

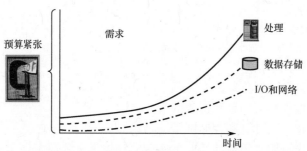

图 1.1　信息技术和数据存储所需要的驱动

　　现在，更多的数据要存储在与过去相同或比过去更小的设备上，因此，每吉字节（GB）、太字节（TB）、皮字节（PB）或艾字节（EB）就需要比原先更小的功率和更短的冷却时间。然而，为了维持业务活动，提高信息技术服务交付速度及启用新应用等需求将面对数据率不断增长的趋势，这就必然需要更多的处理能力、网络、输入/输出（I/O）带宽和数据存储容量。

　　出于人类对信息的依赖，不论是为了家庭、个人还是业务和专业的需求，更多的数据正在生成。为了保证更长的使用时间，人们不得不处理、移动、存储和保留多个副本。到最后，所有的信息技术企业都面临着不得不在现有（或者更少）的业务上做更多的事情，包括最大限度地提供信息技术资源，同时克服对常规规模（可用电源、冷却、占地空间、服务器、存储和网络资源管理、预算和信息技术人员）的限制。

1.2.1　信息技术数据存储对商业的影响

　　生活在以信息为中心的社会中，人们的生活已从家庭延伸到办公室，从小型办公室/家庭办公室（SOHO）到远程办公室/分支办公室（ROBO）、小型/

中型规模企业（SMB）、小型信息中心社会/中小型企业（SME），再到超大规模的组织或企业，所有形式都含有一个共同的主题，那就是经济。经济是永恒的焦点，无论是成本或费用、利润或利润率，还是投资回报率（ROI），都拥有成本或其他计量方式。

一方面，人们对信息有更多的需要和依赖；另一方面，也要考虑成本效益。若需要或想要取得信息，就需要有成本支撑并进行管理。然而，信息也可以直接或间接地带来利润，所以必须力求一个平衡点。因此，为了支持或维持经济（业务）增长或管理需要维持日常活动的数据，就需要计算相关的成本（硬件、软件、人员、设备、功率等）。

创新在商业中起到着重要的作用：它在对服务质量等级（SLO）不产生负面影响的情况下支持经济增长和促进服务，包括服务质量，同时降低单位服务成本（图1.2）。其中的关键便是要找到提高生产率、降低成本和维持或提高客户服务交付的平衡点。

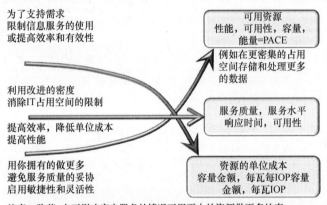

注意：改革=在不影响客户服务的情况下用更少的资源做更多的事

图1.2 支持需求、维持服务质量（QoS）同时降低成本

图1.2总结了最大限度地利用现有信息技术资源与以成本效益方式支持不断增长的业务需求之间的平衡态。其中信息技术资源包括人力、流程或最佳实践、时间、预算、硬件设施、电力、设备冷却、占地空间、服务器、存储和网络硬件以及软件和服务。很多时候，只有通过提高服务质量（QoS）以及SLO的利用率来降低成本，比如可在低成本模式下以QoS和SLO为目标，将业务合并或迁移至云服务。

另一种变化是通过提高QoS和SLO的性能以满足成本要求或有效地减少资源占用。换句话说，它是一种通过优化一个问题而导致另一个问题恶化的方法，而创新是使图1.2所示的所有三个类别都产生积极影响。

图1.2约束了性价比服务交付的障碍或制约，同时保持或提高服务交付体验，包括QoS和SLO。云计算、虚拟化和数据存储网络是结合了最佳实践、可

3

实现创新并符合图 1.2 目标的工具和技术。

　　云计算、虚拟化和数据存储网络可以用来降低成本，并通过整合计划以支撑扩展资源。同时，这些相同的工具和技术也可用于实现敏捷性、灵活性和增强服务以提高顶部及底部业务量。对于一些公司，他们的重点可能会在降低成本的同时，减少对没有效益业务的支持；对于其他公司，则意味着在保持相同或略有增加预算的前提下支持业务需求和 SLO。对于某些公司，这同样意味着降低成本，或用可伸缩的预算和资源去做更多想做的事情。

1.2.2　解决业务和信息技术问题

　　云、虚拟化和存储网络是一种在帮助、支持或维护商业成长的同时，降低运作单位成本、消除复杂性、提高灵活性和敏捷性、提高客户体验的工具和技术以及最佳实践方式。云、虚拟化和存储网络不是客观意义上的定义，而是一个工具和方式或是可以用来帮助实现更广泛业务和信息技术目标的机制。它们可应用于新的、零基础的环境，也可与现有的信息技术服务相同步，同时支持信息技术的发展。

　　因此，从工艺、工具和技术中抽身出来，从大局观出发，更有助于了解何时、何地、为什么要使用以及如何去更有效地使用云计算、虚拟化和存储网络。

1.2.3　是什么推动了数据增长和信息信任度

　　媒体和基于互联网应用的普及导致了非结构化文件数据的爆炸式增长，这就需要新的、更具扩展性的存储解决方案。非结构化数据通常包括电子表格、PPT 演示文档、幻灯片、PDF 和 Word 文档、网页、视频和音频、JPEG、MP3、MP4、照片、音频和视频文件。

　　非结构化数据持续增长的例子包括：

- ➤ 游戏、安全、监控录像等。
- ➤ 统一通信方式，包括语音 IP 电话（VoIP）。
- ➤ 丰富的媒体娱乐节目制作与浏览。
- ➤ 数字存档介质管理。
- ➤ 医学、生命科学和医疗保健。
- ➤ 能源、石油和天然气勘探。
- ➤ 通信与协作（电子邮件、即时通信、短信）。
- ➤ 互联网、网络、社交媒体网络、视频和音频。
- ➤ 财务、市场营销、工程和客户关系管理（CRM）。
- ➤ 监管及合规的需求。

结构化数据以数据库的形式持续增长，对于大多数环境和应用而言，高增长领域以及逐渐成为性能瓶颈的数据占用空间的扩张主要集中在半结构化数据的电子邮件和非结构化文件数据中。非结构化数据随着 I/O 特性的改变已经发生变化，例如，数据从被激活开始，到被闲置，再到被阅读；又如，视频或音频文件在媒体、娱乐、社交网络，或者一个公司赞助的网站中逐渐流行起来。

数据占用空间是支持各种业务和信息需求所需的所有数据存储的空间。数据占用空间可能比所需要的实际数据大一些。通常，计算数据占用空间的方法是所有在线数据、近线与离线数据（磁盘和磁带）的总和。

1.3 业务问题和信息技术挑战

或许会有人困惑：虚拟化和云计算是不是只是昙花一现，都是泡沫，或者说这些是真实的但是被各种不确定性包围着。然而不幸的是，确实有很多臆想以及不确定性因素在试图混淆云和虚拟化，试图将它们设置为流行时尚。从初步观察的结果来看，云与虚拟化就像"绿色"信息技术、信息生命周期管理（ILM）、客户端服务器和存储网络最初受到的待遇一样。

常见的业务问题、挑战与涉及的 IT 趋势包括：

➢　在需要的时候增强被访问信息服务的可信度。

➢　竞争对手和其他市场动态造成的财政困难。

➢　监管合理性与其他行业或公司的授权。

➢　扩大资源（人员配备水平、技能、预算、设施）。

➢　降低成本的同时提高服务和效率的需要。

➢　从成本的降低或避免到效率和效益模型的转变。

需要多久使用一次数据存储和信息服务？也许在家里、在工作中或其他地方使用数据存储的时候根本就没有意识到在进行数据存储。数据存储无处不在，以不同的形式和目的存在着。或许有人会说，数据存储相比于服务器、计算机、网络、台式机、笔记本电脑、工作站以及应用程序来说，是最重要的信息技术资源。而有些人也会说，最重要的是网络或服务器，或者只是个人的一些意见。为了讨论的需要，这里定义数据存储等同于服务器、网络、硬件、软件等一切对业务有效的组件。

常见的信息技术挑战、问题和趋势包括：

➢　需要更多的处理、移动、管理、存储及长时间数据保存

➢　全天候增强信息服务的可依赖性

➢　有限制的或紧张的资源约束造成的瓶颈和障碍

•　人、工作人员和适用技能配置。

- 硬件、软件和网络带宽。
- 预算（资金和运营）。
- 电源、冷却、占地空间。
- 备份时间或数据保护窗口。
> 监管合理性及其他法规。
> 需求造成的性能、可用性、容量和能源（PACE）的影响。
> 软件或硬件的许可、维护、支持及服务费用。
> 老龄化的 IT 基础设施以及相关的互操作性和复杂性。
> 参与调整 IT 资源以满足业务或服务需求的时间。
> 速度及 IT 的准确性资源配置。

作者在与 IT 专业人士或客户交谈时，曾询问他们有关降低成本的问题。奇怪的是，他们大多数表示，成本本身不是他们要考虑的（虽然有些人需要），他们必须用他们现有的预算来支持更多的业务增长、新应用与新功能。

1.4　业务和信息技术的机会

回到最开始的问题："作者是否要找人购买或实施云计算、虚拟化或者存储网络解决方案？"

或许当你醒来的时候想知道更灵活获取数据的方式，以成本降低，提高服务交付业务的增长。或许你需要明确如何保卫你的公司和市场环境，而不是让业务资源向外部流失。

对于一些人来说，效率和优化可通过简单地提高利用率，以减少或分摊多个工作的成本来实现。然而，效率和效益的另一种形式是扩大资源，同时提高生产率、消除障碍和制约因素。

1.4.1　传统的信息服务交付/型号

信息服务在不断发展。由于工艺、技术、最佳实践与新产品的演变，大量的应用程序和数据需要信息服务的支持。

信息服务交付模式的基础可概括为（图 1.3）用户在访问某个服务器上的应用程序时，信息通过某个设备存储到网络中。该设备可以是一个终端电缆或是连接无线网专用磁盘、智能手机到服务器的网络。

同样，服务器可通过操作系统、数据库或者其他工具虚拟化或非虚拟化地支持和管理程序及存储。根据基本的信息服务交付模式，可以建立额外的情景框架，包括专用或共享的应用程序、服务、时间或云计算和托管服务等内容。在后面几章将讨论具有不同类型分层的服务器、存储和网络。

信息服务
消费者/用户/客户

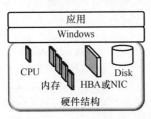

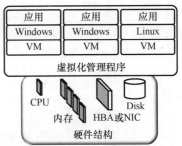

测量、监控、管理服务交付

图 1.3　信息服务交互模式基础

"旧的会变成新的，新的也会变成旧的"。这种说法在云计算和虚拟化中可概述为"有的东西是新的，但其实也是重新包装的"。例如，IBM 大型机已经有了几十年虚拟化的经历。这些已经被宣告死亡或者已经成为"原始"的平台，在不断被高度优化，增加计量、测算与度量标准和报告、可扩展性和弹性等这些云计算的一些基本属性后，寻求以一种更为开放的角度去改进。这引发了是继续保存在大型机上（留恋过去）还是转移到云计算（着眼于未来）的有趣的讨论。

根据不同的应用类型，答案可能是移动部分或全部到云中。在另一方面，利用云托管服务提供商进行托管或外包，可以让其他应用程序与你的环境共存。例如，如果仍然需要 IBM 的 zOS 类型机，但它只是工作环境一个小的组成部分，那么可以选择外包或管理服务。

1.4.2　信息工厂

大多数 IT 组织或基础设施存在的意义是为了支持业务应用和某些组织的信息需求。IT 提供的业务包括配套工厂、结算、市场营销、工程应用等。然而，IT 或信息供应商也经常受到"鞋匠的孩子"的批判，说他们没有足够的洞察力或管理工具。例如，一个组织可能已经有信息技术支持的账户以及跟踪系统，但对于一个给定的服务，IT 组织能评判或有可用性、容量、配置、能源和经济的具体指标吗？

传统信息工厂（图 1.4）利用不同的工具、技术、指标、尺寸、最佳实践、人力资源来评价和拟定商品或服务所规定的服务水平及价格。专业的或通用的工厂可以是共享型、供应商型或者是混合型的，类似于 IT 服务的采购、使用或交付方式。一个组织可以有自己的工厂，工厂也可能是虚拟的、第三方的或其他形式的。商品/服务可能会经由他人实现。IT 服务可以通过自己的工厂或第三方甚至虚拟化来交付。

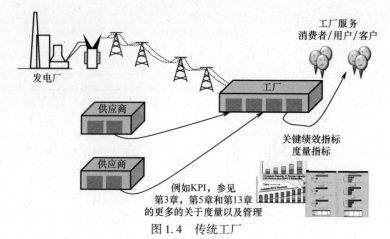

图 1.4 传统工厂

工厂的基本特征包括:

➢ 可靠的、满足需求的、避免停机的、避免失误和返工的。

➢ 可扩展以满足不断变化的工作负载需求的。

➢ 高效的、避免浪费的、能满足客户经济需求的。

➢ 工作可迅速完成且具有良好品质的。

➢ 灵活以便重新组装以满足不断变化需求的。

➢ 工厂可能是全资拥有、共享或由第三方拥有的。

➢ 工厂耗用材料和资源来创建/提供货物及服务。

➢ 商品和服务可能被其他工厂消耗。

➢ 工厂生产的产品为蓝本、模板或运行规格书。

信息工厂(图 1.5)的概念是建立一个公共、私有或混合基础的云、虚拟化和存储网络。

对于一些人来说,信息工厂和云的想法可能会带来与 20 世纪 80 年代末、90 年代初似曾相识的信息。

工厂的其他特性包括:

➢ 依靠供应商或二级、三级工厂(下属机构)。

➢ 有材料、度量和测量账单,成本信息。

➢ 保证质量以确保服务质量和 SLO 的平衡。

➢ 专注于减少缺陷和浪费,并提高生产效率以降低成本。

➢ 建立优化的信息服务交付模板。

➢ 最佳实践、流程、政策和程序。

➢ 提高生产力、控制成本、减少浪费、提高利用率等以满足 SLO。

➢ 利用新技术,使既定目标具有良好的投资回收周期。

➢ 高性价比地部署及使用技术。

➢ 可重复的流程及增加工作量带来的效益。

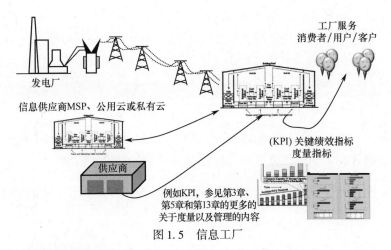

图 1.5　信息工厂

信息工厂的所有制可能是：

> 私有形式。

> 公共形式。

> 混合形式。

信息工厂（或云）还可以做到：

> 多租户、可测性和问责制。

> 对于服务提供商而言费用另记。

> 安全的、灵活的、动态的、可扩展的和具有弹性的。

能够根据需要调整服务。

> 资源的快速部署和配置。

> 以高效的、具有成本效益的资源使用来满足服务质量和 SLA。

> 自动引导用户或客户选择最合适的服务。

工厂、工厂信息、云与信息服务提供之间的相似性要清晰。

1.5　云、虚拟化和数据存储网络的机会

就像一个实际的工厂一样，信息工厂的一些工作需要在别的场地实现，包括分包商或供应商。在信息工厂中，生产的产品是信息服务，硬件是由软件、流程、程序和指标管理的服务器、存储器和输入输出网络。原材料包括数据、为物理设备提供电力和冷却所消耗的能源，所有的操作以低缺陷或低错误率为原则提供服务，同时以成本效益的方式满足或超过服务质量、性能、可用性和可访问性的要求。

对于一些云计算或存储提供商，他们的主张是，可以以更低的成本来提供服务。类似的服务机构、外包、托管服务、主机设备、基于云的服务等，是通

过转移工作或数据到其他地方进行处理或存储来降低成本的。

　　然而，认为云只是为了降低性能成本、可用性、数据完整性、易管理性及其他因素等来提供服务和降低费用是错误的。云不应看做用于替代或者竞争的技术或技巧，而是作为已有内部资源的一种补充手段。

　　云计算和存储只是不同形态的服务器和数据库，它可能会融合不同的性能、可用性、容量或经济效益以满足特定业务应用的需求。也就是说，云计算和云存储可以共存及补充当前业务以及提高服务的目标、可用性或客户满意度，同时处理、移动或以低成本存储需要保存更长时间的数据。

1.5.1　IT 云和虚拟化：不是如果，而是何时、何地、为何以及如何去做

　　有许多不同类型云的定义，包括美国国家标准与技术研究院（NIST）以及数据管理任务组（DMTF）等。云计算是一种方式，因而其定义仍随着具体事例、相关的技术技巧及最佳实践不断发展。

　　有些人认为云是未来的潮流，即使他们不知道未来是什么样子。对其他人来说，云就是云，是目前正在做或已经完成了信息技术之外的云。有人会说，云计算只有在新硬件或软件参与下才是真正的云计算，而其他人则坚称云计算只有在应用程序和数据处在别的位置时才是云计算。

　　因此，关于云计算，不同的人有不同的想法和观点，这取决于他们的看法和定义。如图 1.6 所示，Storagel Oblog 展开的一个基于供应商、IT 专业人士以及其他人想法的调查，调查显示了两个极端，有些人认为云是一切问题的解决方案，有些人认为云什么都解决不了。中间有 81% ~ 82% 的受访者（投票正在进行中，结果可能会有所不同）认为云的定义根据不同的事例结果是不同的，但他们希望更多地了解何时、何地以及为什么要使用云计算。

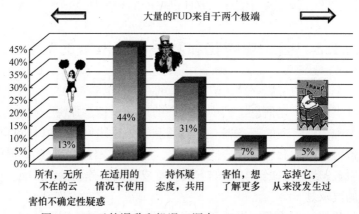

图 1.6　IT 云的混乱和机遇（源自：StoragelOblog. com）

考虑以成本效益作为衡量指标来提供信息服务的同时也要满足服务目标（图1.7）。图1.7显示了基于不同的工艺、技术、最佳实践并具有竞争力的各种信息服务交付模式。几十年以来，云计算已被用作IT的一种手段来判断底层网络细节或应用程序的体系结构。

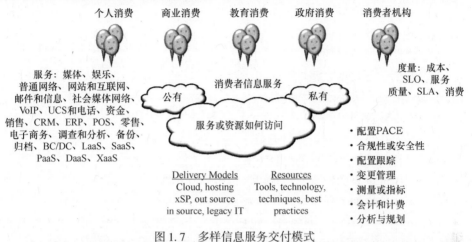

图1.7 多样信息服务交付模式

云的一个关键属性是抽象或屏蔽底层的复杂性，同时提供敏捷的、灵活的、高效且有效的服务。然而这也导致了一些混乱：对于一些人来说，云创造了机会以推广新产品、标准或服务；对他人而言，意味着需要重新包装。举例来说，有些人看到云的演示文稿时可能会想起在20世纪80年代后期出现的x86 PC机与客户机服务器的情景。对于一些人而言，云是共享或服务器；对于另一些人而言，云就是基于Web且高度抽象的虚拟化环境。

什么是IT云？它们合适在哪里？磁带如何与云共存？与许多IT专业人士一样，你可能完全没有意识到你已经在使用或利用基于云计算的存储技术了。

常见的基于云计算的功能或服务包括：

➢ 远程或异地备份。

➢ 远程或异地在线，近线或离线存储。

➢ 电子邮件和信息服务，包括社交媒体网络和Web 2.0。

➢ 文件归档、保存数据、查找数据或参考文件。

➢ 网站、博客、视频、音频、照片，以及媒体内容托管。

➢ 应用程序的主机（如salesforce.com、同意支出、社交媒体）。

➢ 虚拟服务器或虚拟机（VM）托管（亚马逊、VCE等）。

➢ 一般在线存储或应用程序指定存储的设备，如谷歌文档。

这是否意味着，如果备份、业务连续性（BC）、灾难恢复（DR）或归档数据发送到其他的存储或主机设备上，就是发送到云？有人说没有，除非是利用编程接口和其他云技术（技术、服务、开发协议、优化或打包成为公共云

11

和私有云），并采用电子方式将数据传送到服务提供商的在线磁盘上。当然，这也可能只是一个以产品或服务为基础的定义。然而，在理论上，云的概念没有那么遥远，云除了是一个产品或服务以外，同样是一种管理理念。

云的特征包括：

➢ 易于接入服务（自助服务）。
➢ 易于业务部署或置备。
➢ 弹性和多租户性。
➢ 安全性与数据完整性。
➢ 灵活性、可扩展性和弹性。
➢ 成本效益和可测性。
➢ 对潜在复杂性的剥离与掩盖。
➢ 可移动或改变焦点和呈现方式。
➢ 利用可重复的流程、模板以获得最佳的实践。
➢ 缩放、增加工作量或用法以提高效率。

世间存在许多不同类型的云，包括公共云和私有云、产品和服务、熟悉的界面或协议以及不同应用的技术。云可以是服务或产品、架构或管理模式，类似于前几代诸如信息实用程序或面向服务的架构（SOA）、客户端服务器计算等。

也就是说，一些云存储和计算包括转移资源以及如何使用和管理资源，这与信息工厂的概念是一致的。它们可以在外部或内部，可以是公有的或私有的，并被安置在一个托管或代管设施中，或是传统的外包或托管服务。因此，一个托管网站可能是也可能不是云，而云可以利用托管服务，但并不一定要使用它们。各种信息服务交付模式见表 1.1。

表 1.1　信息与数据服务配置模型

模型	特征及何时使用	举例
主机托管（"colo"）	设备专用空间的共享设施。可提供电源、冷却、安全、网络和一些监控或其他可选服务，是硬件的一级或辅助空间	Iphouse、Rackspace、金仕达、时代华纳、VISI 等
托管服务	服务和应用程序托管。可能是电子邮件、Web 或虚拟机，或者是应用服务（AaaS）。许多的 CoLOS 提供应用托管服务。需要租赁的是时间和软件，而不是硬件空间	VCE、ADP、亚马逊、BlueHost、谷歌、惠普、IBM、iphouse、甲骨文、Rackspace、软营等
传统 IT	硬件（服务器、存储器和网络）以及软件（应用程序和工具）由 IT 人员购买或租赁、经营以及管理	在现有的硬件和软件环境中

模型	特征及何时使用	举例
管理服务提供商	与托管服务类似。提供一些服务，包括应用程序、归档、备份、存储空间、复制、电子邮件、网页、博客、视频托管服务、业务连续性/灾难恢复等。可以在提供的共享架构上运行服务，而不是运行或托管应用程序，并且可能有相似的服务部门或共享时间	亚马逊、AT&T、Carbonite、运动家、EMC Mozy、GoDaddy、谷歌、铁山、微软、Nirvanix、希捷 i365、Sungard、Terremark、富国银行 vSafe 等
外包服务	可实现在线或离线服务，即可以移动本地设备的应用程序到经营和管理特定服务等级目标（SLO）和服务等级协议（SLA）的第三方上	戴尔/佩罗、惠普/ EDS、IBM、洛克希德/马丁、SunGard、Terremark、塔塔集团、施乐/ ACS、Wipro 等
私有云	专用于组织的需要。可以通过 IT 人员或第三方在现场或异地管理。可以使用云计算的具体技术或云状处所或范式管理的传统技术。称为源或 IT 2.0	用于有效服务交付的仪表和计量 IT 环境，提供多种不同类型的产品
公共云	支持共享计算、存储和应用程序或服务的 IT 基础设施。该服务可免费或收费。可用来代替或补充现有的 IT 能力。访问共享的应用程序，如销售人员、电子邮件、备份或归档目标、虚拟服务器和存储等。常用语包括 AaaS、IaaS、SaaS、PaaS 以及许多其他 XaaS	AT&T、VCE、亚马逊 E2C 或 S3、谷歌、铁山、Rackspace 公司、软营、Terremark、惠普和 IBM 等

1.5.2 私有云：共存与传统 IT 的竞争

云计算和虚拟化应该被描述成与它们原先不一样的另一个模样，这样的解决方案便可以出售。换句话说，要先看企业问题，然后着手寻找合适的技术或任务，而不是利用云技术来找问题。云是一种工具和技巧，可以在不同的互补方式中使用。云计算和存储提供与传统计算或服务器不同的性能、可用性、容量、经济及管理属性。

如果 IT 是一个核心业务，那就要保持严格的控制能力。例如，一家制造公司可以外包或依赖供应商的关键部件，甚至利用合同监督专有工艺、技术的生成制造。如果相关的 IT 功能是必不可少的，这部分功能将被保留，而其他功能将被发送到云。

1.6 常见云计算、虚拟化和存储网络的问题

请问云存储需要特殊的硬件或软件吗？这些资源是如何使用，部署及管理的？与很多事情相似，答案是"具体情况具体分析"。例如，某一产品的供应商试图说服你使用这个产品，那么首先就必须分析这个产品是不是必需的。

云计算是真实的？或只是炒作？当然，供应商和业界普遍存在很多的推销炒作，通常是在新兴技术、工艺、范式或运动诞生的情况下。对于这些解决方案或供应商炒作的疑虑应该慎重考虑。不过，在今天以及未来也有大量实际可行的工艺、技术、产品、服务以及各种规模的企业诞生。了解事情的诀窍是不断翻看云资料以消除疑虑和恐惧，拨开炒作的迷雾，确定哪些是适用于当今和未来环境的。

上述说明或许使读者对云有了一定的了解和定义。作者希望读完本书后，读者们还会在不同情况下看到许多可以运用的不同方法、技术、工艺、服务和解决方案。换句话说，要把从解决方案导向问题转变为发现问题到寻找解决方案，同时探索使用的时间、地点、原因及如何解决问题。

什么是虚拟化生命超越整合？下一个虚拟化趋势的重点，包括从应用程序到桌面、服务器、存储和网络，将是提高系统的敏捷性。也就是说，市场拓展能力整合将是虚拟化浪潮的焦点。

然而，下一波关注的重点不是每台物理机（PM）上有多少个虚拟机（VM），而是敏捷性、灵活性以及易于管理性。换句话说，对于那些无法整合，因此被认为是不适合虚拟化的服务器或存储系统，必须打破这种物理机制而不是必须整合，以提高虚拟化的灵活性。

一切都应该得到整合吗？一般来说不是的。然而，在许多情况下，可以虚拟化，哪怕每个物理机上只有很少的虚拟机，甚至只有单个虚拟机。有些人可能会问，既然每个物理机上只有一个虚拟机，再进行虚拟化似乎没有意义。产生这种想法的原因是对虚拟化的看法只是整合。然而，虚拟化也可以是为了提高敏捷性、仿真性、透明度、抽象性、保持性能、服务质量或考虑其他约束条件。

人们对 Windows 和 x86 环境的虚拟化是了解的，但对于 UNIX 和其他系统或环境呢？一些依赖或支持 x86 平台的 UNIX 和 Linux 发行版本中也可以运行 vSphere、Hyper－V、Xen 等管理程序。但是，对于其他的 UNIX 系统，如 HP－UX、Solaris（非 x86 的）或 AIX，这些系统则是作为操作系统或底层硬件平台虚拟化的一部分。例如 Solaris 的逻辑域、HP－UX 分区、IBM p 系列支持 AIX 的虚拟机管理程序。

难道云必须是在别处并通过第三方托管吗？不，云可以在场所内部（私有云）使用，也可以利用非现场或第三方提供的服务。

必须从头开始，以平衡云或虚拟化吗？一般而言，不必从零开始。在某些情况下，可以利用不同技术或服务的共存来补充所拥有的，而其他的可能需要改变。可以利用这个机会来改变事物的方式，以完成部分部署云和虚拟化技术。

云、虚拟化和存储网络只为大型环境所用吗？不，销售趋向高端环境是许多解决方案、服务或产品常见的误区。云、虚拟化和存储网络都有适用于不同规模的方案，诸如基于云的备份，就可以渗入到任何大小的消费空间中。目前，云备份是中小规模企业的"甜蜜点"，只需较小的数据量，并且可以随时根据需要对云或托管服务提供商进行选择。

云可以替代传统 IT 吗？答案随着对云定义的认可程度而不同。一些云服务旨在取代所有或部分传统的 IT，而其他则定位于对现有 IT 的补充。同样，有些云服务和产品是在公共或私有情况下与传统 IT 并存的。

使用云是付费的吗？对于公共云和其他收费的服务模式，是需要某种形式的支票、收费和计费的。然而就总体而言，所有私有云是需要收费的。私有云需要仪器仪表、度量和测量，包括物料清单（BOM）以提供相应水平的服务。对于目前正式实行的付费与提供真实或虚拟发票的组织，付费行为将会继续，其中最重要的是资源使用和核算要有明确的指标。如果认为结算、利润、计量和报告是需要付费的，那么就确实需要付费使用。然而，对于许多其他应用，重点应放在重要指标的制定上。

云和虚拟环境可以自动引导用户或客户在何处存储数据吗？在各种云服务及相关产品中，可通过工具和向导来帮助、指导用户或客户根据所需获取最优资源。一些解决方案通过重复工作有助于实现系统自动化并制定政策。自动化和工具可以帮助将重点从不得不需要 IT 人员转移到加强服务、分析等增值功能上来。

1.7　云计算、虚拟化和存储网络：整合（至少是现在）

其他有关解决各种问题，发现机会的实例将会在后面的章节中展示。图1.8 显示了云、虚拟化和存储网络技术及工艺是如何与不同 IT 和商业用途互补结合的。例如，服务器和存储虚拟化都已经为整合、增强敏捷性、简化管理和仿真弥合以及使旧技术拥有新角色构建了桥梁。

图 1.8 还显示了以公共云为基础的备份归档，以及实现私有云和虚拟化环境的解决方案。不同类型的 I/O 联网技术通过服务器（物理和虚拟）连接到本地和远程存储。也显示了不同类型的存储器，包括在线或初级、中级近线，

离线和移动技术。

虽然还没有明确表示出来，但图 1.8 同样展示了各种管理工具、协议及接口是如何实现高可用性、业务连续性和灾难恢复的，其中包括日常备份以减少数据占用空间（DFR）。图 1.8 还显示了指标获取资源的态势感知能力，包括服务交付和服务级别目标的成本等。这些和其他议题、工艺、工具和技术将在后续章节中详细讨论。

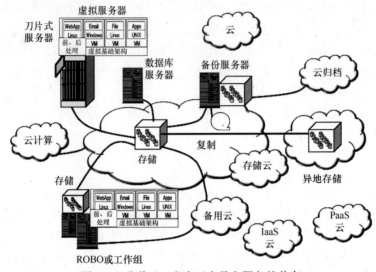

图 1.8　公共云、私有云产品和服务的共存

1.8　本章总结

不要害怕云：学会导航方向，并通过各种技术、工艺、产品和服务来确定它们是否是补充或者增强 IT 基础架构灵活性、可扩展性和弹性的工具。花一些时间倾听和学习，并增加对不同类型的云（公共、私有、服务、产品、架构或市场导向）、它们的属性（计算、存储、应用、服务、成本、可用性、性能、协议及功能性）以及它们的价值主张的了解。

利用云技术和技巧如何实现对现有 IT 环境的补充以及如何实现业务目标？通过观察发现有相配合的，也有不匹配的，但在调研的过程中，你的立场很重要。

后续章节将着眼于是什么、为什么、何地、何时以及如何使用各种技术来解决或实现业务和 IT 目标。鉴于读者背景的多样性，你可以随时跳跃到合适的章节。同时，读者可以参考《绿色和虚拟数据中心（CRC）》和《弹性存储网络：设计灵活、可扩展的数据基础设施（爱思唯尔）》作为本书配套书籍，作者的博客和网站也可以为大家提供帮助。

一般行动项目包括：

> 不要简单地绕过问题或瓶颈——找到并解决这些问题。

> 对于云和虚拟化，问题是不是如果，而是何时、何地、什么及怎么做。

> 时刻准备迎接虚拟化的下一个浪潮：超越生命限度的整合来增强敏捷性。

> 云服务、产品和解决方案是对现有 IT 的补充。

第 2 章 云计算、虚拟化和数据存储网络基础

空间越大，越需要更多的东西去填补。

——格雷格·舒尔茨

本章概要

> ➢ 存储（硬件、软件和管理工具）
> ➢ 块、文件、直接连接、网络和云存储
> ➢ I/O、网络及相关主题
> ➢ 公共云和私有云的产品和服务
> ➢ 虚拟化（应用程序、桌面、服务器、存储和网络）

本章主要概括了 IT 资源的组件，并概述信息是如何支持它们的。关键主题和关键词包括数据块、文件、对象存储和数据共享，以及公共云和私有云的产品及服务。其他主题关键词包括文件系统、对象、直接附加存储（DAS）、网络附加存储（NAS）、存储区域网络工程（SAN）和虚拟化。

第 1 章描述了为什么需要云、存储、网络以及虚拟化来解决企业的问题和 IT 的挑战。对于已经熟悉存储、I/O、网络、虚拟化和云基础的读者，可以跳过或只是简单地浏览本章。

2.1 入门

数据存储理所当然被许多并不是真正理解它的人运用着，特别是当没有更多的空间来保存文件或照片的时候。在找不到需要的文件或文档时，存储就变得令人沮丧。更糟糕的情况是在一场灾难（如火灾、水灾、飓风、病毒或数据损坏、被盗或意外删除）后，才意识到某些文件需要保存下来。当然，无论是存储还是备份文件、视频或其他数据，当需要购买更多的存储设备时，成本都是一个问题。

正如第 1 章中指出的，数据或信息的衰退是不存在的。作为一个社会，我们已经在家、工作及传输过程中使用了许多与信息相关的服务。如果不相信这个说法，可以试试这个简单的测试：看看可以多长时间不检查电子邮件、不发

短信、不用手机或 PDA、不看网站、不收听卫星广播或看电视（不论是普通、高清还是 IP 形式的）、不访问银行账户或不在线购物。甚至本书都是依赖于大量存储的数据资源，在备份、复制、修改等基础上得来的。

信息服务需要很多的资源支持，包括应用程序和管理软件、服务器、数据存储和基础架构资源管理（IRM）。同时，程序与最佳实践之间的连接还需要 I/O 和网络。这些项目的运用与否，在于信息服务是基于一个传统的 IT，还是在虚拟化、云环境中进行部署或访问的。

2.2 服务器和存储 I/O 的基本原理

服务器，也称为计算机，基于它的多功能性，在关于云、虚拟化以及数据存储网络的讨论中起到至关重要的作用。最常见的功能是在服务器上运行的应用程序可以提供信息服务。这些功能也和 I/O 数据和网络有关。服务器所扮演的另一个角色则是作为数据存储或程序存储，即实现由先前特制的存储系统完成的存储任务。

服务器有不同的尺寸、成本、性能、可用性、容量和能源消耗，它们有不同的目标市场及特定的功能。从小型手持便携式数字助理（PDA）到大型或全柜型主机服务器，不同类型的服务器包装各不相同。而另一种服务器包装形式则是虚拟服务器，即虚拟机管理程序，如微软的 Hyper - V、VMware vSphere、Citrix、Xen，它们是从物理机（PMS）中创建虚拟机（VM）。基于云计算或服务器的资源也可以利用虚拟机来实现。

计算机、服务器包括高性能计算（HPC）针对不同的市场，包括小型办公室/家庭办公室（SOHO）、小型/中型贸易商（SMB）、小型/中型企业（SME）及超大规模企业。服务器的定位根据不同的价格区间和部署方案而有所不同。

一般类型的服务器和计算机包括：
- 笔记本电脑、台式机和工作站。
- 小型落地式塔型或机架式 1U、2U 服务器。
- 中型落地式塔型或更大的机架式服务器。
- 刀片中心和刀片系统。
- 大型落地式服务器，包括大型机。
- 拥有专业容错功能、坚固耐用的嵌入式与实时处理能力的服务器。
- 基于云的物理和虚拟机。

服务器有不同的名称，如邮件服务器、数据库服务器、应用服务器、Web 服务器、视频或文件服务器、网络服务器、安全服务器、备份服务器或存储服务器，这取决于它们的使用场合。在刚才的例子中，服务器的类型是依据服务的软件类型来定义的。这可能会导致混乱，因为服务器可能同时支持不同类型的工作负荷，因此，它被认为是服务器、存储设备、网络或应用程序的平台。有时"设备"一词用于服务器，它是指联合软件、硬件提供解决方案的一种类型。

虽然从技术上来说不是一个类型的服务器，但一些制造商仍然将术语称为"锡包"的软件定位为一个重要的解决方案，即使该软件不被归类为一个设备、服务器或硬件供应商。这样做是为了避免被认为是一个纯软件的解决方案，而不需要与硬件集成。这些系统通常使用现成的机箱、市面有售的通用服务器，并与供应商提供的软件集成使用。因此，锡包软件是一个重要的软件解决方案。

锡包软件模型的一种变化形式是软件包裹的虚拟设备。在这种模式下，供应商使用虚拟机来承载其软件，并用于同一台物理服务器或设备上。例如，一个数据库供应商或虚拟磁带库软件供应商可以在物理服务器上安装其解决方案到单独的虚拟机，或者将其运行在其他虚拟机或分区的应用程序中。此方法适用于整合未充分利用的服务器，但应谨慎行事，以免过度整合和超限开通可用的物理硬件资源，特别是对时间敏感的应用服务。请记住，云计算、虚拟化以及锡包服务器或软件仍然需要物理运算、内存、I/O、网络和存储资源。

2.2.1 服务器和 I/O 架构

一般来说，服务器（图 2.1）不论是否有不同的供应商，都有一个共同的框架。该架构与中央处理器（CPU）、内存、内部总线或通信芯片、I/O 端口等部件，通过网络或存储设备与外界系统保持通信。计算机需要 I/O 连接各种设备，而许多 I/O 和网络连接解决方案的核心则是利用外围组件互连（PCI）的行业标准接口进行通信。

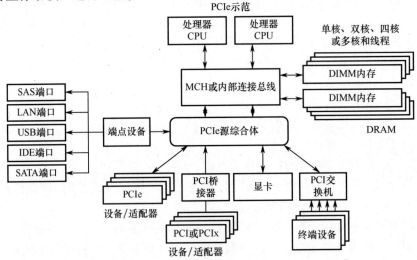

图 2.1　通用计算机或服务器硬件体系结构（资料来源：格雷格·舒尔茨，
绿色和虚拟数据中心，CRC 出版社，佛罗里达州博卡拉顿，2009 年）

PCI 是一种标准，它规定了 CPU 和内存与外界网络设备之间通信的芯片组。图 2.1 显示了一个 PCI 实施过程，包括各种组件，如桥梁、适配器插槽及适配器类型。PCIe 是利用多个串行无方向的点对点传输，相比于传统 PCI，它采用了以并行总线为基础的设计。

PCI 的最新版本，由 PCI 特别兴趣小组（PCISIG）定义，是 PCI – Express（PCIe），也包括 PCIX 和 PCI，实现了原生 PCIe 总线，PCIe 总线可兼容桥接到 PCIX 机。利用 PCI、PCIX 和 PCIe 适配器的例子包括以太网、光纤通道、以太网光纤通道（FCoE）、InfiniBand 框架（IBA）、SAS、SATA、通用串行总线（USB）以及 1394 火线等。同时还包括许多专门的设备，如模拟数字数据采集、视频录制、医疗监控及其他数据采集或测量（如数据采集卡）设备。

虽然具体的组件和部件的数量根据不同的服务器类型有所不同，一般而言，服务器具有以下一个或多个特性：

> 计算力或 CPU 芯片或插槽。
> 每个 CPU 插槽芯片都有一个或者多个单独或多线程的核心。
> 用于连接组件的内部通信和 I/O 总线。
> 主存储器，通常是动态随机存取存储器（DRAM）。
> 为扩展内存，CPU 和 I/O 扩展的备用插槽。
> 作为附件的键盘、视频和显示器（KVM）。
> 用于连接外设的接口，包括网络和存储 I/O 连接。
> I/O 网络连接端口和扩展插槽，如 PCIe。
> 备用的用于外部存储的内部磁盘存储器及扩展插槽。
> 电源和冷却。

图 2.2 显示了一个通用计算机和 I/O 连接模式，它根据特定供应商的包装和市场关注的焦点不同而有所不同。例如，某些计算机有更多以及更快的处理器（CPU）、较大容量的主内存及广泛的连接接口与扩展插槽。针对不同的需求，计算机或服务器的体积也可以更小、价格更低以及资源（CPU、内存和 I/O 扩展能力）更少。

图 2.2 中最接近主处理器的组件具有最快的 I/O 连接，但也是最昂贵的，且其与主处理器有距离限制，同时需要特殊组件来实现。如果远离主处理器，I/O 连接在以英尺或米，而不是以英寸为单位的距离内仍能保持较快的速度，那么这种组建将更加灵活且更具有成本效益。

一般情况下，更快的处理器或服务器，在等待较慢 I/O 操作时更容易影响性能。速度快的服务器需要更低的延迟性和性能更好的 I/O 连接及网络。性能更好的服务器就意味着更低的延迟，每秒更多的输入/输出操作（IOPS）以及更高的带宽，以满足各种应用需求。

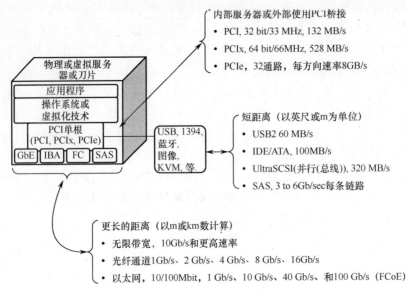

图 2.2 通用计算机和 I/O 连接模式（资料来源：格雷格·舒尔茨，绿色和虚拟数据中心，CRC 出版社，佛罗里达州博卡拉顿，2009）

2.2.2 存储层次结构

存储层次结构从内存延伸到外部共享存储，包括虚拟和云访问的资源。很多时候，服务器内存和数据存储是分开或者不相关的两种操作。毕竟，一个认为是对服务器的讨论，而另一个则是对磁盘的讨论。然而，这两种操作相互关联非常紧密且相互影响。服务器需要 I/O 网络与其他服务器、信息服务用户、本地、远程或云存储资源进行通信。

图 2.3 展示了存储和内存层次结构，从快速的处理器核心 L1、L2 缓存，到较慢的内部存储器，再到低成本、高容量的移动存储。在金字塔的顶端是最快的、最低延时的、最昂贵的存储器或存储单元，这也是最不能和其他处理器或服务器共享的。在金字塔的底部是成本最低的可便携、可共享的最高容量的存储器。

处理器（服务器）的存储器以及外部存储器的重要性在于，在激活的状态下，虚拟机必须存在于内存中，而其他时刻将存在于磁盘上。请记住，虚拟机是一台通过数据结构来模拟并通过内存来访问的计算机。虚拟机越多就需要有越多的内存空间，不仅仅是多，速度更快也很重要。

另一种在服务器上对内存有较大需求的应用是数据库、视频渲染、业务分析、建模和仿真系统，这些应用的大量的数据都保存在内存中以便高速访问。因此，更多的内存条和密集的处理器条被安装在服务器上。比如 IBM 的 Pow-

22

er7 系列拥有电源 750、512 GB DRAM 及 32 核处理器（4 个插槽，每个都有 8 个内核）。

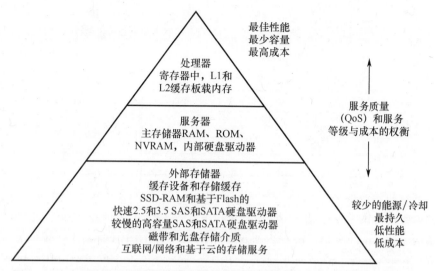

图 2.3　内存和存储金字塔（资料来源：格雷格·舒尔茨，绿色和虚拟数据中心，
CRC 出版社，佛罗里达州博卡拉顿，2009 年）

　　为什么会有不同类型的存储器？抛开所有技术观点不谈，经济因素是主要归结点。不同的性能对应不同的价格。这也算是生意的成本，甚至是商业的推动，低成本会对性能产生相应的影响。

　　存储器可以根据存储技术或具体应用进行分类。比如 RAM 存储器、磁盘存储器、NVRAM、FLASH 存储器等成本较低的存储器仍然存在。如图 2.3 所示，云作为一个工具被列为一个存储层次，以补充其他技术。换句话说，针对手头的任务，从成本和性能考虑，需要选择合适的工具来更聪明、更智能、更有效地完成信息服务的交付。

2.2.3　从位到字节

　　外部存储器是内部存储器的延伸，缓存是内存和外部媒体的融合。在低水平的数字存储中，数据通过存储为 1 或 0 的二进制位来表示，不同的物理方法取决于物理介质（磁盘、磁带、光盘及固态存储器）的实现方式。位可以整合成字节（1 字节（B）＝8 位（bit）），并逐步整合成更大的单位。

　　GB 是国际制式中（SI）以二进制来度量数据存储和网络的单位（表 2.1）。其中，1Gbit 是 2^{30}B 或 1073741824B。另一种常见的单位以 10 为基数（十进制）格式的千兆字节（GB），有时也作 GByte，表示 10^9 或 1000000000B。

表 2.1　存储计数编号和度量单位

		二进制			十进制
kibi	ki	2^{10}	kilo	k，K	10^3
mebi	Mi	2^{20}	mega	M	10^6
gibi	Gi	2^{30}	giga	G	10^9
tebi	Ti	2^{40}	tera	TB	10^{12}
pebi	Pi	2^{50}	peta	P	10^{15}
exbi	Ei	2^{60}	exa	E	10^{18}
zebi	Zi	2^{70}	zetta	Z	10^{21}
yobi	Yi	2^{80}	yotta	Y	10^{24}

　　计算机存储器通常表示为二进制，磁盘存储器常标记为二进制或十进制。例如作者这台用于写作本书的标榜为 500GB 的笔记本电脑硬盘驱动器是 7200 转的希捷 Momentus XT 混合硬盘驱动器（HHDD）。该 HHDD 是一个传统的 2.5 英寸（1 英寸＝2.54cm）硬盘驱动器（HDD），同时还有一个集成 4GB 闪存的固态设备（SSD）和 32 MB 的 DRAM。在任何操作系统、RAID（独立磁盘冗余阵列）或其他格式的开销之前，HHDD 提供了基于 976773168 扇区（512B）的 500107862016 字节，也称 500 GB 空间。然而，一个常见的问题是缺少的 36763049984 字节存储容量去哪儿了？（例如，基于 2 进制的 500×2^{30}）。

　　希捷 Momentus XT（ST95005620AS）500 GB HHDD 确保了 976773168（512 字节）扇区。希捷采用 1 GB＝十亿位元组的标准（表 2.1）。需要注意的是可访问的存储容量可能因操作系统的环境和上层的格式（例如，操作系统、RAID 控制器、快照或其他开销）不同而有所不同。

　　常见的错误或假设是一个 500GB 的磁盘驱动器有 1073741824（$2^{30} \times 500$ 或 536870912000）B 的可用容量。然而，在上面的例子中，磁盘驱动器只介绍了 500107862016B，另外的 36763049984B 去了哪里？答案是，它们并没有去任何地方，因为它们从来没有出现过，这取决于正在使用的计算方式。大多数供应商的包装及文档显示的实际可用容量是在环境和开销减去之前的。比如，在 Windows 环境中，格式化开销后，空余磁盘显示的容量为 465.74 GB。

　　上面的列子表明，如果想要清楚确定数据存储容量的具体大小，就需要得到正确的测量方法。这意味着需要清楚了解存储容量是在哪里并如何测量的。开销控制器、RAID、备件、操作系统、文件系统、书卷管理器及数据保护诸如快照或其他保留的空间都是存储容量的一部分。

　　表 2.1 显示了二进制与十进制的数据标准单位。表 2.1 所列的数字似乎在今天是难以想象的大。但是请记住，10 年前转速为 7200r/min 的 9 GB 磁盘驱动器被认为是大容量和快速的一场革命。相比之下，在 2010 年底，快速、节

能的 SAS 和 15.5K-RPM 光纤通道的 600 GB 磁盘驱动器随着高容量 7200 转的 SAS 和 SATA 2TB、3TB 消费驱动器一起问世志着更大的硬盘很快就将在市场上出现。在后几章中将讨论更多的关于硬盘驱动（HDD）、固态设备（SSD）的相关技术及其未来的发展趋势。

2.2.4 磁盘存储基础

图 2.3 展示了存储层次结构、核心、主要存储器外部专用及共享存储等基本知识。存储可以是专用的内部直连存储（DAS），也可以是外部网络、本地、远程或云的共享 DAS。

2.2.5 启动器和目标

基本的存储和 I/O 联网的概念（图 2.4），就是启动器（客户端或源）和目标（服务器或目标）的概念。在所有类型的跨物理、虚拟和云技术的存储以及访问机制关系中总有发起者及目标存在。该拓扑结构、底层实现及具体的功能将因供应商的特定产品而有所不同。

服务器或其他发起人提出 I/O 需求（读取、写入和状态查询），然后对这个需求做出响应。发起者要么配置目标、要么启动项目。这些目标可以是数据块、文件、对象或其他一些以服务为目标的 I/O 请求。例如，对标识符或地址的服务器发出请求，并使用 SCSI 命令集（例如：SAS、iSCSI、光纤通道、FCoE 或 SRP 上的 InfiniBand），其中目标是一个 SCSI 逻辑单元的块存储设备（LUN）。

根据前面的例子可知，在同一台服务器上可以发起 I/O 激活，如在以太网上使用 NFS 或 CIFS，利用 TCP/IP 协议读取或写入某个文件请求。若在文件中发起请求，启动器将根据请求指导对目标的读写操作。服务器还可以发起 I/O 到云的请求。虽然协议可以分为不同的块、文件、对象或特定的应用程序编程接口（API），启动器和目标的基本功能即使在不同的术语下仍然相同。

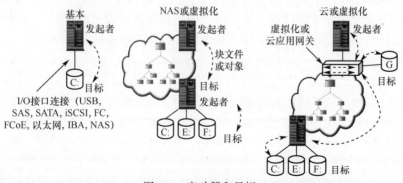

图 2.4　启动器和目标

启动器通常是服务器，也可以是存储系统、设备或既作为目标又是启动器。充当目标和启动器的一个常见的例子是本地或远程复制。在这种情况下，服务器发送的数据要被写入目标设备，反过来启动一个写入或更新数据操作到另一个目标存储系统中。

同时充当目标和启动器的另一个例子是启动器作为虚拟化设备或云接入网络。这些设备将启动数据复制到另一个物理、虚拟或云设备中。

2.2.6　如何将数据写入存储设备以及如何从存储设备中读取数据

在图 2.5 中，应用程序创建了一个文件并将其保存，如在 Word 文档中创建文件并保存到磁盘。应用程序，比如图 2.5 所示的 Word，与底层操作系统或文件系统一起合作，以确保数据被安全地写入特定的存储系统或磁盘驱动器的相应位置。操作系统或文件系统就是负责与应用程序一起确保准确读取位置的文件存储系统。

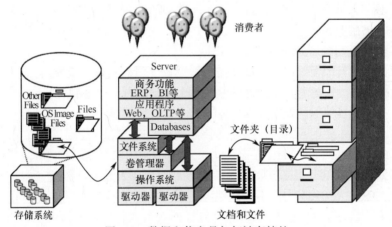

图 2.5　数据和信息是如何被存储的

如图 2.5 所示，操作系统、文件系统或数据库负责映射文件系统所在的文件夹或目录在存储系统上的特定磁盘驱动器、LUN 或卷的位置。存储系统像 NAS 设备或文件服务器一样，从服务器中通过文件接收访问数据。反过来，存储系统也负责测绘和跟踪数据块，并将其写入特定的存储设备中。

数据是通过物理和逻辑地址在磁盘存储装置上被访问的（图 2.6），磁盘存储装置有时也称为一个物理块号（PBN）和逻辑块编号（LBN）。文件系统应用 I/O 始终跟踪逻辑块在存储卷中位置的映射。在存储控制器和磁盘驱动器内部，映射表常认为是与物理块位置相关联的逻辑块。

当数据写入磁盘里时，无论是对象、文件、网页数据还是视频，都是以存储块的形式存在的（图 2.6）。存储块已按传统方式组织成 512 字节，这与内存页面大小是相关联的。现在 512B 内存页面仍是最常见的页面大小，伴随着大容量磁盘驱动器以及更大存储系统的发展，4KB 大小的存储块诞生了。

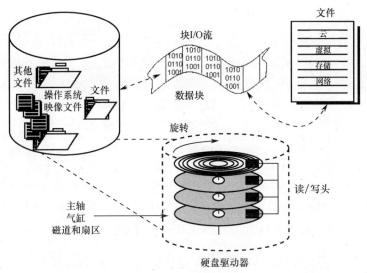

图 2.6　硬盘存储组织

较大的块运用较少的指针和目标条目就能够让更多的数据被管理或者被追踪。比如使用一个 4KB 大小的存储块，相同的操作系统和存储控制器就可以追踪 8 倍的数据量。另一个优点是可以带来数据访问模式的改变和更大的 I/O 变化。4KB 在移动相同数据量时，要比 8 次 512B 的操作更有效。

具体来说，针对存储控制器或操作系统，磁盘驱动器或闪存的固态装置可"透明"地处理或更换坏块引导区。请注意，这种引导或坏块修复水平对于上层数据的保护和可用性而言是独立的，包括 RAID 的备份/恢复、复制、快照或连续数据保护（CDP）等。

2.2.7　存储共享与数据共享

存储和数据共享听起来可能像一样的东西，它们之间有时似乎也可以相互替换的，但它们是完全不同的，不是在所有地方都能相互替换。共享存储意味着有一个磁盘驱动器或存储系统可以由两个或多个启动器或主机服务器访问。数据共享则是磁盘设备或存储系统的一部分被特定服务器或启动器访问，如图 2.7 所示。

比如 C 盘、E 盘和 F 盘存储设备或卷只能访问其所属的服务器。图 2.7 右侧，每个服务器都拥有自己的专用存储空间。在图 2.7 中间部分显示了共享存储设备，每个服务器都有自己的 LUN、卷或分区。共享的数据则可以在不同的服务器上被访问，通过安全授权，不同的文件、对象和虚拟机文件均可被访问。

采用共享存储，不同的服务器可以启动 I/O 来访问存储数据，这可能是一个分区、逻辑驱动器、卷或 LUN。对于高可用性（HA）集群，共享存储可以通过在多个服务器上运行软件来维护数据的完整性和访问的连贯性。

而共享数据就涉及多个能够通过共享软件来读取或写入相同文件的服务

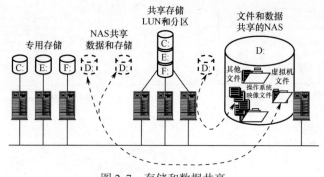

图 2.7　存储和数据共享

器。服务或共享软件文件通常存在于大多数的操作系统、支持共用协议 NAS、网络文件系统（NFS）和通用互联网文件系统（CIFS）中。

2.2.8　不同类型的存储：不是所有的数据存储都是相同的

针对不同的应用要求和不同的使用场景，图 2.8 展示了许多不同类型的存储设备。某些存储带宽（吞吐量）是以每秒千兆字节，或以时间延迟，或每秒（IOPS）的 I/O 操作数计算的。存储可以对在线激活、初级运用、近线闲置、不活动数据或离线数据等进行操作，其中的关键点是低成本高容量。

在线激活程序应用于那些正在工作的数据，如文件系统、目录服务、数据库和电子邮件等的读出或写入。近线或应用中的空闲数据包括参考材料库、备份及归档。

存储的一些基本类别包括：

➢　共享或专用、内部或外部的服务器/计算机。
➢　本地或远程的云、块、文件或对象。
➢　在线激活或高性能的初级形态。
➢　可以不激活、闲置近线或离线文件。

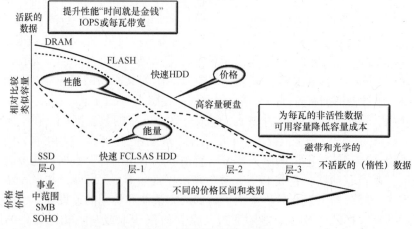

图 2.8　类型和存储介质层

28

2.2.8.1 结构化、非结构化和元数据

有些数据在高度结构化的数据库中被存储和访问（如特定的数据库或应用程序组织），如 IBM DB2/UDB、系统间的高速缓存、微软的 SQLSERVER、MySQL、Oracle 11g、SAP 的 Sybase 等。其他应用程序无论是作为一个 LUN 还是作为一个块被访问，都有自己定义的区间或者存储分配空间。在基于块的访问中，应用程序、数据库或文件系统配合工作，以区分哪些文件需要被访问。在其他情况下，应用程序无论在本地、远程文件服务器还是 NAS 设备上，都是通过名称或目录对文件夹进行访问的。数据访问的另一个途径是通过应用程序接口（API），即客户端，通过定义的机制从服务器获取信息。

在数据库中，应用程序只需知道架构，或者说数据库的组织方式，再利用一些工具，如结构化查询语言（SQL）来提出要求。数据库读取或写入是以块或文件系统的模式进行的。对于块模式而言，数据库是根据 LUN、创建及管理的文件夹或数据集的存储空间进行分配的。如果使用文件系统，数据库将利用底层文件系统来处理某些存储管理任务。

结构化数据这个概念使得搜索等功能相对比较容易，但这种结构使得添加或更改组织变得复杂及代价昂贵。其结果是有越来越多的数据成为非结构化数据，也被称为文件访问数据。非结构化数据的价值主张是除了文件被存储在文件夹、文件系统或目录中以外没有正式的组织形式。文件名可以根据具体的文件系统或操作系统环境属性的不同而变化，包括创建和修改日期、所有权和扩展名等。这通常可以指出哪些应用程序是与安全性和文件大小相关的。

一些文件系统和文件可以支持额外的元数据或属性（有关数据的数据）。当涉及能够搜索或确定文件包含的内容时，非结构化数据的灵活性受到了挑战。例如一个数据库类型的模式或组织使得它比较容易进行搜索，并确定被存储的内容。然而，非结构化数据需要通过工具来发现额外的元数据库，工具包括电子发现（搜索）和分类工具，可在元数据库中发现的附加元数据包括文件内容以及其他相关联的信息或应用程序。使用结构化或非结构化的数据取决于特定文件系统或者存储器类型的灵活性及其他标准。

一般情况下存储在本地、远程或通过云的访问类型包括：

- ➢ 应用程序编程接口（API）。
- ➢ 基于块磁盘分区的 LUN 或卷的访问。
- ➢ 基于本地文件的使用或网络文件系统。
- ➢ 基于对象的访问。

回到计算机诞生的时代，或者回到恐龙漫游地球的时代（也许并不是想象中那么遥远），在文件系统、卷管理器及程序员（即用户）确切知道文件或数据存放的地方，并可以知道如何读取之前，一晃几十年、几个计算机时代已经过去，如今文件的保存已变得相当透明且相对容易。当然，读取数据还必须

知道某种形式的地址、目录、文件夹或共享的数据位置，但不必再为需要明确如何启动、停止磁盘或确定存储系统访问的位置而担心。

2.2.8.2 块存储访问

基于块的数据访问是所有存储类型中最底层的技术。这意味着基于块的数据访问与云计算、虚拟化存储以及存储网络密切相关。

当看到或访问一个文件系统、数据库、文档管理系统、SharePoint、电子邮件或其他应用程序的数据时，基于块访问的细节都被抽象了。该抽象发生在许多不同的级别，最初是在磁盘驱动器、存储系统、控制器，亦或运用 RAID 以目标的形式发生在额外的分层，包括虚拟存储器、设备驱动程序、文件系统、卷管理、数据库及应用程序。

2.2.8.3 文件访问，文件系统和对象

基于文件的非结构化数据（图 2.9）访问，由于其在传统环境及虚拟化和云计算中的易用性及灵活性，正处于快速增长的状态。基于文件的数据访问是通过抽象底层组件，使信息通过文件名访问的过程实现的。

文件系统提供了本地和远程文件访问的抽象化。有意义的文件名和可追踪的目录结构或文件夹对系统的建立和完善比单纯了解文件在磁盘上的物理位置更有用。在文件共享、客户端或启动器的帮助下，文件管理器（目标或目的）可以用来处理 I/O 请求。文件系统管理器（服务器）提出通过文件共享协议，将数据从存储设备向主服务器转移的同时保持了数据的一致性。

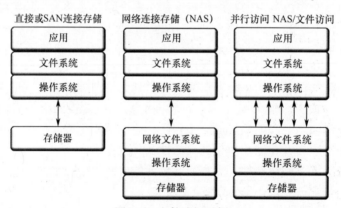

图 2.9　文件访问示例

NAS 文件管理器可以有专门的 HDD 或 SSD 存储器、外部第三方存储器或者两者的结合。作为第三方存储附件的 NAS 系统以网关，NAS、路由器或虚拟文件管理器的名字而为业界所认可。例如，NetApp 有 vFilers 支持其独有的存储器和系统附件。使用 NAS 网关，（如戴尔、BlueArc、EMC、惠普、IBM、NetApp、Oracle 等）的优点是可重复使用以及重新利用现有的存储系统来保护

投资，并提高采购的灵活性。

NAS 系统拥有专用集成存储器以面向不同市场应用，如 BlueArc、思科、Data robotics、戴尔、EMC、富士通、惠普、IBM、艾美加、NetApp、Overland、Oracle 以及希捷等。

数据或信息访问协议的例子见表 2.2，其他包括超文本传输协议（HTTP）、文件传输协议（FTP）、WebDAV、比特激流、REST、SOAP 扩展访问方法（XAM），以及数字成像和中医学（DICOM）通信等。表 2.3 显示了软件和解决方案，包括混合通用、专用、并行和集群文件系统。

表 2.2　常见的文件访问协议

缩写	协议名称	备注
AFP	苹果文件协议	苹果文件服务和共享
CIFS	通用互联网文件系统	微软的 Windows 文件服务和共享
NFS	网络文件系统	文件共享为 Unix、Linux、Windows 和其他
pNFS	并行 NFS	NFS 的标准部分支持并行网络接入，适合于读取或写入大量顺序连接的 LES

请注意，表 2.3 产品一列中显示的产品是基于软件的，在目前看来也许是纯软件的解决方案。一些供应商，特别是已经购买该软件的供应商，都选择将其只作为一个捆绑的预配置解决方案，或者将其与原始设备制造商（OEM）的解决方案配合使用。通过浏览供应商网站和支持的配置方式可以了解更多细节或限制。其他文件系统和集群文件系统软件或捆绑解决方案包括 SGI 公司的 XFS 和 CXFS、Panasas 公司的 PanFS 和 Symantec/Veritas 文件系统及集群文件系统。

表 2.3　通用文件系统软件堆叠或产品

产品	供应商	备注
Exanet	戴尔公司	软件捆绑了戴尔硬件向外扩展或散装的 NAS
GPFS	国际商用机器公司	软件扩展 NAS 捆绑 IBM 硬件（SONAS）
IBRIX	惠普公司	软件捆绑了惠普硬件向外扩展的或散装的 NAS
Lustre	甲骨文公司	向外扩展的并行文件系统软件
Polyserve	惠普公司	软件捆绑了惠普硬件向外扩展的或散装的 NAS
SAM QFS	甲骨文公司	软件与存储归档管理器集成了分层存储管理
SFS	赛门铁克	赛门铁克和其他公司出售向外扩展文件系统软件
WSS	微软公司	Windows 存储服务器被用在许多入门级 NAS 产品
ZFS	甲骨文公司	甲骨文捆绑式解决方案 7000 系列存储或原始设备制造商

2.2.8.4　对象和 API 存储访问

基于对象的存储或内容寻址存储（CAS），是在块存储和文件存储访问模式上不断优化得到的。如前所述，在一个按层次目录结构分布的文件系统中，存储文件映射到基本块存储设备上。而存储系统读出和写入所要求的，基于对象的文件系统存储工作的基础是对象。与块和基于文件的存储操作相同，基于对象的存储操作从坐标值以及文件系统中获知在哪里以及数据如何从存储设备中被读出和写入。

在对象存储的操作下，数据存储为一个对象而不是一组数据块，该对象包含元数据以及所存储的信息。对象（图 2.10）是一种由应用程序或其他实体定义和组织的方式，将数据信息从独立的文件系统、数据库或其他组织存入或读出的机制。

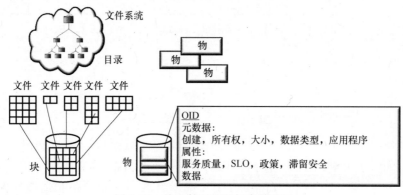

图 2.10 块文件对比目标存储访问

服务器或文件系统负责保存文件系统中的目录和索引节点数据，CAS 使用从数据内容中导出的唯一密钥标识符，以存储和恢复信息。如果所存储的数据被改变，则该标识符也被改变。虽然 CAS 时刻在变，但要明确 CAS 是如何被改变的，常见的方法是增加一个抽象层以及保留数据的唯一性。

提供 CAS 与基于对象存储解决方案的供应商包括亚马逊、Cleversafe、戴尔、EMC、HDS、惠普、IBM、NetApp、甲骨文、Panasas 和 Scality 等公司。新兴国际信息技术委员会（INCITS）和 ANSI 规定：T10 对象存储设备（OSD）也发展到对象存储及相关技术的形式。值得一提的是，ANSI T10 组（www.t10.org）负责制定开放系统块存储解决方案中的 SCSI 指令集。另外，ANSI T11 组专注于光纤通道协议的开发事宜。

2.3 I/O 连接和网络基础

如图 2.11 所示，目前存在许多不同类型的 I/O、网络协议、接口和跨端口媒体。虽然网络和存储 I/O 接口支持不同领域的计算服务，但它们同样都支持计算机和 I/O 接口之间的信息交互。随着时间的推移，存储 I/O 接口已经成为专业支持移动服务器与存储设备之间数据以及存储装置之间数据交换的主要部件。

局域网（LAN）和广域网（WAN）应用于：

➢ 从公共云/私有云访问和移动数据。

➢ 数据移动、分期、共享和分发。

➢ 存储和访问文件或数据共享（NAS）。

➢ 高可用性集群和负载均衡。

➢ 备份/恢复业务的连续性、灾难恢复。

➢ Web 和其他客户端访问，包括 PDA、终端等。

➢ 语音和视频应用，包括语音 IP 电话（VoIP）。

术语中网络存储通常被假定为网络附加存储（NAS），而不是一个存储区域网络（SAN）。在一般情况下，网络存储意味着通过某种形式的 I/O 对网络进行访问的一种存储形式。

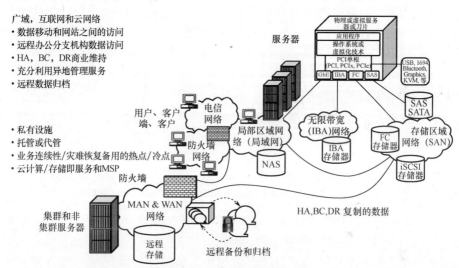

图 2.11 I/O 和数据存储网络（资料来源：格雷格·舒尔茨，绿色和虚拟数据中心，CRC 出版社，佛罗里达州博卡拉顿，2009 年）

SAN 和 NAS 都是网络存储的一部分。光纤通道 SAN 是基于块的访问，而局域网 NAS 的 NFS 或 CIFS（SMB）则是基于文件的访问。每种访问都有独立的功能以满足不同业务的需求。SAN 还可以使用光纤通道来访问共享磁带设备以实现对 NAS 文件的高速备份。类似于主机服务器的优点，NAS 设备同样可从存储和备份共享中受益。除非是并发访问软件，如 HACMP、昆腾 StorNext 或其他一些集群共享访问工具，通过 SAN 操作，LUN 或设备一次只能向单一的操作系统或虚拟机客户机提供服务。在利用 NAS 操作的情况下，数据可被多个服务器访问，作为数据拥有者的文件服务器需要保证其并发性及完整性。存储网络的优点包括：

- ➢ 可从物理服务器删除存储。
- ➢ 改进服务器的设置和集群方式。
- ➢ 使用共享资源无盘服务器。
- ➢ 存储、数据共享与整合。
- ➢ 改进备份和恢复资源共享。
- ➢ 改进的距离、容量和性能。
- ➢ 通过整合资源简化管理。
- ➢ 从资源共享降低总成本（TCO）。

存储网络可以作为一个或多个服务器简单的点对点连接，共享一个或多个存储设备，包括磁盘和磁带。存储网络利用多种拓扑结构和技术，可以复杂到跨越多个子网（段或区域）局域网、城域网及全球其他网站。

各种不同类型的服务器对各种应用的性能、容量和价格（如分层的服务器）进行了优化。类似存储分层中，I/O 连接也有不同的层次和网络（图 2.11）。存储和 I/O 互连（图 2.11）是从不同供应商专有的接口演变而来的，如业界标准的光纤通道、InfiniBand、串行连接 SCSI（SAS）和串行 ATA（SATA）及基于以太网的存储。

此外，利用计数关键数据（CKD）或延长计数关键数据（ECKD）协议，根据基于 I/O 模块设置的 SCSI 命令集，基于开放系统计算机的存储设备已经实现标准化。物理层面上，传统的并行 SCSI 电缆已经被基于串行连接的块存储访问取代。例如：SAS、iSCSI（TCP/IP 以太网）、光纤通道及 SRP（InfiniBand）都依赖于 SCSI 命令集以映射到不同的传输模式。

参见图 2.12，为什么需要这么多不同的网络与端口？为什么不仅仅只使用以太网和 TCP/IP？答案是不同的接口与传输是用来满足不同需求的，从而找到最适合相应任务的工具或技术。最近的趋势是朝着传输及网络布线方向发展（图 2.12）。事实上，协议数量已基本收敛于利用 SCSI 命令集的开放系统 I/O 模块（SAS、光纤与以太网光纤通道（FCoE）、iSCSI、SRP 上的 InfiniBand）。

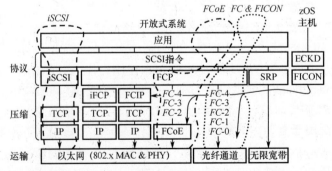

图 2.12 数据中心 I/O 协议，接口和传输（资料来源：格雷格·舒尔茨，绿色和虚拟数据中心，CRC 出版社，佛罗里达州博卡拉顿，2009 年）

2.4　IT 云

有许多不同类型的云（公共、私有和混合型），它们具有不同的功能和服务差异性（例如：存储对象、备份、归档、生成文件存储空间、使用各种 API 或接口完成特定程序）。转移应用程序、正在运行的软件服务、需要移动和使用的数据，驻留在相同或不同位置访问云应用的数据，通过云网关、路由器、云存在点（CPOP）、软件或其他代理的数据都用到了云服务。此外，网站上的产品、使用类似云的经营或管理，也被认为是一种私有云服务。

许多云的定义是基于一个特定的产品或多个供应商围绕共同主题的产品。例如：一些厂商使用的公共云服务模式，当然，通过使用特定的 API，如 REST、DICOM、SOAP 等，同样可以拥有私有或公共空间。有些解决方案或产品是专为建立服务而设计的，同样也有可以出售或提供给他人的设计。可以说，没有一个正确的云计算方法，而是存在各种方法以配合各种特定需求与偏好。

云计算功能，根据公共云、私有云或混合云，以及收费或免费的不同而有所不同，这取决于具体的型号以及部署方式。产品可以是一站式的、定制的或两者的结合，包括硬件、软件与服务。云计算功能可以是基于成本、服务级别协议、服务类型，或根据产品的不同而有所不同。有些服务是基于共享的基础架构，而另一些则是专门的或独立的。指定地理区域的数据则根据合规性、安全性、大容量数据审计、管理工具的导入导出及可用性被合理安置。

云可以是产品、技术、服务或者是管理范式。可以利用各种技术，包括存储（DAS、SAN、NAS、磁盘、固态硬盘和磁带）、服务器、各种类型的网络协议或访问方法、相关的管理工具、度量文件系统。

公共云或私有云提供的服务包括应用程序特定软件（Salesforce. com、ADP/工资单、同意开支报告工具）、归档和数据保护、备份和恢复、业务连续性/灾难恢复、业务分析和仿真、计算能力、数据库和数据仓库、文档共享（谷歌文档）、电子邮件、协作和消息传递、文件共享或托管、对象存储、办公功能（文字处理、电子表格、日历）、照片、视频、音频存储、演示、滑动内容共享、SharePoint 和文档换货管理、视频监控与安全及虚拟机。

xSP 的命名中，x 代表不同的主题，如 I 是互联网或基础设施，"x 型服务"现在广泛用于各种命名及定义，以 xaaS 为例，有归档即服务（AaaS）、应用即服务（AaaS）、备份即服务（BaaS）、桌面即服务（DaaS）、磁盘即服务（DaaS）、基础设施即服务（IaaS）、平台即服务（PaaS）、软件即服务（SaaS）及存储即服务（SaaS）等。

有些人认为，只有 AaaS、PaaS 和 IaaS 是 XaaS 类别的服务，其他类型服务则包含在前三种类型之内。因为这些类型都包含在要销售、支持的产品或服务类型的范围之内，因此可以看做围绕共同的主题。然而现实中还存在其他更广泛类别公共云及私有云的产品、服务与管理范式。

2.5   虚拟化：服务器、存储和网络

虚拟化有很多方面（图 2.13），整合是其中最普遍的一个应用方面。整合是巩固未充分利用的 IT 资源（包括服务器、存储和网络）的一种流行的做法。整合的好处包括消除未充分利用的服务器或存储以释放电能、冷却设备、释放存储空间、管理激活来提高效率，或通过重复使用和重新利用以获取盈余、获得生长以支持新的应用服务。

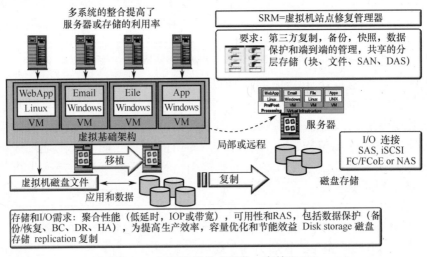

图 2.13   不同种类的虚拟化、存储和 I/O

图 2.13 显示了使用虚拟化的两个例子，图左侧为虚拟系统的构架，图右侧为其放大示意图。在整合方面，操作系统和多个未充分利用物理服务器的应用都被整合到单个或多个模拟物理机的虚拟服务器上。在这个例子中，每个操作系统与之前在专用服务器上运行，而后在虚拟服务器上运行的应用程序，都要提高利用率，并减少所需物理服务器的数量。

对于不可整合的应用程序和数据，不同形式的虚拟化表现为使物理资源透明化，以支持新的和现有的软件工具、服务器、存储和网络技术的可相互操作性及共存性。例如，改善新的、更节能的服务器或存储性能，以与现有的资源与应用共存。

虚拟化透明度的另一个方面是使新技术移进或移出正在运行或活跃的工作环境，以促进高新技术升级和更替。虚拟化还可用来调节物理资源，如季节性

36

的计划、意外变化的需求及工作量的增加等。通过虚拟化透明度可在不中断应用程序和服务的情况下对例行计划内及计划外的功能进行维护。

2.6　虚拟化和存储服务

不同的存储虚拟化服务在不同的地点实施，以支持各项不同的任务。图2.14是整合或聚集的例子，其中有基于块和文件存储，以共存和互操作性为目的的虚拟磁带库，其可对现有IT硬件和软件资源、全球或虚拟文件系统及技术数据进行迁移升级以及维护，同时可对高可用性（HA）和业务连续性/灾难恢复进行支持。

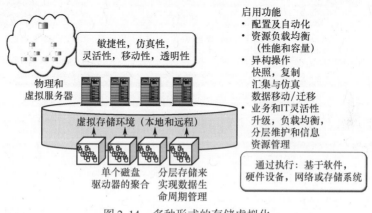

图2.14　多种形式的存储虚拟化

最常谈论的存储虚拟化的形式是运用聚积状态和资金统筹方式解决问题。聚集和集资对LUN、文件系统、卷池及相关的管理进行整合，旨在提高容量利用率和保护投资，包括对来自不同供应商支持不同层次存储的价格区间的数据管理。由于专注于整合存储及其他IT资源，同时拥有相应的成熟技术，聚集和集资已成为存储虚拟化部署的解决方案。

聚集和集资已成为越来越受欢迎的解决方案。目前，大多数的存储虚拟化解决方案是抽象化的。抽象和技术的透明度包括设备仿真、互操作、共存、向后兼容、透明的新技术和数据移动、支持HA和连续性/灾难恢复、数据复制或镜像（本地和远程）、快照、备份及数据归档。

2.7　数据和存储访问

图2.15将本章的内容集中在一起。一般情况下，不同的层和协议利用交互来支持信息传输。参见图2.15，存储在底部，数据基础设施组件在堆栈上

方。数据基础设施依靠本地的或者可移动的磁盘或存储设备以支持信息工厂。信息服务的提供依赖于基础设施资源管理（IRM）工具、文件系统、数据库、虚拟化、云技术和其他的工具技术。

图 2.15　数据基础架构堆栈和关系

在图 2.15 中，项目或层可以合并，或为了额外的细节可以增加中间件或其他组件项目。首先来研究一下服务器与存储器的发展历史。图 2.16 从左至右显示了服务器是如何与存储紧密耦合，并演变为捆绑式、开放式、可互操作式的流程。图 2.16 同样显示了专用共享直接连接存储（DAS）与本地、远程、物理、虚拟及云联网的演变。

2.7.1　直接附加存储（DAS）

图 2.16 显示了不同的存储访问方案，包括专用内部 DAS、专用外部 DAS、共享外部 DAS、共享外部网络（SAN 或 NAS）存储及云存储。DAS 也称为点对点存储，即服务器可在无须路由器的情况下直接通过 iSCSI、光纤通道或 SAS 与存储系统适配器端口连接。同时，DAS 并不一定意味着专用内部存储，也可以利用 SAS、iSCSI 或光纤通道来实现外部共享直接访问存储。

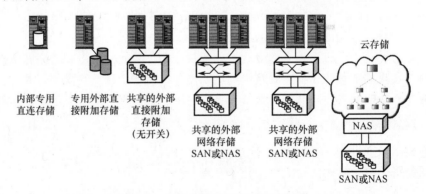

图 2.16　服务器和存储 I/O 的连续体

行业总体趋势是网络存储越来越多，即如果运用 DAS 实现的虚拟化和云技术不发展，利用 iSCSI、光纤通道或 FCoE 的块处理 SAN，或利用 NFS、CIFS 的 NAS 依然会越来越大。

例如：存储和数据服务，包括备份/恢复、数据保护以及归档解决方案等，可以通过 SAN 或 NAS 向它们的客户或发起人（如服务器）提供服务。然而，后端存储实际上可能是基于 DAS 的。另一个例子是一个基于云的存储解决方案，呈现的是 iSCSI LUN、虚拟磁带、HTTP、FTP、WebDAV、NAS 的 NFS 或 CIFS，而底层的存储可能是 DAS 的 SAS（图 2.16）。

2.7.2 网络存储：网络附加存储（NAS）

图 2.17 显示了 NAS 的四个例子。首先，图 2.17（a）是利用 NFS、AFP 或 Windows 的 CIFS 等软件共享内部或外部存储的服务器。图 2.17（b）是一个高可用性的 NAS 设备，支持各种文件和数据共享协议，如 NFS 和 CIFS 以及集成存储。图 2.17（c）显示了没有集成存储的 SAN 与 NAS 设备访问共享存储的范例。图 2.17（d）是混合 NAS 系统，它访问了云存在点（CPOP）、网关和云数据。图 2.17 右下角基于云的存储是一个拥有外部 DAS 存储的 NAS 服务器，如共享的 SAS RAID 存储系统。

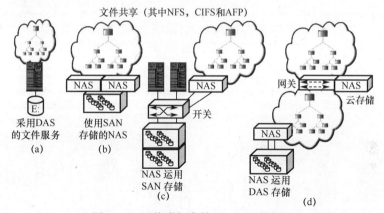

图 2.17　网络附加存储（NAS）的例子

2.7.3 网络存储：存储区域网络

图 2.18 是存储区域网络（SAN）的一个范例，图 2.18（a）是一个小型、简易配置，图 2.18（b）是一个复杂配置。在图 2.18（a）中，多个服务器连接到 SAN 交换机并依次连接一个或多个存储系统。没有显示的部分可能是通过冗余路径的一组连接到服务器和存储的交换机。

SAN 接口或协议可用于共享的 SAS 交换机、以太网接口的 iSCSI、光纤通道以及基于以太网或 InfiniBand 的光纤通道。图 2.18（b）显示了多个刀片服务器与传统服务器，并将 NAS 网关设备连接到 SAN 交换机或方向器（大开关）。同样连接到交换机的多存储系统支持端口重复数据删除、虚拟磁带库（VTL）、NAS、备份/恢复以及归档等应用。图 2.18（b）的实例表明一组交换机在校园网、跨越城域网或广域网中只需布置在单一地点即可。

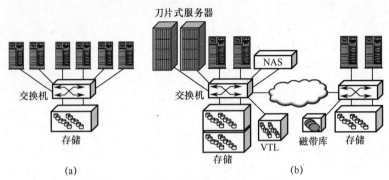

图 2.18　存储区域网络（SAN）的例子

2.7.4　网络存储：公共云与私有云

图 2.19 显示了不同云计算的产品与服务，结合 DAS、SAN、NAS 存储以支持访问本地与远程存储的公共及私有能力。同样显示的还有物理机（PM）与虚拟机（VM）服务器在线存储及数据保护技术。为支持数据保护，同时提供的还包括磁盘到磁盘（D2D）复制及备份/恢复与长期归档及数据保护的磁带技术。

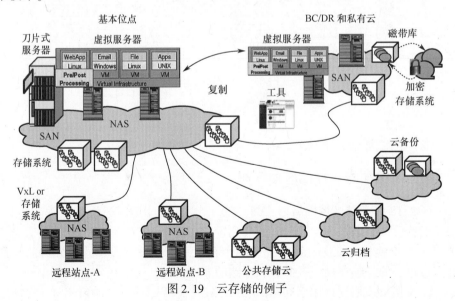

图 2.19　云存储的例子

2.8　常见问题

虚拟服务器需要虚拟化存储吗？虽然虚拟服务器可以从许多虚拟存储系统功能中受益，但一般而言，虚拟服务器不需要虚拟存储。然而，虚拟服务器确实需要访问共享存储设备，如外部 SAS、iSCSI、光纤通道、FCoE 或 NAS。

云需要云存储吗？答案取决于对云的定义。例如，私有云可以使用传统技术结合附加管理工具及最佳实践的存储产品。私有云同样可利用云计算的具体解决方案及第三方提供的公共云。公共云通常包括作为其部分解决方案的存储资源或云存储服务提供商。

难道 DAS 不意味着专用内部存储吗？DAS 经常被误认为是服务器内部专用的存储资源。虽然这是事实，但 DAS 还可直接连接到一个或多个服务器的外部共享存储器，而无须通过基于 SAS、iSCSI 及光纤通道等接口的交换机。外部共享 DAS 的另一个名字是点对点存储资源，例如 iSCSI 存储就是无须切换、直接连接到基于以太网端口的服务器。

2.9　本章总结

不是所有数据和信息都有相同的被访问频率，但通常它们都是被同等对待的。虽然每单位存储的成本降低，但管理的存储量还是没有发生变化，因此导致存储管理的效率缺口。信息数据可存储为不同的格式，并通过不同的接口进行存取。

一般激活项目包括：

➢ 快速的服务器需要快速的存储和网络。
➢ 硬件与软件必须配合。
➢ 云和虚拟环境需要继续依靠物理资源。
➢ 多种类型的存储和访问有不同的目的。

除非急需要读完本书，并从中获得需要的东西。不然，在阅读下面的章节之前，可以先放松一下，想想我们到目前为止介绍的。访问作者的网站 www. storageio. com 和博客 www. storageioblog. com，在那里会发现更多的细节、讨论以及相关内容和在以后章节中讨论的材料。

第3章　基础设施资源管理

减少浪费和返工以提高资源的有效性。

——格雷格·舒尔茨

本章概要

➢ 什么是基础设施资源管理（IRM）

➢ 为什么 IRM 与云、虚拟化和存储网络同等重要

➢ 什么是服务类别？其功能和作用是什么

本章关注如何管理 IT 资源，以建立一个有效的云、虚拟或物理存储与网络环境。关键主题和趋势包括基础架构资源管理（IRM）、存储和系统资源管理（SRM）、系统资源分析（SRA）、服务分类和类别及端到端（E2E）管理。需要注意的是，SRM 在本章中仅表示系统（或存储）资源管理，而在 VMware 服务器虚拟化的背景下，SRM 意味着站点恢复管理器，用于管理数据保护、商业连续性/灾难恢复和可用性。

3.1　云与虚拟环境的管理数据基础设施

信息服务都需要以及时、高效、灵活、可靠、成本控制的方式提供。图 3.1 显示了常见的 IT 资源，包括服务器、存储、I/O 的网络硬件、人力资源、进程、最佳实践与设备。图 3.1 还显示了用于执行常见 IRM 任务的度量标准和度量工具，其中包括为不同应用程序服务的数据保护与管理。硬件、软件及外部提供的服务将与 IRM 任务结合，用灵活、可扩展且有弹性的数据基础设施来支持云、虚拟与传统环境。

支持信息服务交付的资源包括：

➢ 硬件——服务器、存储、网络连接与桌面。

➢ 软件——应用程序、中介软件、数据库、操作系统与虚拟机管理程序。

➢ 设施——物理结构、机柜、电源及设备冷却与安全。

➢ 人员——内部和外部人员、技能和经验。

➢ 服务——网络带宽、托管的服务提供商、云。

云、虚拟的网络数据存储环境需要具有以下特点：

➢ 灵活的、可伸缩的、高度的弹性和自我修复能力。

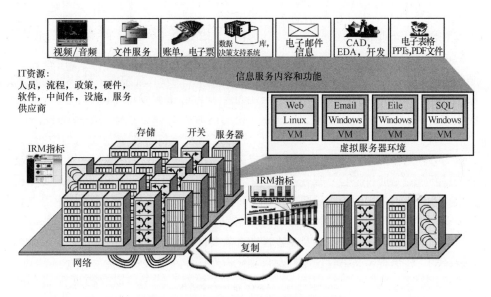

图 3.1 通过资源和 IRM 提供信息服务

> 富有弹性、多租户、能快速自我置备资源。
> 物理资源中透明化的应用程序和数据。
> 在不损失性能或增加成本的情况下维持有效性。
> 环保、高效且经济。
> 高度自动化与被视为与成本对立的信息工厂。
> 可用于衡量相对效力的度量报告。
> 在不阻碍生产力的情况下抵挡各种风险的能力。

表 3.1 包含将在本章及后续章节中使用的各种有关 IRM 的术语、其首字母缩写词和简短说明。

3.2 基础设施资源管理简介

基础设施资源管理（IRM）是最佳实践、流程、程序、技术、工具及用来有效地管理 IT 资源的技能与知识的集合。虽然可以有重叠的领域，但 IRM 的目的是提供应用程序的服务与信息，以满足业务服务的目标，同时以具有成本效益的方式满足性能、可用性、容量与能源（速度）的要求。IRM 可以进一步细分为资源管理（如管理服务器、存储、I/O 和网络硬件、软件及服务）和服务管理或信息传递。IRM 的重点在过程、程序、硬件及软件工具上，以方便应用程序和数据管理任务。数据管理在 IRM 的任务中存在一些相关性，许多 IRM 任务是与服务、保护和维护数据相关的。例如，与 IRM 一样，数据管理涉及存档、备份/恢复及有利于业务连续与灾难恢复的业务。

相对于第 1 章中介绍的信息工厂的概念，IRM 关注的重点则是企业资源管理（ERM）、企业资源规划（ERP）以及与之相关的任务。对于传统工厂而言，有效的业务操作需要计划、分析、最佳实践，有效的政策、程序、工作流、产品设计、工具及测量等指标。这些类似于信息工厂的概念，统称为 IRM。对于那些让工作更聪明的哲学理念，IRM 还意味着智能资源管理，既可在降低单位成本并提高生产效率，又不损害服务交付的同时提高业务敏捷性与灵活性。

通常情况下，工厂中有关效率的信息都是以产业整合或节约能源为中心的，是效力方程的一部分。然而，另外一些提高效率的方式是减少浪费和重复劳动。效率的最新观点是通过整合、服务器虚拟化、减少数据占用面积等方式以提高硬件利用率。减少数据占用面积则是通过（DFR）归档、压缩及重复数据消除技术等。效率下一个关注的重点将转移到为激活的数据和应用程序提高利用率。这意味着每瓦能量的性能、单位时间的性能及足迹性能都需要认真考虑。同样意味着必须减少冗余复杂的工作流程、文书管理流程及自动化带外任务（异常处理）。

表 3.1　IRM 的相关条款

缩写	条款	说明
CMDB	配置管理数据库	IT 管理资源库或知识库
DPA	数据保护分析	数据保护活动分析
DPM	数据保护管理	数据保护管理活动
E2E	端到端	从资源到服务交付
IRM	基础设施资源管理	IT 资源和服务管理
ITIL	IT 基础设施库	过程和方法，IT 服务管理
ITSM	IT 服务管理	IRM 功能，包括服务台
MTTM	平均时间迁移	迁移可以做到多快
MTTP	规定的标准时间	资源调配使用有多快
MTBF	平均故障间隔时间	故障或停机的时间
MTTR	平均修复/恢复时间	资源或服务恢复使用有多快
KPI	主要性能指标	IT 和信息资源管理服务标准
PACE	性能可用性容量能量或经济性	常见的应用程序和服务的属性特征
PCFE	电力，冷却和占地空间的 EH&S（环境健康安全）	绿色 IT 和设施的属性
PMDB	性能管理数据库	容量和性能信息库
RPO	恢复点目标	数据已被保护的时候
RTO	恢复时间目标	直到服务或资源将投入使用的时候
SLA	服务水平协议	用于服务待递送协议
SLO	服务水平目标	将交付的服务级别
SRA	存储/系统资源分析	分析、关联和报告工具
SRM	存储资源管理	也可能意味着系统资源管理或 VMware 站点恢复管理器工具

例如，一家工厂可以在高效率的情况下运作，生产更多的产品（如每小时每人或每个工具生产更多的商品）以达到降低生产、硬件、软件工具及人员成本的效果。然而，如果高效率的结果是技术缺陷及返工率上升或测试成品率降低，导致顾客满意度下降，那么这种高效的利用率就需要被否定。也就是说，在云、虚拟化和数据的存储网络环境中，整合资源的方向是趋向更高的利用率及更低的成本，但同样需要考虑它们的效率。

传统 IRM 是一种基于硬件与应用程序依存的工作模式（依赖关系和映射）。依存性意味着可专用于特定应用程序、业务或其他实体的硬件和软件资源。即使在共享网络的存储（SAN 或 NAS）环境中，也可能会同时利用公共基础设施组件的专用资源。其结果是包括可能导致某些应用程序缺乏足够资源的 SAN 在内的技术的整合。同时，其他应用程序可能有剩余或以其他方式存在的不能共享的资源，从而导致机会的丢失。因此，负载平衡、资源效率及投资回报最大化等指标很难得到满足。

不断演变的 IRM 模式是围绕弹性、多租赁性、可扩展性及灵活性展开的，是可计量和面向服务的。以服务为导向意味着能够迅速提供新的服务，同时铭记客户体验和满意度。对于客户的高关注度，同样使公司相对于其他公司的产品服务更具有竞争力、生产率及经济效益。

实施云、虚拟化或存储网络的部分工作是在进程中删除以前的障碍以及改变传统思维，如硬件与软件、服务器与存储、存储与网络、应用程序与操作系统、IT 设施与设备。实际情况是硬件离不开软件，软件也离不开硬件。

特定的技术领域可能更侧重其独立的应用范围，而 IT 资源领域是事实上的高效虚拟数据中心。例如，资源调配虚拟服务器依赖于配置和安全的虚拟环境、物理服务器、存储和网络、相关的软件及与设备相关的其他资源。同样，备份或应用程序的保护数据可以利用多台服务器运行一个应用程序，这就需要进行服务器、存储、网络、软件和数据保护任务等不同部件之间的协调。

有许多不同的任务、活动及工具，可以用于管理跨不同技术领域的 IT 资源。在一个虚拟数据中心，由于需要将物理资源转换为应用程序和 IT 服务，因此，工具与技术之间的相互依存关系显得尤为重要。

IRM 的共同活动包括：

➢ 审计、会计、分析与计费。
➢ 备份/恢复、业务连续性/灾难恢复。
➢ 配置发现、补救、更改验证管理。
➢ 数据占地面积减少（归档、压缩、重复数据消除技术）。
➢ 数据保护和安全（逻辑和物理）。
➢ 建立用于配置的模板、蓝图及参考线。
➢ 计量、测量、报告、容量规划。

➤ 数据迁移，支持技术升级、刷新或整合。

➤ 资源调配，故障排除、诊断。

➤ 服务级别协议、服务级别目标、服务交付管理。

➤ 资源分析、分辨率调整、容量规划。

IRM 的任务还包括物理资源配置，如服务器和操作系统、应用程序、实用程序和其他软件的配置。IRM 同时参与网络和 I/O 连接配置，以及相关的安全、高可用性、备份/恢复、快照、复制、RAID、卷和文件系统设置。IRM 的其他任务包括创建脱离于物理资源的虚拟机（VM）、虚拟网络连接和 I/O 接口、虚拟桌面及相关联的备份/恢复等虚拟实体。

3.3 理解 IT 资源

图3.2 显示的是各种信息服务传递层次、IRM 层及中间件（图3.2 右侧）。了解其中的意义很重要，其中一些在前面章节已经讨论过，而其他部分将在后面内容中进行讨论。

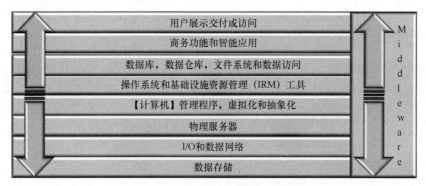

图 3.2 信息服务交付和 IRM 堆栈

应用程序。应用的定义将会发生变化。例如，如果关注 SAN、LAN、MAN 或 WAN 网络协议和接口，应用就是如文件共享、电子邮件、虚拟服务器或所有通过网络被传输的东西。如果关注的领域比技术堆栈更高，应用可能会是服务器及其操作系统、文件系统或卷管理器的数据库或关联的 IRM 工具，如备份/恢复、快照、复制和存储资源管理（SRM）。

应用程序可能是商务应用、信息服务、底层中间件的开发、数据库、文件系统、操作系统或虚拟机管理程序、SAN、局域网、城域网、WAN 等。如图 3.1上部所示，应用程序包括消息或电子信息（电子邮件、短信、VoIP）、计算机辅助设计（CAD）、企业资源规划（ERP）、财务状况、病人图片归档系统（PACS）或实验室系统、视频监视和游戏、娱乐、Web 服务、社交媒体、

email 或 office 应用等。其中的重要性是不同类型和层次的应用程序在 IRM 功能与资源上存在相互依存关系。

跨域和收敛。包括技术、最佳实践、政策或者跨越两个或多个技术领域的 IRM 活动。例如，服务器和存储、存储和网络、网络和服务器、硬件和软件、虚拟和物理。跨域或跨技术管理依赖于物理服务器、存储网络、相关联的虚拟机管理程序、操作系统和相关中间件或在软件工具虚拟服务器上执行的 IRM 及相关的活动。如果读者参与、感兴趣或探索聚合技术和技巧，那就表明读者对跨技术域活动感兴趣。例如，汇集联网技术就结合了存储和服务器 I/O 以及一般的网络，从技术角度来看已经涉及了跨域管理。

灵活性和伸缩性。传统信息服务交付的资源（服务器、储存、网络、硬件和软件）倾向于在固定的应用环境中部署。由于是在固定的应用环境中，甚至需要与共享的 SAN 或 NAS 存储器共存，应用程序通常与特定的设备、物理或虚拟的资源存在非常紧密的关系。同时，资源具有伸缩性，可以灵活地伸展或收缩以满足不断变化的业务或信息服务的需求，并以灵活或敏捷的方式使负载平衡。

联合。应用程序和服务器、数据库或存储系统可以资源或管理联盟的形式进行联合。联合以一种无缝或透明的方式利用自治或异构（如分隔的）资源进行管理。例如，联合数据库依赖于中间件、其他透明工具或装置，从其访问的应用程序中抽象出众多不同基础的数据库。联合管理可以对不同的技术提供虚拟管理界面。联合、云计算和虚拟化之间的定义区别可以是模糊的，它们依靠不同的技术提供多层抽象定义。可以采用多个不同的技术来进行联合。同样，不同的虚拟服务器或存储也可以从访问功能或管理的角度进行联合。

访客。访客在 IRM 的角度上可以有不同的含义。一个定义是虚拟机（VM）上的操作系统和相关的应用程序。另一个定义是信息服务的客户或消费者。这已经运用在从零售到运输等不同行业的很多企业中，并且逐渐成为一个发展趋势。

IaaS。在云中，IaaS 通常是指基础设施即服务（IaaS）。IaaS 意味着由硬件、软件、IRM 和相关的技术人员及参与者组成的专用基础结构，为应用程序服务提供商提供工具。根据基础设施服务交付或通过特定供应商工具支持的不同，IaaS 的精确定义将会发生变化。

中间件。中间件可以看做抽象或透明度的一层，以方便不同的软件工具和技术层之间的互操作性。与不同类型或类别的应用程序一样，根据受关注区域或经验的不同，中间件也会发生变化。如图 3.2 右侧所示，中间件笼统地横跨不同的服务和 IRM 任务。如图 3.2 所示，在商业应用、数据库或 Web 服务之间有不同的中间件。

各种协议和接口可用于实施或促进中间件的功能，包括 SOAP 和 XML。中间件的例子包括 Apache、EMC RSA、身份验证客户端、IBM、Linxter、微软.NET、Oracle 融合、GlassFish、WebLogic、Red Hat、SNIA CDMI 以及 VMware Springsource 等。

多租赁。多租赁等同于在共享的房屋环境中有多个租户，每个租户都有其自己所处的 IT 资源。多租赁可以适用于服务器，如虚拟机这种访客操作系统。对于存储，多租赁允许应用程序或数据使用者分享资源，同时出于安全性考虑，在逻辑上也彼此独立。网络也可以是逻辑上隔离，物理上共享的。对于云、虚拟和共享的数据存储网络，有多租赁才能共享资源，同时允许自主访问。

多租赁解决方案通常还包括在不放弃控制整个环境的情况下，向一些次要地位的管理委派一些功能。服务器多租赁的例子包括虚拟机管理程序，如 Citrix Xen、微软 HYPER – V 和 VMware vSphere 以及包括 HP、IBM、甲骨文等在内的逻辑域或分区管理器。那些来自亚马逊、Rackspace 等的云服务也提供多租赁。NetAppMultiStore 就是专注于存储多租赁的例子。

业务流程。业务流程是用于将各种 IRM 活动纳入可交付服务的过程和工具。业务流程通过不同的技术和技能，促进 IRM 在服务交付中的作用。例如，BC 或 DR 的业务流程及涉及的应用程序、数据库、服务器、存储、网络的备份或数据保护工具。另一个业务流程示例是在虚拟服务器或存储部署中，在一个较大的组织中各种群体协调各自的 IRM 任务作为工作流，并使其成为可用资源的一部分。

PaaS。作为一种服务平台提供的无须投资的资源（硬件和软件）开发及部署应用的手段。PaaS 和 IRM 结合在一起，将各种资源转换为一个解决方案。SaaS 供应商可能依赖 PaaS 来运行他们的软件。

政策。决定该怎么办、为什么、在哪里及怎样做是政策的作用。政策可以是决定在哪里进行数据存储、决定数据保留时长、进行业务连续性/灾难恢复、数据保护以满足服务需求的性能。政策可以通过手动干预或自动化工具来支持 SLO 服务类别和 SLA 管理。此外，政策还可以确定何时将数据移动到一个不同的虚拟机、不同的服务器或存储层。对于云和远程数据，政策也可以用于实现规章认证，如确定什么数据可以驻留在不同的地理区域或国家。

SaaS。软件作为一种服务，在服务或应用程序供应商系统上运行，以保证应用程序可以通过英特网被访问。实际系统支持的软件可能是基于 PaaS 和 IaaS 的。SaaS 的思想是得到基于订阅形式的访问软件，而不是投资基础结构以及关联需要管理的资源。SaaS 应用程序的示例包括 Salesforce. com、Concur 费用管理解决云案、CRM 或 ERP、邮件和商业分析工具（SaaS 的另一个效用

48

是用作存储服务）等。

模板。类似于传统工厂需要的说明和模式以指导工具部署，并按照流程和程序生产出产品。信息工厂也需要一个模板。从文档、网站或其他默认项目到如何定义和交付服务类别，信息服务和 IRM 活动模板可以有不同的含义。例如，很多博客或网站使用同一个模板，并保留或修改数据以加快开发和部署。同样，如果基于电子表格与文档模板的基础，文字处理、幻灯片演示文稿以及应用程序和数据库可以加快发展的步伐。IRM 服务模板是界定结合政策与工作流的服务类别与等级的一种方法。IRM 面向服务的模板可以包括存储类型或层次、RTO 和 RPO、QoS 和其他 SLO、RAID 及数据保护需求。

工作流。工作流可应用于不同技术领域（如跨域）、工作组或部门的 IRM 活动中，并作为 ITIL、ITSM、ISO 及其他过程或项目管理实践的组成部分。工作流可以是纸质的或完全自动化的，利用电子邮件和其他工具实现快速审批及对下游工具和技术的启动。对工作流的讨论或云和虚拟数据存储网络的重要性在于，时间对于大多数组织来说是宝贵的资源。

通过简化工作流程，组织能够做更多的事情，同时降低单位服务的成本，并提高客户满意度。额外的好处包括释放工作人员时间，专注于更高价值知识的工作和分析以及启用资源以更快地投入服务，同时减少客户等待时间。其结果是员工生产率提高，资源投资回报率增加，同时使客户能够以更快的速度根据市场进行创新。

调配虚拟或物理服务器上存储的请求就是工作流的一个例子。工作流可能涉及确定哪些层、存储服务的类型或类别是需要的。服务类别确定后，如果没有一个自动化的过程来完成配置模板的请求，那么其他群体就要执行实际的 IRM 任务。这些任务可能涉及配置或分配工作的逻辑单元、文件系统、NAS、卷映射或屏蔽、SAN 分区、管理截图、复制和备份/恢复安装程序。

同时，部分工作流将涉及适用审批或签核、管理跟踪及更新任何适用的 BC/DR 文件。对于某些环境，执行或调配存储资源的时间可能较短，而对不同工作组，部门或团队请求响应的时间可能较长。像很多事情一样，实际的工作流时间会根据环境的复杂性而有所不同。

XaaS。虽然一些缩写如 IaaS、PaaS、SaaS 通常用于指代云，但同样存在许多其他常用的类似于 XaaS 的变异体，其中 X 将被替换为不同的字母，例如，（程序即服务 AaaS）、（硬件即服务 HaaS）和（磁盘即服务 DaaS）等。XaaS 的概念类似于 XSP，其中 X 可以是（应用服务提供商 ASP）、（互联网服务提供商 ISP）、（托管服务提供商 MSP）或（存储服务提供商 SSP）等（然而，当使用 XSP 和除了 IaaS、PaaS、SaaS 以外的其他 XssS 条款时，一些云权威人士会告知该条款可能不适合他们的服务或产品）。

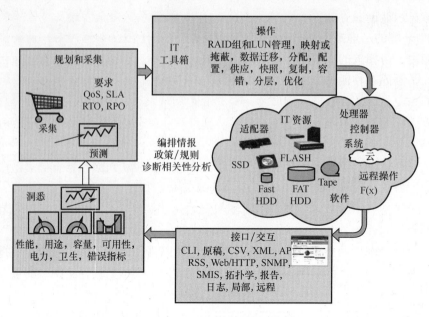

图 3.3　IRM 连续性

3.4　管理 IT 资源

图 3.3 显示了 IRM 周期循环的资源发现、配置及利用。部分的规划和激活是为了确保有足够的资源来支持应用程序以满足 SLO 和 SLA 的需求。在这过程中，需要进行分析以确定新的服务类别或增强现有的服务和功能。例如，细化的模板、配置指导的工作流及合作的流程。活动的另一个领域是配置、部署和调配资源，以满足每个服务类别和模板的 SLO 和 SLA 要求。

配置和操作的部分功能包括数据迁移，支持重新分层的性能调整或优化及技术升级。正在进行的 IRM 活动还包括修复、配置升级与变革管理的组合。不同接口和工具可用来度量不同的工作状况、性能、可用性、容量使用情况及提供服务的效率。

3.5　服务产品、类别和技术对齐方式

传统的工厂可能会致力于提供特定的产品，但在不同的时期，也有许多重新配置以生产其他产品的工厂。工厂基于模板或工作订单、策略和流程进行生产，并提供不同产品，以满足各种要求。同样，一些信息工厂被配置为只交付特定的服务，而其他工厂可以适应不断变化的工作负载或要求。信息工厂应该

能够显示他们服务的能力和类别，包括 SLA 和费用。无论信息工厂是基于传统 IT 环境的、虚拟的、私人的、公共的，还是基于混合云模型的，了解相应的能力，与相关的成本和服务级别很重要。

了解成本和能力的重要性是为了能和内部或外部的客户进行交流，包括业务的竞争。例如，存储资源的外部服务提供商可能具有更低的成本。然而，若服务提供了更强的 SLO、SLA 方面的能力，那么这个服务可能就是客户所期待的低成本产品。

当然，客户可能期待所有的服务都具有相同 SLO 和 SLA 的能力，并具有较低的成本。那么服务管理工作的部分内容变成了与客户沟通，并确认客户的期望与实际服务项目之间的关系。需要基于联合讨论确定的需求以提供更高水平的服务，而不是"实际"的需求。例如，一个业务单位的管理人员认识到如果他们有类似的产品或服务，就不需要提供最高层次、更具吸引力的服务。传统的 IT 思维是提供最高水平的服务，但很多业务单位、团体、利益相关者或消费者为了部分需求可以容忍类别较低的服务。

业务功能、应用程序和信息服务具有不同特征的性能、可用性、容量和经济学理论。这些基本的特性可进一步细分为工作量或活动、响应时间、卷或交易、可靠性和可访问性、数据保护、安全、备份/恢复和 BC/DR 以及法规遵从性和其他特殊性。对于大多数组织而言，需要根据不同的应用程序或服务及消费者的要求，对它们进行区别对待。对于不同的对待方式，可以以成本效益的方式分配可适用的资源以满足 SLO 和 SLA。这样做的好处是可以增加拉伸资源的经济效益。这意味着通过创建不同类别的服务，对适用技术和工具进行匹配，以满足服务需求，同时减少成本和资源的延伸。

服务种类和类别管理包括：

➤ 根据各种应用程序划分业务 SLO。
➤ 建立 IT 的类别，以满足业务和应用程序需求。
➤ 将资源（人、硬件、软件）方式与服务类别匹配。
➤ 分配服务类别以满足不同的业务和应用程序的需要。
➤ 出版度量标准的性能、可用性、容量和经济性。
➤ 根据需要调整和审查服务类别。

设置服务类别时重要的一点是，使它们与业务、应用程序或信息服务相关。与业务、业务联络员及实际需求进行联系是非常必要的。

图 3.4 显示了四个类别（或层）的服务，从溢价到最低的成本。保险费是最高的服务类别，旨在支持关键任务的应用程序或信息服务的成本。第 0 层旨在以低 RTO 和 RPO 提供高的可用性，以防止数据的丢失或访问的损失。此外，该层也对时间敏感的应用程序进行了设计。服务的另一端，第 3 层是为不需要高可用性或性能的应用程序或服务而设计的。

51

请注意，在图 3.4 中没有提到任何技术或如何进行具体资源配置，而是介绍相应的业务或服务条款。这个想法是基于信息服务客户的，是在客户理解术语的情况下，方便地将客户的业务映射到服务的模板中。换句话说，学会业务和客户语言，帮助指导他们得到所需要的合适的技术资源，而不是让他们学习专业术语。

层 0	层 1	层 2	层 3
铂金	金	银	铜
溢价	标准	经济	超级保护程序
$ $ $ $	$ $ $	$ $	$
任务	商业	商业	商业
决定性的	本质的	重要的	可选择的
没有时间	一些影响业务	几乎没有	影响最小
敏感的业务	良好的可用性	影响到业务	延迟容忍的
无法运作	低至中等	基本可用性	一些可用性高
高可用性	RTO 和 RPO	允许停机时间	的 RTO/ RPO
低 RTO 和 RPO	停机一段时间		
必须是安全的	是可以容忍的		
时间就是金钱			
停机时间是			
一个失去的机会			

图 3.4　IT 服务类与类型在商业 SLO 中的相关术语

图 3.5 类似于图 3.4，但提到虚拟机（VM）、整合、高性能和高可用性等广泛性或一般性的技术名词。图 3.5 作为一个中间部分在一定程度上有助于将 IRM 能力及资源交付接近"业务发言"，同时更接近于实际的基础技术配置和部署模板。

层 0	层 1	层 2	层 3
铂金	金	银	铜
优质	标准	经济	超级保护程序
$$$$	$$$	$$	$
任务	商业	商业	商业
决定性的	本质的	重要的	可选择的
功能丰富的虚拟机，项目经理，网络和存储	在虚拟机中，PM，网络和存储的一些功能	在虚拟机中，PM，网络和存储的一些功能	在虚拟机最低功能，项目经理，网络和存储
高可用性	良好的可用性	基本的可用性	最小的可用性
高性能	良好的性能	基本性能	最小的性能
没有整合	一些整合	更多的整合	高程度地节省成本
必须是安全的	可以容忍	更加注重降低成本	
经商成本	一些停机时间		

图 3.5　服务类、类别或层次的 IT 术语

服务类别在图3.6中进一步精炼成技术上更具体的语言以包含包括磁盘驱动器的速度和能力及其他技术的资源，从而优化一个给定的服务级别及与其相关的基础费用。例如，在进行其他数据的保护任务时，也可在磁盘备份或BC/DR中采用合适的RAID级别以决定何时、如何做出快照或采用点到点的备份。

对于某些环境，前面三个示例中的任何一个足够用于描述服务和技术配置的选项。然而，在其他环境中将需要更多详细的信息，利用模板以确定SLO和SLA，包括特定的RTO、RPO和QoS的级别。这三个图显示了正在与业务相适应的技术或信息服务应用程序的需要。表3.2显示了从技术角度看，各种存储介质或分层是如何转变到不同的应用程序或使用场景中的。

通过创建多个服务类型、类别、不同业务应用中的层或信息服务的需求，可以配置合适的资源，以符合成本效益的方式满足服务要求。然而，过多的服务类别和相关的维护管理与每个服务请求部署之间需要进行平衡。适当的平衡拥有足够的服务类别与相关的模板以迅速部署资源，然后处理相对于常态的异常状况。

了解挑战、困难、障碍与机会，并将它们一起进行分析评估非常重要。解决这些问题最具挑战的部分是确定哪些是适用的技术、技巧及最佳做法，是最适合于解决特定业务和IT需求的最有效、高效的方式。

表3.2 高级别服务分类与分层存储配置的关系

	第0层	第1层	第2层	第3层
	非常高的性能	性能和容量为中心	容量和低成本为中心	高容量低成本为中心
惯例	事务日志和日志文件、页面文件、查找和元数据文件、非常活跃的数据库表或索引	活性在线文件、数据库、电子邮件和文件服务器、视频放送需要的性能和存储容量	主目录、文件服务、Web 2.0、数据备份和快照及大容量数据存储等需要以低成本实现大容量的应用	每月或每年的完整备份、长期归档和数据保留、可访问性交易用于成本或节省功耗
比较	每IOPS金额。IOPS或每瓦活动和给定的数据保护级别	每瓦能量的活动，容量密度及给定数据的保护级别	用在保护级别下活动数据的性能衡量：每能量容量密度	在保护级别访问时，每个能量容量密度使用的带宽
属性	低容量、高性能及低功耗的消耗。DDR/RAM, FLASH或某些组合	主要活动数据要求的可用性和性能。10K或15K RPM。2.5英寸SAS硬盘驱动器	低成本、高密度。57.2K或10K RPM SAS或SATA硬盘驱动器，具有超过1TB容量	低成本、高容量7.2K RPM SAS或SATA硬盘驱动器。在使用磁盘、光盘的前提下或云
案例	高速缓存、缓存装置、固态硬盘（闪存，RAM）	企业和中端阵列	体积和基于存储的智能电源管理（IPM）	磁带库，光存储，移动硬盘

有必要定期审查和说明服务级别目标。利用 SLO 进行的审查，IT 服务者和客户将能够知道对方都在期待什么，而不是依赖于假设。说明 SLO 业务的好处是避免由于服务期望假设造成潜在更高的服务交付费用。

对于某些应用程序或信息服务，主要要求是尽可能地以最低的成本实现基本的性能和可用性。然而，其他应用程序可能强调性能或者可行性，同时仍然需要维持所有属性的平衡状态。请记住，服务器、存储器、网络服务类型或类别的目标（虚拟、云和物理机）是拉伸这些资源，支持增长同时保持或提高服务质量。

此次有关服务类别的讨论是建立在是什么、何地、为什么以及如何使用云、虚拟的和数据存储网络的基础上的。例如，在图 3.7 中，商务条款的服务类别都显示在图 3.4 的顶部，同时，底部显示了以技术为中心的条款，如图 3.6所示。在图 3.5 中间描述了联系业务和技术的一个例子。

层 0 铂金 优质 $$$$ 任务 决定性的 快捷的资源（服务器，存储和网络） 虚拟机的灵活性 0级1个存储 RAID 10 + 快照 用于HA本地和远程复制 每项活动的成本	层 1 金 标准 $$$ 商业 本质的 快捷资源（服务器，存储和网络） 虚拟机的灵活性 层 1 存储 RAID 10，5，6 用于HA拍摄快照复制 每项活动的成本	层 2 银 经济 $$ 商业 重要的 共享资源的虚拟机的共享性和灵活性 好的可用性 2级和3个存储 一些性能 RAID 5，6，快照 一些复制 活性和容量	层 3 铜 超级保护程序 $ 商业 可选择的 丰富的共享资源，速度较慢的虚拟机整合 基本性能和可用性 成本最低的资源 高容量存储以最低成本 每项活动的成本

图 3.6 服务类或层与技术映射

虽然在没有服务分类的情况下也可能实施分层服务器、分层存储、分层网络或无服务类型或类别的分层数据保护，但是拥有明确定义的服务类别让分层更容易部署。易用性来自于指导客户真正所需要和最适合的要求，而不是需要的能力。从中可以发现，想要较低成本的客户可能没有意识到停机或者生产力延误造成的花费可能造成给定服务级别的结束。同样，一个客户可能认为他需要高水平的服务，却发现与企业利益相关者用的只是一些较低层的服务配置。

那么，应该有多少层或类别的服务？这要取决于所处的环境和管理的数量。太少的服务类别造成对待事物相同的处理方式，意味着可能最终结束于定制的或意外的配置。另一方面，太多的服务类别带来相关的维护管理费用。类别的最佳数目将取决于希望得到的服务和相应的环境。

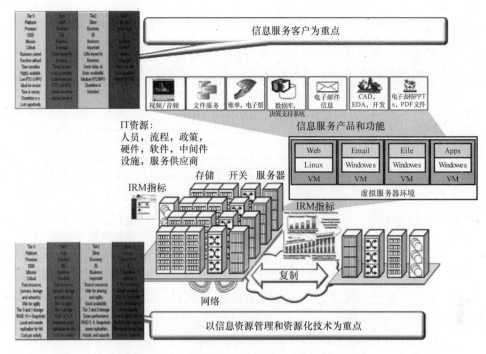

图 3.7　显示服务等级和类别和 IRM 活动的结合

3.6　获得态势感知力和控制力

云或动态虚拟化环境的重要性是 IT 资源的态势感知力。这意味着需要深入了解如何部署 IT 资源以支持业务应用程序及以符合成本效益的方式满足服务目标。对 IT 资源使用状况的感知提供了必要的战术和战略规划及决策的灵感。从另一方面来看，有效的管理不仅需要知道可用的资源，还需要了解如何做出让不同的应用程序和数据放置在合理的位置，以有效地满足业务需求的决定。

虽然虚拟化、云计算及其他技术和工具在动态 IT 环境中有助于从应用程序中抽象出物理资源，但对提供态势感知力的 E2E 管理工具的需求变得更为重要。管理工具可帮助确定和跟踪各种服务器、存储和网络资源之间的配置及相互依赖关系。

虽然抽象化提供了一些简单性，但也有一些额外的复杂性需要由明确及时的资源使用和分配方式进行管理。除了需要对系统资源分析（SRA）工具进行态势感知以外，虚拟化或抽象环境同样需合理的工作流管理。速度性、灵活性和准确性是支持动态 IT 环境的关键。因此，工具可以标识、跟踪和支持自动

55

化，以及支持各种供应商技术的工作流文件，这是 IT 组织移动到抽象环境必不可少的一部分。

不能有效管理不了解的事情。虚拟化、云等抽象形式帮助 IT 组织启用灵活的、可扩展的服务交付。虽然抽象的底层资源简化了服务交付，但从 IT 客户的角度来看，技术的其他层次和相互依存关系仍然需要跟踪和管理。对现有资源的 E2E 态势感知及运用（图 3.8）是 IRM 中有效信息服务交付的重要部分。

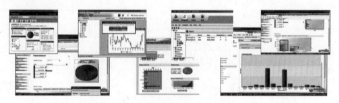

图 3.8　在不同的资源和 IRM 重点领域的态势感知能力

通过技术领域不同工具产生的是时间性的态势感知能力，IT 组织可以有效的方式对资源进行部署。端到端的态势感知从高速有效的 IT 服务交付中移出盲点。态势感知与服务交付及 IRM 活动相结合的其他好处是改进周期时间，例如，加快资源到产品的速度，最小化需要被替换的时间，搭载平衡性和弹性以满足不断变化的工作负载需求或季节性变化。所有这些都具有商业利益，包括降低单位的资源成本。

虚拟化或其他形式抽象业务的优势是透明度和灵活性。但其复杂性则是需要 E2E 的跨技术管理。存储和网络被 IT 组织用来为业务用户提供更有效的管理资源，提供应用程序服务。SRA 工具用来支持和关联来自服务器的数据。图 3.9 显示了 E2E 管理、不同技术的认知和资源域或 IRM 活动领域。

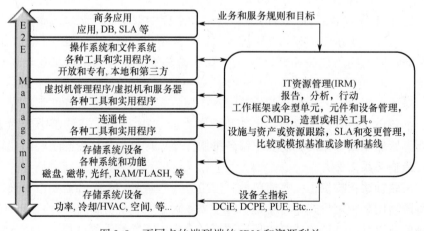

图 3.9　不同点的端到端的 IRM 和资源利益

56

成本输出额和复杂性是有效提供服务、提高 IT 环境便利敏捷性和灵活性的主要促成因素。虚拟化、动态、云（公共的或私有的）环境的一项重要能力是以具有成本效益的方式管理给定业务服务的能力。在虚拟化环境中，SRA 的优势是成为 E2E 管理，从而提供可见性和可跟踪抽象层背后的逻辑映射。

3.7 从 SRM 到 E2E 的 SRA

性能和容量规划可以结合起来，与 SRM 一起作为补充活动，或者作为单独的任务。性能调整和优化可以视为最初的对具体情况做出反应的行动。绩效计划及正在进行的性能调整，可以支持保守方针向战术和长期战略管理的方法移动。例如，性能优化的办法就是要对性能和使用情况进行分析，对整体增长计划的部分进行优化，以最大限度地节省优化支出。

IRM 的报告和监测工具应允许 IT 管理员看到跨不同技术领域的，从虚拟服务器到完整 IRM 物理存储的图像。此外，容量和资源利用工具正在向传统空间和容量利用率中添加性能或活动报告，以得到更全面的关于服务器、存储和网络资源的利用情况。计算性能和利用率应该相互关联起来进行评价。

SRA 工具已不仅仅是跨越多个技术领域，提供事件相关性和其他分析能力的基础资源报告工具。虽然有些 SRA 产品还可以用作 SRM 以提供配置管理数据库（CMDB）、工作流、自动化及部分业务流程任务，但一些 SRM 产品已经利用（或将变身成）SRA 工具。

一个灵活的存储（或系统）资源分析工具应具备以下特点：
➢ 支持复杂的异构环境，具备较多的相互依存关系。
➢ 提供项目管理报告和接口来更改管理。
➢ 将资源和利用率映射到业务功能服务交付中。
➢ 平衡行业标准与自定义的手册和工作流。
➢ 启用 E2E 修复跨不同 IT 资源的技术域。
➢ 执行包括手动关闭第三方工作流等工作。

3.8 搜索和网络发现

数据分类和搜索工具的功能包括发现、分类、索引、搜索及报告数据。例如，确定哪些文件由于存档需求，要从在线存储迁移到离线存储。

采取行动意味着增强与包括基于对象及归档系统存储系统（在线、近线和离线）的接口进行管理和数据迁移的能力。从法律相关性来看，采取的行动包括诉讼封存，以防止基于策略的数据篡改和删除。采取行动的另一个例子是向政策的管理人员或其他 IRM 工具，包括其副本采取离线复制数据保护行动。

SRM 和基本数据的发现与分类工具包括文件路径及文件元数据发现 SRM 工具。SRM 工具的焦点在存储和以存储管理为目的的文件标识，包括配置、性能和报告。一些工具的提供更高级的功能，包括归档、文档管理、电子邮件和数据迁移。深度内容的发现、索引、分类和分析工具支持例如单词相对性、高级语言及搜索等特点。

当关注数据发现和索引工具时，需要牢记目的及技术的主要功能。例如，计划使用的工具是用来深度探索合规、法律诉讼和知识产权搜索的吗？也许正在确定文件在哪里，上一次访问是什么时候，什么人有可能把它移动到另外的存储器中。重点是关注主要目标，并可能发现不同工具在不同任务上的性能差异，且与任务匹配的工具数量将会不同。

体系结构注意事项包括性能、容量和深度的覆盖面及发现、安全和审核记录。策略管理应考虑政策的执行，以及与其他政策管理和数据迁移工具的接口。一些工具还支持不同的存储系统，如供应商特定的用于归档和合规存储的 API 接口。请注意备用的工具是否内嵌或支持不同的模板、词汇、语法与不同行业和条例相关的分类法。例如，在处理财务文件时，该工具应支持处理各种财务的分类，如银行业务、交易、利益、保险等。如果正在处理的是法律文件，那么就需要支持法律的分类。

对数据进行分类是复杂的，而且数据的实际值可能并不明确。尽管存在工具，但它们的宽泛性和可扩展性是有限的。要与业务和开发的应用程序相交互，重要的是要理解数据的价值。有时需要分层安全，但同样需要不同的方法，同时还有绑定的数据值、位置及业务。

了解目标应用程序和发现工具的需求将有效确保积极成功的解决方案。若要了解哪些文件存在于系统并用来帮助实现分层的存储环境，首先要了解传统 SRM 类型的工具。另一方面，如果为了支持诉讼、法规遵从性和其他功能，就需要深度数据搜索，然后考虑更先进的工具。一些工具可以达到多个目标，同时要知道系统的其他方面可能会受到影响。

3.9　性能和容量规划

在可用性、性能和容量规划之间可能并无联系。但是，如果没有可用的资源，性能会受到影响；资源业绩不佳或供应有限，可用性和可访问性会受到影响。

资源使用情况和容量规划包括：

➤　状态和资源监控、会计、事件通知和报告。

➤　决定哪些资源可以整合而哪些需要缩放。

> 性能、可用性、容量和能源使用情况的报告和分析。
> 诊断、故障排除、事件分析和主动预防性管理。
> 各种 IT 资源和业务职能之间的相互依赖性分析。
> 资产及设施管理。

容量规划和能力管理在商业中不断运用。在一家制造业公司，就有类似于库存和未加工物品的管理。航空公司使用容量规划和管理能力来确定何时购买更多的飞机。电力公司使用它们来决定何时生成电源和传输网络。同样，IT 部门规划并管理服务器、存储器、网络和设施（电源、冷却和占地面积），以得到最大价值，同时满足服务级别目标或要求。结合使用情况跟踪预测简单 IRM 能力的示例如图 3.10 所示。

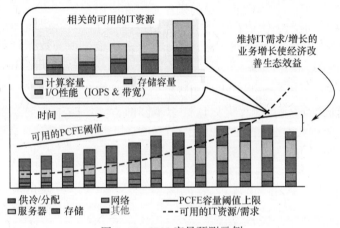

图 3.10　IRM 容量预测示例

容量规划可以是一次性的工作，以确定多少资源以及什么资源可以用来支持给定的应用程序。一个非战术的资源需求需要评估和确认规模以简单地获得一定数量的资源（硬件、软件、网络及人员），然后针对需求进行购买。战略方针则是根据战术做出更明智的决策和定时收购。例如，提前知道资源需求，就可以利用特别供应商提供的优惠条件获得需要的设备。同样，根据该计划，如果条款并不利于资源使用率，则可选择延迟购买该产品。

虚拟数据中心帮助从应用程序和用户中抽象物理资源。但是，需要转移增加的复杂性，这可以通过端到端的诊断和评估工具以及事件关联和分析工具来完成。足够的资源是维持业务增长和满足应用程序服务要求的一个平衡性条件。平衡指有足够的服务器、存储器和网络资源，从而不致于产生因成本升高或资源不够而导致的服务下降。

错误的度量标准和洞察力导致错误的决策与管理。请注意利用率在 1% 以上的服务器，此外，还要考虑响应时间和可用性。请从 IOPS、带宽、反应时间或等待时间及可用容量等方面考量存储。同样，请从潜伏期及单位带宽成本和百分比利用率的角度来考量。

如果刚接触容量规划，请检查计算机测量组（CMG），重点是跨技术、供应商和特定平台的性能及容量规划管理。一般情况下，建议开始时从简单入手，在现有的基础上或者可用经验和技巧的基础上，考虑采购能够产生最大限度成果的产品，之后再进化到更高级的方案。

3.10 数据移动和迁移

另一个有多重意义的 IRM 活动是移动和迁移。移动或迁移适用于：
- 转换或升级的硬件和软件。
- 访问物理或虚拟服务器中的操作系统和应用程序。
- 物理到虚拟、虚拟到虚拟、虚拟到物理。
- 将数据从现有存储系统移动到新的存储系统。
- 数据中心整合或搬迁。
- 存储和数据重新分层优化或迁移到云计算服务。

基于前面的示例，迁移可以以许多不同的方式，跨不同的场地、利益进行，例如，跨越或在数据中心里，或在存储系统中，或在同个产品或者跨多个产品的解决方案中。

常见的数据迁移挑战包括：
- 项目的初始化、人员配备和熟悉过程。
- 现有环境的发现。
- 工作流跨组管理。
- 在全局基础上的不同组别。
- 各种工具和流程说明。
- 多个供应商、技术和工具。
- 侵入性配置发现进程。
- 跨站点配置修复。
- 更新知识库。

在更大的环境或全局环境中，数据迁移是周期性任务，也是优化或节省费用的机会。一个常见的问题是在服务交付完毕时网站信息的丢失。在网站信息被保留的情况下，没有被维护的数据往往会变得陈旧且没有太大的用处。结果就是不能被将来的迁移或其他定期 IT IRM 的任务或活动有效地利用。平均迁移时间（MTTM）是一个时间指标，用来衡量数据迁移或运动过程从开始到结束所需的时间。MTTM 包括实际移动或复制到新的存储设备上或从一个老的存储设备中删除，支持重新分层、整合或技术更新数据的时间。除了复制时间以外，MTTM 还包括相关的管理工作流任务活动。对于反复出现的数据移动和迁移，越低的 MTTM 越好，因为这样，资源和人员可以花更多时间在生产性工作上。

减少 MTTM 的优点包括：

➢ 减少项目开始/完成时间。

➢ 加快硬件部署。

➢ 增加存储的有用时间以完成工作。

➢ 最大限度地提高投资的存储支出回报率（ROI）。

➢ 知识留存以备将来迁移。

3.11 本章总结

基础架构资源管理（IRM）是结合了过程和进程的原始资源（服务器、存储、硬件、软件）传送到服务类别的一种重要信息交付服务。用于公共云、私人有云或混合云。虚拟和传统环境下的 IRM 可以提高生产率、降低单位成本和拉伸资源，以支持经济增长。

一般行动项目包括：

➢ 建立关键绩效指标以衡量资源有效性。

➢ 定义和管理服务级别的目标及服务级别协议的服务期望。

➢ 简化工作流程和服务的对齐方式以进一步拉伸资源。

有许多供应商都有针对 IRM 不同方面的物理或虚拟数据中心的解决方案，包括 Axios、Aptare、BMC、Bocada、Brocade、CA、思科、Commvault、戴尔、Egenera、EMC、Emerson/Aperture、HP、IBM、微软、Neptuny、NetApp、Network Instruments、Novell、Opalis、Quest、Racemi、SANpulse、Solarwinds、Storage Fusion、Sun、Symantec、Teamquest、Veeam、Viridity 和 VMware。

第4章　数据和存储网络安全

凌晨 3 点，知道数据在哪里，谁在保管它吗？

——格雷格·舒尔茨

本章概要

➢ 云、虚拟化和存储网络所面临的风险和安全挑战

➢ 安全性应有效，并对生产力没有影响

➢ 保护信息资源安全的技巧、技术和最佳实践

这一章介绍在云、虚拟化网络和存储环境中保护数据的基础设施资源，以应对各种内部和外部威胁的风险和其他与安全相关的挑战。同时具备好的防守（具有多个层面、多重防护）和强力的进攻（积极主动的策略），才能在保护资源的同时激发生产力。本章中讨论的关键主题包括：移动过程中静止授权、验证时的数据保护、物理保护。关键词包括：多租赁、盲点（暗区或暗云）、加密和密钥管理、数据丢失防护（DLP）和自我加密磁盘驱动器（SED），后者也称为受信任计算组（TCG）OPAL 设备。

4.1　被保护，不害怕

随着 IT 的发展超越了相对安全可靠的数据中心和拥有 Wi－Fi 的移动和互联网数据接口的内部物理网络，数据的安全性变得比过去更加重要。可远程访问的云、虚拟机（VM）和存储网络使得 IT 资源的访问变得更加灵活，可以为局域网和广域网的人员、用户及客户提供帮助。但是这种灵活性也使公开信息资源和数据受到了安全威胁。这意味着增加任何需求都要在数据保护和业务效率之间进行权衡。网络存储让存储和信息资源能够远距离地在安全数据中心外被访问，这就需要更多的安全保护。

虚拟和物理 IT 资源的互联以及应用程序或服务的传送也不断增加了人们对安全性问题的关注。例如，一台没有联网的、独立的服务器和专用的直接附加的有安全物理性能和逻辑访问的存储器比连接到具有通用访问性的网络服务器更安全。然而，独立的服务器具备灵活访问网络服务器所必需的易用性。正因为这种灵活的访问和其易用性，所以需要额外的安全措施。随着以促进距离为目的的基于 IP 的网络等新的扶持性技术的应用，安全的威胁及攻击也随之

而来。这些攻击可能来自政治、金融、恐怖、工业或纯粹娱乐的原因。

4.2　消除盲点，覆盖范围上的断层和"黑暗领域"

第3章介绍了统称为基础构架资源管理（IRM）的策略与程序，以及根据它区别对待所有应用程序及其数据、相关的基础设施资源和管理的重要性。信息安全和相关的资产是IRM中重要的组成部分，其中包括数据管理和采用不同级别的保护、应对各种风险。业务和危险分析应该时常确定哪些需要加密、可使用的级别及加密程度。消除暗区、盲点和覆盖中的缺陷也很重要（图4.1）。

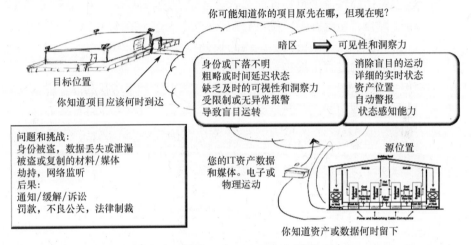

图 4.1　消除"暗区""暗云"和盲点

盲点或覆盖范围上的断层并不是唯一的安全问题；敏捷性、灵活性、活力、弹性和环境融合性都需要依靠适时的资源和服务交付的态势感知。本章的重点是在逻辑、物理、本地和远程载体上保护数据和信息资源。本章将消除暗区、消除盲点的关注点放在消除覆盖领域的断层上，以找到安全漏洞和风险。

当要以电子方式通过网络或物理媒体移动数据时，可能会知道何时何地转移的数据，并预估到达的时间（ETA），但数据在传送或在飞行的过程中经过哪里？有谁在未加密的时候访问了数据或者看到了其中的内容？能利用可审核的路径或活动日志证明数据被移动或者偏移了规划好的路线路径吗？

在运输行业中，"暗区"这个词在历史上被铁路用作极少或者根本没有管理的区域。其他与运输有关的术语还包括"盲点""盲飞"，用来表示对情景认知的缺失而导致的对管理控制的失效。和云、虚拟化数据存储网络相关的是，"暗云"可以被视为一种对访问者而言没有被充分了解和感知的资源。

图4.1的左上角所示为与之相关的各种技术，它们在源和目标端被用作管理数据资源和媒体。同时还显示了当资产移动到盲区域时实时管理能力缺失的问题。

例如，数据需要被移动到公共的异地远程私人供应商那里。一旦数据和应用程序被公共或私人供应商使用，通过什么样的方式才能用安全的信息和相关的资料来告诉我们数据是安全的？什么时候信息通过电子手段，使用网络或运用可移动媒体（Flash SSD、普通硬盘 HDD、可移动硬盘 RHDD、CD、DVD 或磁带）进行大容量移动了？例如，要移动大量数据到云或者服务供应商，数据的磁带副本就可能被制作出来，并用在远程站点上，然后通过远程站点复制到磁盘上。那么磁带发生什么样的状况？它被存储还是被摧毁了？在数据传输过程中又是谁访问了磁带？

"暗区"没有覆盖的领域可能包括：

➢ 缺少对访问资源者可视性的公共云或私有云。

➢ 传送媒介，包含存储系统或介质（SSD、磁盘或磁带）。

➢ 在公共和私人网络链接上检测的缺失。

➢ 在数据传输过程中的物理和逻辑跟踪。

➢ 访问 eDiscovery、搜索、数据分类工具和审计日志的权利。

➢ 已有的物理访问、审核日志及保存方式。

➢ 跟踪资产工具，如无线射频识别（RFID）。

➢ 物理上安全的和逻辑上或飞行中加密的数据。

➢ 无视频或访问物理资源和设施的日志。

4.3 安全威胁风险与挑战

IT 云、虚拟化、传统数据中心与系统、应用程序及其所支持的数据都存在许多不同的风险（图 4.2）。这些风险的范围是人类的自然行为，从技术失败到意外及预谋的威胁。通常人们认为大部分的风险来自外部，实际上，大部分威胁（除了自然的动作以外）都是来自内部的。虽然防火墙及其他防线共同抵挡了外部的攻击，但对内部威胁的强大保护也是必不可少的。另一个在 IT 网络中常见的的安全威胁是环境中的"核心"系统或应用程序不够安全。例如企业备份/恢复系统的低级密码控制、虚拟系统、管理界面太过普通，以至于用常识就能更改。

威胁可能是物理上或者逻辑上的，比如数据缺口或病毒。不同的威胁风险对不同的应用程序、数据、IT 资源（包括物理安全）都需要多个不同的防御层次。虚拟数据中心依靠逻辑和物理安全。逻辑安全包括对文件、对象、文档、服务器、存储系统的身份验证、数据加密的用户权限和访问控制。

其他常见的威胁风险包括：

➢ 逻辑上或物理上的，从内部和外部信息源的入侵。

➢ 网络犯罪、病毒、僵尸网络、间谍软件、工具包和拒绝服务（DoS）。

- 盗窃或恶意破坏数据、应用程序和资源。
- 数据丢失、错放、被盗用的网络带宽。
- 执行标准和信息隐私。
- 使用公共网络时信息曝光或 IT 资源访问。
- 内部或外部的未经授权的窃听。
- 从私人物理转移到虚拟和公共的云资源。
- 盲点或暗区和云的可见性或者透明度的损失。

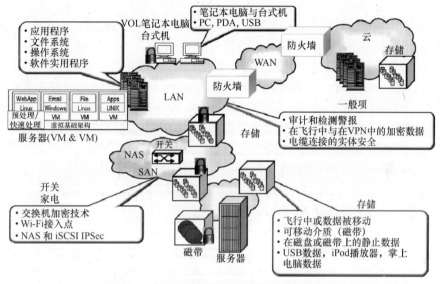

图 4.2　云和虚拟数据存储网络的利益安全点

　　逻辑安全性的另一个方面是对虚拟或物理数据信息的主动破坏。比如，当磁盘的存储系统、可移动的磁盘或磁带、笔记本电脑或工作站被销毁时，数据破坏就可以确保所有纪录的信息都被安全地删除。逻辑安全还包括如何对不同的服务器分配、映射或屏蔽存储，且包括分区、路由和防火墙等手段的网络安全。

　　云和虚拟环境的另一个挑战是使各种客户或业务功能应用和数据在同一个共享环境中保持独立状态。根据分享和多租户解决方案的级别，以及特定客户、客户端或信息服务消费者安全和监管的要求，数据需要不同级别的隔离和保护。比如，共享存储的解决方案在单独的逻辑单元（LUN）或者文件系统中拥有不同的客户或应用程序配置吗？对安全关注型应用程序或数据而言，需要单独的物理或逻辑网络、服务器和存储吗？除了多租户的硬件、软件和网络或者在自主的场所以外，通过现场管理服务供应商或外部供应商，谁还有权访问？何时？何地？为什么可以访问？

　　额外的安全挑战包括：

> 居次要地位和集中管理的共享资源。
> 手机和便携式媒体、PDA、平板电脑和其他设备。
> 加密和重复数据消除、压缩和 eDiscovery 相结合。
> 孤立的数据、存储和其他设备。
> 分类应用程序、数据和服务级别目标（SLO）。
> 非结构化数据增长，范围从文件到语音、视频。
> 融合网络、计算与存储硬件、软件与堆栈。
> 多样性日志文件的数量、监测及分析。
> 工具和人员的多语言支持。
> 自动化的基于策略的资源调配。
> 管理供应商以及访问权限或结束点。

除以上所述以外，其他的挑战和要求包括 PCI（支付卡行业）、SARBOX、HIPPA、HIECH、BASIL 等。云、虚拟化和数据存储的安全要求已发生变化，包括司法管辖权的具体条例、欺诈和数据泄露检测通知、数据加密要求、可审核事件及访问和活动日志。

4.4　采取行动以保护资源

网络和系统安全是正常时期及服务中断时期的关键。拒绝服务攻击易造成中断和混乱，已成为新的威胁。因此需要考虑一些安全问题，包括物理和逻辑安全、数据加密、虚拟专用网络（VPN）和虚拟局域网（VLAN）等。网络安全应从核心延伸至远程访问点，例如家、远程办公室和恢复站点。安全防护必须设置在客户和服务器（或者 Web）及服务器和服务器之间。保护本地环境具体包括对工作计算机的限制、对 VPN 的使用、对病毒检测及系统备份。离安全物理环境越远，安全性就越重要，尤其是在共享的环境之中。

常见的与安全有关的 IRM 活动包括：
> 授权和身份验证的访问。
> 加密、保护传输中的和静态的数据。
> 监控和审核活动或事件日志。
> 授权或限制的物理和逻辑访问。

与许多 IT 技术和服务一样，威胁和风险问题有很多种，因此需要不同层或环的保护。多防护环或防护层概念的提出，确保了在对应用程序及数据提供必要保护的同时仍有较高的生产力。通常应用程序、数据、IT 资源是安全的，并有防火墙的保护。实际上，如果防火墙或者内部网络受到了攻击，又没有多层安全保护，那么其他的资源也会被攻击。因此，要防止外部威胁和内部威胁入侵的关键是布置多个保护层，尤其是在网络访问点周围。

从保护物理设备和环境到保护逻辑软件和数据还有很多事情可以做。安全覆盖范围的可见性应该扩展，覆盖范围从物理到虚拟、从私人到公共及管理服务供应商（MSP）。其他保护形式还包括通过各种技术管理组（服务器、操作系统、存储、网络、应用程序）以融合协调的方式保护分离的管理职能。这意味着需要建立跨技术管理领域和相关能见度及审计工具的策略和程序。安全还包括加密、证书、授权、身份验证和数字版权管理。

4.4.1 物理安全

物理数据保护意味着保护设施、设备及授权访问管理界面和工作站。

物理安全的项目包括：

- 物理卡和 ID。
- 存储介质、资产安全与安全处置。
- 适当的审计，以控制已删除数据的安全销毁。
- 锁定设备室、安全文件柜和网络端口。
- 资产跟踪，包括便携式设备和个人访问设备。
- 限制照片或照相机在数据中心中的使用。
- 合适的设施及路牌广告数据中心。
- 针对针对火灾、洪水、龙卷风和其他事件而加固的设备。
- 安全摄像机或警卫的使用。

另一个方面的物理安全（包括确保数据在以电子方式经由网络或物理上的移动或传输）是受到逻辑上保护的，如加密和物理上的保护（审计追踪和跟踪技术）。比如，解决方案可以改造现有磁带，运用外部物理条码标签移动硬盘驱动，包括嵌入式 RFID 芯片。RFID 芯片可以用来快速盘点媒体存储，以方便追踪或消除丢失的媒体数据。其他的增强方式还包括运用全球定位系统和其他技术的追踪设备。

随着服务器、存储和网络设备密度的提高，更多的电缆连接被要求投入到给定的设备中。为了进行网络及 I/O 连接的管理和配置，交换机等网络设备常常被集成或添加到服务器和存储阵列中。例如顶部式、底部式或嵌入式网络交换机，在服务器内部聚合了网络和 I/O 连接，以简化交换机的连接。

电缆管理系统（包括修补面板、集线装置以及顶部和地下应用的扇入、扇出布线）对有效组织电缆连接有很大帮助。电缆管理工具包括关于光纤缆线、信号质量和噪声损失的诊断，对连接器的清洗以及对这些电缆资产的管理和跟踪。一个技术含量相对较低的电缆管理系统，包括物理标签电缆终结点用以跟踪电缆的用途与电缆总账。电缆分类账，不论是手工维护还是使用软件，都可跟踪状态，包括服务中有哪些需要维护。跟踪和管理布线软件可以像使用 Excel 一样简单，或者像智能光纤管理系统配置管理数据库（CMDB）。

服务器、存储和网络 I/O 虚拟化的另一个组件是虚拟修补程序，它通过对传统物理层的添加、丢弃、移动等操作的抽象，屏蔽了具体操作的复杂性。对于大型的动态环境与复杂的布线要求需要确保布线的物理互连性，虚拟修补面板是 I/O 虚拟化（IOV）切换和虚拟适配器技术的一个补充。

物理安全性可以通过上述项目的完成来保证，例如，保证所有交换机端口（包括修补程序面板和电缆运行在内）的相关电缆和基础设施的可靠性。更复杂的示例包括启用入侵检测以及启用探头和其他工具来监测广域网交换机间链路（ISL）等关键环节。例如，一个监测设备可以跟踪并对重要或敏感 ISL 链路损耗、信号损失和其他可能会显示为错误警报的低级事件发送告警信息。此信息可以和其他信息相关联（包括维修记录），以查看是否有人在这些接口上执行工作或它们是否已经以某种方式被篡改。

4.4.2　逻辑安全

逻辑安全是对物理安全的补充，其重点是申请或数据访问的项目。逻辑安全包括授权、身份验证数据、多租赁的数字权利管理和加密。

本地或远程基础上的逻辑安全领域包括：

➢ 结合数字版权管理的密码强制规律性变化。
➢ 用户证书和个人权利的授权认证。
➢ 逻辑存储分区或虚拟存储系统。
➢ 防篡改、审计、跟踪和具有时间、地点、人物的访问日志。
➢ 在静态（储存）或在传送（通过网络）过程中的数据加密。
➢ 安全服务器、文件系统、存储、网络设备和管理工具。

4.4.3　多租户

在图 4.3 中，左上角是单租赁使用的服务器和存储器，专用于给定的应用程序或功能。图 4.3 的上半部分从左到右依次为多租户服务器承载多个应用程序使用虚拟机共享资源的虚拟化管理程序的例子，图中还显示了各种物理机（PM）或虚拟机（VM）的共享存储系统，有专门 LUN、卷、分区的文件系统以及图 4.3 下半部分的虚拟存储系统。

多租赁的挑战是在底层资源共享的同时保持应用程序和其数据逻辑上的分隔。各种解决方案对维护多租户安全与保护提供了不同的选项，一些能够提供管理功能或居次要地位的管理子集，而居次要地位的管理在无需暴露其他虚拟机或共享资源的情况下，可以执行任务或功能的一个子集（例如，虚拟机、虚拟文件服务器或文件系统实例）。一个与图 4.3 所示相似的多租户存储解决方案的例子是 NetApp 多存储区，也有许多来自不同供应商的其他产品。

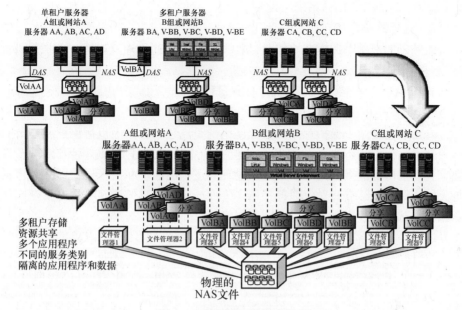

图 4.3　服务器和存储多租户

4.4.4　破译加密

IT 专业人士之间的一个共同关切点是意识到加密密钥管理实施复杂性及多级别数据安全需要面对的应用风险。另一个共同关切点是真实或假想的异构能力缺失及供应商的选择。密钥管理被认为是磁带、磁盘（静态数据）和文件系统的安全障碍。

一般情况下，最重要的主题是密钥管理的复杂性及其难以实现的特性。由于担心丢失密钥而不保护数据，特别是传输中的数据，就类似于由于害怕丢失钥匙而不锁车门或房门。可以有多种来源提供密钥管理解决方案，其中部分方案支持多个供应商的密钥格式和技术。

应使用加密来保护基于逻辑（网络）运动及物理飞行中或运动中的数据。除了飞行中的数据外，其余基于短期、长期保存或归档的数据同样需要加密。执行加密有很多不同的方法及适用的位置。加密可以放在应用程序中（如 Oracle 数据库或 Microsoft Exchange 电子邮件），也通过操作系统、文件系统、第三方软件、适配器及驱动程序进行加密。

可以进行加密的地方如下：

➢ 云的入网点（CPOP）或网关接入。

➢ 服务器、存储器或网络设备之间的设备。

➢ IRM 工具，如备份/恢复、复制和归档工具。

➢ I/O 适配器、WAN 设备及协议，如 TCP/IP、IPSEC 协议。

> 控制器内的存储系统与设备。

> 磁带驱动器和自加密硬盘（SED）。

此外，加密可以在标准硬件及自定义硬件（例如 ASIC 或 FPGA）上完成。

4.5 保护网络

有几个主要用于保护存储和数据网络的重点领域，其中包括保护网络及其接入端点、保护飞行中的数据及存储位置（本地或远程）保护网络传输及管理工具或接口的链接。网络安全涉及物理和逻辑的活动和技术。物理活动包括防火墙、保护终结点和对电缆连接器、界面或管理工具的访问。物理安全同样意味着针对应用程序和功能有不同的网络。

逻辑网络安全涉及访问控制、物理上的连接，以及逻辑上隔离的多租户环境下的虚拟专用网络（VPN）、虚拟 LAN（VlAN）和虚拟 SAN（VSAN）的受密码保护的工具。传统的网络交换机已成为互连各种设备或用户的外部物理设备。作为管理程序一部分的虚拟交换机存在于虚拟服务器的内存中，其功能类似于物理交换机，在 VMware vSpehere 环境中存在的 Cisco Nexus 1000v 就是实例之一。

VPN、VLAN 和 VSAN 的关注点包括：

> 在传输和静止时数据的加密。

> 物理和逻辑媒体跟踪（主/备份）。

> 防火墙和端点保护。

> 主动预防性检测、数据丢失或泄漏保护。

> 主动预防性审查、分析事件日志及与已知基线的比较。

> 利用自动化主动检查、扫描并发出警报。

> 对静态数据的加密和密钥管理。

> 根据持续的审计对员工、承包商和供应商进行筛选。

> 利用两个或多个成员的信任模型的超安全应用程序。

> 重要信息、需要保留信息的多个副本。

一个频繁出现的问题是虚拟交换机是否是网络问题或服务器管理主题，以及不同群体之间的分界线在哪里。当网络和服务器团队是大组织的一部分时，对于某些环境来说，解决方案将更容易，且可以协调其活动。例如，网络团队可能授予服务器管理人员访问虚拟网络交换机和虚拟监测工具，反之亦然。

联网和 I/O 安全主题及行动项目包括：

> 安全管理控制台、工具和物理端口上的技术。

> 启用 IT 资源入侵检测和警报。

> 检查网络漏洞，包括丢失的带宽和设备访问操作。

> 物理安全的网络设备、布线及接入点。

- ➢ 保护网络免受内部及外部威胁。
- ➢ 在网络上执行飞行中其余部分数据的加密。
- ➢ 对某些 IT 资源限制访问权限，同时保持生产力。
- ➢ 利用 VLAN、VSAN、VPN 和防火墙技术。
- ➢ 实现光纤通道 SAN 分区、身份验证和授权。
- ➢ 启用逻辑安全和物理安全。
- ➢ 为服务器、存储、网络和应用程序使用多个安全层。
- ➢ 使用专用网络，结合合适的安全和防御措施。
- ➢ 跨 IT 资源实现密钥和数字权利管理。

对于控制访问和在单个、两个或多个交换机组成的单一系统中通信不畅的现象，可以使用以下的技巧。访问控制策略是使绑定关联设备与包括服务器、附加端口、交换器及控制器在内的器件进行联系。创建访问控制列表（ACL）可以实施与安全政策 SAN 组件之间的连接。ACL 实现设备切换访问策略（端口绑定），切换到交换机（交换机绑定）以及构造绑定。绑定可用于确定什么设备可以连接到对方，而分区可用来确定设备与端口之间的通信。

基于结构的世界通用名称（WWN）软分区是常用的行业标准，特别是在开放的异构环境中。在无需更改区域的情况下，可以灵活地将设备从一个端口移动到另一个端口。这意味着区域可跟随设备，也就是说该区域被绑定在该设备上。例如，当替换一个磁带驱动器时，该区域必须进行修改，以反映这个新的设备以及其 WWN。当 VM 从一个 PM 移动到另一个 PM，同时硬件地址改变时，WWN 和分区对于使用光纤通信的虚拟机会产生一个分支结果。一种解决方案是使用 N_ Port ID 虚拟化（NPIV），在虚拟机上建立关联关系，在不改变分区的虚拟 N_Port ID 的情况下将虚拟机移动到不同的物理机上。

与传统网络和存储接口通过存储网收敛一样，网络也存在收敛性。当 IP 和以太网与超出 NAS 文件共享（NFS 和 CIFS）机制面向广域网的存储网络进一步融合，更需要理解这种相对安全体制及其所对应的关系。VLAN（虚拟局域网）标签是 IP 网络领域内光纤通道部分的副本，用以分割和隔离 LAN 的通信量。

4.6　保护存储

与网络安全类似，确保存储安全也涉及逻辑和物理的方法。不同类型的存储设备、系统和媒体可以支持各种应用程序及其使用情况，从高性能在线到可移动低成本，存在多种保护方案。一方面是保护端点，另一方面是应用程序和服务器（虚拟和物理）访问存储器，存储本身也是解决方案的一部分。此外，上一节中讨论的基于本地和远程的网络保护也是存储保护的一部分。

一般情况下，数据保护的存储技术包括物理安全保障，保护对存储系统的访问、监测固定或可移动媒体。可移动媒体包括硬盘、闪存固态设备、磁带、CD、DVD 等。此外，可移动媒体还包括 USB 闪存盘的拇指驱动器、掌上电脑、iPhone、机器人和笔记本电脑。

作为基本数据完整性检查的一部分，维护数据的一个方法是确保其写入存储介质，且确保写入存储介质后格式的正确性和可读性。维护数据的另一种形式是在存储媒体中支持单次写入多次读取操作（WORM），以确保数据在保护它的系统中不会被改变。由于可以通过 LUN 块、设备、分区或卷访问存储器，因此在共享或多租户环境中的数据保护手段是 LUN 或卷的映射和屏蔽。

使用 LUN 或卷屏蔽，只有获授权的服务器允许通过一个共享的光纤通道或 iSCSI SAN 访问 SCSI 的目标。LUN 或卷映射通过启用不同服务器实现屏蔽或隐藏进程。例如，如果有 6 个服务器，每个服务器访问自己的存储卷或LUN，并屏蔽在共享环境中其他服务器的存储。与映射相同，提交给服务器的LUN 利用编号来满足操作系统的要求，但每个 LUN 的编号是唯一的。

4.6.1 移动存储介质安全

一些组织正在探索虚拟桌面作为移动桌面数据的潜在风险和漏洞。许多组织都提出了加密笔记本电脑及桌面电脑的概念。有些限定通用串行总线（USB）端口，仅用于打印机，有些加强审核跟踪和日志来跟踪被移动以及复制的位置、时间、经手人等的数据。尽管 USB 设备带来了风险，但被视为有价值的工具，可以在网络不存在或者不实际的地方移动和分发数据。

保护数据和虚拟数据中心的另一种方式是分布式远程办公室或远程办公的虚拟办事处。其面临的风险与传统的数据中心相同，包括丢失或被盗的便携式计算机、工作站、平板电脑或包含敏感信息的 USB 驱动器。至于安全问题，虚拟数据中心跨不同技术领域，需要多个级别的逻辑和物理安全。

除了磁带和光学介质，另一种形式的可移动媒体包括各种形式的 FLASH SSD、从拇指驱动器到掌上电脑、平板电脑或高容量的设备。可移动硬盘驱动（RHDD）在 20 世纪 70 ~ 80 年代非常常见，现在再次出现。笔者就在用 RHDD归档，其可在一个安全的地方进行异地备份。笔者还使用本地磁盘到磁盘（D2D）备份，以及基于云计算的备份服务。

虽然磁带丢失是头等大事，但研究表明，每年磁带丢失量很少，尽管每年都有很多的报道。这意味着在过去，磁带丢失或被盗都没有被报道出来，但是鉴于目前的条例，增加报道可以使它看起来更常见。关注点应该是每月有多少笔记本电脑、掌上电脑、手机或 USB 拇指驱动器丢失或被盗。这些设备有比丢失的磁带或磁盘驱动器更少的风险吗？当然，这需要根据存储在丢失设备上的数据判定，重要的是要保护数据的安全以及满足适用法规。

4.7 虚拟服务器、物理服务器和台式机

保证存储及存储网络资源在服务器上安全启动（或结束）。在服务器级别上，基本安全始于个人系统、目录、文件、逻辑、物理卷及对其他存储资源访问的合理性。访问存储管理工具包括卷管理，其可以用来提供一个抽象层，即虚拟化，但其应限于有适当责任和能力来实现配置及配置更改的访问者。访问工具可能影响存储资源的可用性，无论它们是主机总线适配器（HBA）的路径管理、卷管理器、文件系统、备份、镜像或存储配置，都应有安全保障。

根据所处的环境，通过系统管理员、访问存储分析师和数据库分析师进行服务器访问可能会发生变化。例如，在一些环境中，存储资源通过存储网络被配置给特定的服务器，个别系统管理员可酌情处理，完全控制和访问这些资源（LUN 或卷）。系统管理员可能会反过来对特定的卷和给其他管理员负责的特定的存储资源限制访问和分配。在其他环境中，系统管理员可能有完整的端到端负责的方式和能力来进行配置存储网络、存储及对其访问。

虚拟服务器或虚拟机的保护包括物理服务器或物理机、存储、网络硬件和软件等。与虚拟机一同改变的是参与虚拟机管理的程序或虚拟化软件的另一层技术。虚拟机管理程序模拟服务器，包括虚拟 CPU、内存、网络和存储适配器，以及虚拟网络交换机。虚拟机和虚拟桌面基础结构（VDI）的环境安全包括保护访客操作系统和虚拟机管理程序，及其应用程序和底层的物理资源。同时，对于不是保存在内存中，而是保存在虚拟机上的文件仍然需要进行保护。

4.8 保护云

因为具有许多同样的问题、挑战及威胁，因此，网络、存储和服务器技术同时适用于公共云和私有云。鉴于公共云和 MSP 资源共享的性质，其他需要考虑的因素包括管理和监视服务提供程序。审核提供程序包括审查有关访问或事件日志、设施和服务的物理审查，这意味着将相同环境下的管理标准应用于服务解决方案中。审查服务提供商产品的部分包括了解有权访问的数据，是否适用的应用程序和其他资源。

对云资源的访问通常是通过一个管理界面，云存在点（cPOP）或网关装置的接口应该受到保护，并对任何其他存储和网络设备进行管理。许多云供应商的价值是利用多用户租赁，因此重要的是要知道这些服务如何隔离应用程序、数据和客户。为了加密数据，需要了解如何管理密钥、谁有权访问以及所需的其他身份验证材料。无论公共云还是私有云，都要注意安全，应有所准备并各尽其职。

另一个进入云、远程服务或客户目标的途径是在站点之间移动数据。网络得到更快、更丰富、更可靠、可访问和可负担的带宽。然而，比过去相同或更少的时间内会移动更多的数据。因此，初始数据迁移或复制到云的服务可能需要使用可移动媒体，将需要保护的数据移动。一旦做出初始副本、持续的数据访问和移动，将利用安全网络技术实现。

4.9　数字资产和技术的处置

虽然大多数技术和技巧的重点是保护和保存数据，但其中的一些还增加了复杂性。数据保护和安全性的一部分包括安全地毁坏数据。这些数据包括被丢弃时确保安全删除的硬盘驱动器、闪存设备、掌上电脑、笔记本电脑或工作地点的数据，以及从数字层面被粉碎的兆字节，乃至大型存储系统上或在数千个盒式磁带上的数据。

从成本的角度来看，如果没有过考虑数字销毁、擦除磁盘、存储系统、闪存固态硬盘和磁带的时间和开支，那么现在是时候开始考虑了。例如，如果需要收购 100 TB 的存储解决方案，需要多长时间能够将它安全地擦除以满足组织的要求或应用程序的需求？如果不是 100 TB 的存储介质，而是 1 PB、10 PB 或更大的话怎么办？现在是时候把销毁资料的时间和成本考虑在 TCO 和 ROI 模型内了。

当不需要它们时，应谨慎处理存储资源，其中包括磁盘和磁带。当不再需要磁带时，应妥善处理，否则可能引起燃烧或消磁。磁盘和存储系统位于服务器、工作站、台式机和笔记本电脑中，删除敏感的数据应采取适当的步骤，如果有必要，需要重新格式化磁盘，因为简单的删除数据仍然可以保留数据并恢复。对于服务器、存储控制器和交换机，还应重置为出厂配置，并清除 NVRAM。

在历史上，删除数字或安全擦除数据需要使用软件或满足各种法规的装置及认证机构，例如，美国国防部（DoD）在服务器上运行软件、安全擦除代码，或写入连续的模式，以确保数据在装置上安全地被销毁。故意破坏数据的另一种方式是针对记录介质进行消磁。此外，物理销毁技术包括钻孔设备，如磁盘驱动器和物理上切碎的磁盘和磁带。按照现今环境健康与安全（EH&S）的观点，燃烧的磁介质即使不被禁止也应是不被提倡的。

安全、快速销毁数据的新方法有自我加密磁盘（SED），其技术正由不同制造商，包括希捷公司与受信计算组（TCG）一起研发。SED 是 TCG OPAL 磁盘程序的一部分，其在与服务器或存储系统联合工作的情况下，可以启用磁盘驱动器进行自身加密。磁盘驱动器不依靠服务器上的软件、装置或存储系统，其本身的加密或解密功能对性能没有影响。对于不能确定使用加密的组织，

SED 的好处是在大多数环境中，一旦 SED 被删除或与给定的存储控制器、服务器或停止使用的笔记本电脑断开联系时，设备上的数据可以被有效地粉粹或停用。该设备可以连接到不同的控制器或服务器，并建立一个新的连接，但以前的所有数据都将丢失。

安全保密或敏感的组织和机构应该使用更多的安全警卫，但对于大多数环境，SED 提供另一种手段，以减少摧毁旧的数据所需的时间。应与制造商商议，让其提供建议确保信息的安全以及确保资源配置不会危及业务信息。如果有一间可持续性的办公室或者有处理 EH&S 的专业人员，也应与他们协商安全问题，或哪些应该存在具体实施政策。

4.10　安全检查表

对于安全检查表，并没有一个详尽的列表，下面仅提供与存储和存储网络安全有关的一些基本项目：

> 限制有限的访问物理组件，包括网络电缆。
> 在不用的时候禁用管理接口。
> 限制那些需要访问管理工具（本地和远程）的人。
> 为供应商支持和维护提供安全合理化的访问。
> 使用 SNMP MIB 和代理的评估。
> 管理维护端口，包括远程插入、拔出及电子邮件。
> 利用基于存储 LUN 或卷的映射、屏蔽的访问控制。
> 永久绑定应结合其他一些安全机制。
> 审计人员以及服务提供商。

4.11　常见的与安全相关的问题

什么是最好的技术以及在哪里是最好的加密位置？最好的技术和方法对所处环境是有效的，并在不引入复杂性和生产力障碍的情况下能够加密的。若所处环境为各种应用程序或多个供应商的重点领域，可能需要不同的解决方案。不能由于丢失密匙，性能影响或复杂性增加而对加密感到恐惧，而是要选择不同的解决方案，对所处的环境进行补充和完善。

需要什么级别的审核跟踪和日志记录？结合日志记录和时间分析以维护审核，追踪是谁访问的数据或复制数据副本。与收集到的信息一样重要的是如何使用它，如何分析它。利用自动化工具，可以主动监视活动和事件以及识别正常与异常行为。

应由谁负责安全？一些组织专门设置安全组，由他们做研究或取证，然后把实际的工作留给其他群体。有些安全组织在他们自己的预算、服务器、存储和软件中更为活跃。安全需要通过多种技术领域（服务器、存储、网络、硬件和软件）成为应用程序和体系结构决策的一部分，而不是仅仅通过一个象牙塔的决策者。

4.12　本章总结

数据和信息资源最安全的环境也是最抑制可用性的。在一个极端下，完全开放环境具有很少的或没有安全的保障，可提供任何人在任何地方自由访问。这将导致一些敏感信息在有意或无意的情况下放置在那里，供其他人查看、共享或利用。安全级别应符合设施或基于业务风险。例如，家里备受瞩目的人物可能会用高程度的安全防卫，包括障碍、警报系统、相机和额外的门锁。这同样适用于在哪里储存、处理及提供信息服务，同时尽量减少关注网站的时间。

保护所处环境的正确方法将取决于需求和服务要求。重要的一点是要明白威胁和各种风险，内部和外部不同的影响。请了解这些威胁风险以及随后的不同技巧、技术和最佳实践的知识，并与有效的数据安全策略相结合。

存储和存储网络的安全日益重要，特别是在当下存储外部接口的时刻。关注所有可能的威胁并进入防御性的心态或范式很容易。相反，若将安全防御转变为进攻模式，安全则将成为生产力的障碍而不是一种工具和使能者。安全性解决方案需要很容易通过访问活动日志和通知功能获取、安装、设置、配置和维护。建立外环或外围环境的防御，使用本章中讨论的技术可以帮助保护数据。但存储和存储网络防御的最后防线是存储本身。

一般采取行动的项目包括：

➢ 获得情境意识，消除黑暗领域或盲点。
➢ 利用物理和逻辑的技术建立防御层。
➢ 别让安全成为生产力的障碍。
➢ 教育用户认识安全问题是优秀防御的一部分。
➢ 许多问题通常通过物理、虚拟和云环境。
➢ 在保护的同时建立安全模型。

行业贸易团体和其他有关组织或机构包括 ANSI T10（SCSI）、T13（ATA）、CERT、FIPS、IETF、NIST、SNIA、TCG 等。有关安全解决方案的供应商包括 CA、Cipheroptics、Citrix、Cisco、EMC RSA、Dell、HP、IBM、英特尔/McAfee、卡巴斯基、Microsoft、NetApp、NetSpi、Oracle、PHP、希捷、赛门铁克、Trend 和 VMware。

第5章 数据保护：备份/恢复和业务持续/灾难恢复

信息安全三元素：保护、保存、服务。

——格雷格·舒尔茨

本章概要

➢ 业务持续（BC）和灾难恢复（DR）的区别
➢ 有效的数据保护方案和策略的重要性
➢ 现代化备份和数据保护的必要性
➢ 在使用层叠式数据保护和不同技术的同时怎样减少开销

本章着眼于云、虚拟数据保护和数据存储网络的议题、挑战和机遇。本章数据保护的焦点在于对有效和非有效数据维护的可用性及可达性。本章中有关数据保护的探讨是建立在前述章节中有关安全性的讨论基础之上的，并且将关注点主要集中于数据可访问性和数据完整性维护之上。本章的关键词包括高可用性（HA）、备份和恢复、业务持续和灾难恢复、复制和快照技术。

5.1 前言

在 IT 领域提到 DP，根据所属领域的兴趣和经验，或许会想到诸如双盘（Dual Platter）、重复数值删除性能（Dedupe Performance）、数据处理（Data Processing）、双重或双奇偶校验（Double or Dual Parity）。而本章提到的 DP 是数据保护（Data Protection）。

"数据损失"可能会产生歧义：如果数据是完整的但是需要时却无法得到，这样的数据真实"损失"了吗？其实有许多种数据损失，包括可用性、可达性损失与完整性损失。数据可用性损失是指在离线的磁盘、光驱、磁带或在线、近线处的数据无法被有效获取。当复制、备份和归档数据丢失、被盗、被毁或者缺乏实际的保护时，将有真实的数据损失。

数据和信息保护服务主要应用于：

➢ 工作组、部门和远程办公室/分支机构（ROBO）。
➢ 小型或中性企业（SMB）。

➢ 工作站、笔记本电脑和移动设备。
➢ 物理和虚拟服务器、工作站和台式机。
➢ 管理服务供应商、公共和私有云。
➢ 集成堆栈、融合和统一解决方案。

5.2 数据保护的挑战与机遇

各种 IT 机构都肩负着基本的保护、保存和提供信息服务的职责，当处理旧数据时，新数据会连续不断地产生，因此需要对更多的数据进行处理、移动和存储，并耗费比以前更长的时间。IT 用户依赖于快速有效的应用和数据，并通过 BC 和 DR 进行数据保护。对许多机构来说，如何在面对各种威胁、风险、管理及成本要求时，以最经济的方式对更多数据进行保护、保存、服务更长的时间是一个挑战。

数据保护趋势与挑战包括：
➢ 更多的数据处理、移动、保护、保存、服务。
➢ 改变数据周期和访问模式的同时保持数据长度。
➢ 持续关注成本控制或减少。
➢ 信息服务可达性的信任程度。
➢ 增加移动、生成、访问信息的服务。
➢ 云、虚拟化、动态、灵活的计算。
➢ 人为的错误或设计缺陷导致的中断。

在实体、虚拟化和云环境中数据保护及应用程序还存在其他的挑战。例如，在一个非虚拟化的环境中，物理服务器的损耗将影响在该服务器上运行的应用程序。在一个高度集成的环境中，物理服务器的损耗将对其所支持的虚拟仪器（VM）产生更深远的影响，并影响所有由虚拟服务器所支持的应用程序。另一个挑战是在主数据中心、ROBO、工作组、办公室和其他地方保护增长的、大量的、结构化和非结构化的数据。

数据保护的机遇包括：
➢ 增加可能的预算以对更多数据进行更长时间的保护和保存。
➢ 使资本和运营开支投资回报最大化。
➢ 提高服务质量（QoS）、服务水平协议（SLA）、服务水平目标（SLO）、包括恢复时间目标（RTO）和恢复点目标（RPO）。
➢ 现代化数据保护，包括备份/恢复和 BC/DR。
➢ 通过提高效率降低服务成本。
➢ 提供云、虚拟源和物质源的保护。
➢ 利用云和虚拟化技术降低复杂性。
➢ 协调和简化保护频率及保留周期。

5.3 保护、保存和进行信息服务

灾难重建（DR）针对不同的应用有不同的含义，然而在本章中，它有两种含义。第一种含义是跨越不同技术组和组织界限的完整过程、范例或最佳实践的集合。第二种含义是在严重事故和灾难发生时，对信息、组织服务或功能进行重建、重新配置、恢复、重新加载、回转、重启和重新开始的最后一步。业务持续（BC）和灾难重建（DR）经常被交换性地用于相同的含义，但业务持续是着重于灾难的预防，在灾难或者事故中幸存，保持业务运行；而灾难重建是在未采取 HA、BC 和其他步骤或者未见效的基础上，将所有的部件重新组合的过程。

要求数据保护的信息服务交付面临以下的风险：

➢ 更多的数据生成、存储和远程使用。
➢ 资金限制与需求增加。
➢ 意外、故意删除和数据损坏。
➢ 操作系统、应用软件、服务器或存储失败。
➢ 无法访问的网站、服务器、存储和网络资源。
➢ 自然行为或人为行为，头条或者非头条事件。
➢ 当地网站、校园、城市、地区或全球事件。
➢ 业务或法规遵从需求。
➢ 不断增加的风险意识和信息服务依赖性。
➢ 技术故障或不恰当的配置设计。
➢ 计划和非计划停机时间。
➢ 网络或通信中断包括电缆切断。
➢ 通过配置更改引入的问题。

表 5.1 列出了在各种不同的环境下信息服务被影响的情况。背景环境分为不同的等级，这样可以用来帮助决定计算用于可能的威胁风险数据保护的类型。

表 5.1　针对各种不同等级威胁和有可能发生的风险

等级	场景描述
1	系统收到潜在威胁和破坏的警告
2	硬件、软件、网络或设备组件损坏
3	单系统或者应用程序中断
4	单个或多个低级事件严重破坏
5	园区灾难
6	主要的当地或地区灾难

等级1：系统在运行中收到潜在威胁和破坏的警告。此时系统已接收到可能的威胁或服务中断的通知，并将问题分类为病毒、系统将被影响的安全问题、硬件设备记录出错，或者软件表明需进行一致性检查等。气象预报能预报一场即将来临的风暴，或是其他可预料的威胁。如果不进行检验或纠正，等级1的威胁将有可能会升级到更高威胁的等级，如果更糟，将导致一场灾难。

等级2：硬件、软件、网络或设备组件损坏。业务功能未被破坏。业务功能、信息服务及其应用仍可操作。威胁可能是一个组件的损坏，如磁盘、存储控制器、服务器、网络线路、电力供应或其他能被冗余保护或自动故障转移的事项。威胁也可能是病毒、软件或者由翻译或日志记录的数据校正误差。在修复过程中，多重错误的风险将会升级为一场灾难。

等级3：单系统或者应用程序中断。整体业务或信息服务仍可使用，但是一些功能当前不能使用。整个系统或者应用（硬件、软件、网络）程序可能已失效或者由于设施问题被关闭，如电路断路或者区域冷却问题。一些破坏过程可能会发生在故障转移到备用设施时，或者大范围存在于从备份媒体中恢复时。故障恢复发生在资源已充分准备、安全、稳定的情况下，数据库可能为只读模式直到更新重新开始。

等级4：单个或多个低级事件严重破坏。数据中心存在，大多数系统功能可用，但是一些等级2或者等级3的情况可能已经发生。由于重建，故障转移或者主系统对备用资源的大量需求引发的损失将导致性能下降。破坏可能与硬件、软件、应用程序或数据相关。解决方案可能需要将故障转移至一个具有良好数据存储，或已知备份、快照中恢复的备用系统。

等级5：园区灾难。数据中心、信息和资源都未受损失，但由于一个局部事件导致一段时间内无法访问。如果在其他地区的备用设备或故障转移是可用的，服务可能被恢复，否则，将进行系统复原。

等级6：主要的当地或地区灾难。设施和相关设备的损失和损坏包括电力、水、通信或由于自然（洪水、地震、飓风）或者人为因素（恐怖组织）导致的损失。主网站在一段时间内无法访问或不可用，导致业务功能的重大破坏，其应用均未通过 HA 或者 BC 进行保护。

不同类型的灾难等级（表5.1）或事件可以定位到指定网站、校园、城市、地区或者全球范围内。理解适用的数据保护威胁风险或场景及其发生的可能性及对业务的后续影响是技术和服务一致性的重要组成。技术和数据保护服务一致性的重要性是在尽量使用可用预算的情况下，确保采取适度的保护措施。

图5.1显示了距离是如何在一些环境或应用中，当面对不同威胁风险时，保证业务或信息服务存活性的重要组成。如果应用或服务只侧重于本地或城市的用户，则可能不需要区域或全球形势的保护措施。当然，如果可以承受，尽

量使用该保护措施。

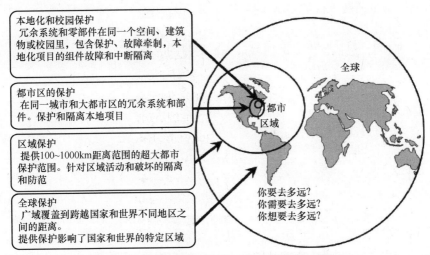

图5.1　针对各种数据和信息服务威胁的保护策略

距离对于数据保护和数据存活是非常重要的。但距离经常被理解为物理上的空间间隔，时间也能是距离的一种形式。这意味着能回到数据已被复制或保护的特定位置或起始点，即已知的恢复点目标（RPO）。

物理上的距离可以用英寸、英尺、米、千米或英里计算。距离要多长才能够保证数据被有效保护？答案是两个彼此相邻，且互为主备的不同存储装置中存储数据。然而，当服务器或存储系统安装失败时，仍可能发生故障。下一个逻辑步骤应该是在两个不同存储装置中存储数据，安装在相同的设施中且相隔数米，以隔离和保护设备故障。在这里，单点故障将是网站或者设施，可以通过分布在校园、大城市区域或全球范围内不同系统上的数据备份得到缓解。

5.3.1　基本信息的可靠性、可用性及可维修性

正如标题所示，基本信息服务的可用性是指受限的或无保护的数据。这意味着备份发生在现在，但不重复或不以常规频率进行。有用性可能被限制于缺乏故障转移或冗余组件的服务器或存储器，例如，缺乏数据可用性能力或冗余电源和冷却风扇的独立磁盘冗余阵列（RAID）。基本可用性可通过增加备份的频率来进行增强，确保重要信息被复制到不同位置。

除了复制存储在不同位置的数据（本地备份在磁盘中及文件服务器中，远程备份在场外云或者托管服务供应商的网站中）以外，保留副本也是很重要的。保留意味着副本可以在删除或销毁前保存的时间。例如，有若干个14天保留期的备份，而每周只能复制一次数据，若最后的备份有问题，则可能会面临着一个灾难性的状况。在另一方面，太多的备份、保留太长的时间又增加

了保护数据的成本。管理风险威胁需要平衡可用预算和业务需求。

其他常见的数据保护限制包括：

➢ 日益增加的保护和保存数据量。

➢ 时间，包括备份或保护 Windows 的时间。

➢ 预算（资金和运营）。

➢ 互操作性或相关性技术。

➢ 软件许可证限制。

➢ 缺乏自动化数据保护报告或分析。

➢ 虚假诊断问题。

➢ 人员配置和内行专家。

➢ 交叉技术所有权问题。

➢ 高层管理的支持或签字。

➢ 政策缺乏。

➢ 工作流和文书工作的开销。

数据保护计划中需包含及提及的项目包括：

➢ 设施——面积、主要和次要电力、冷却、灭火。

➢ 网络服务——LAN、SAN、MAN、WAN 语音与数据服务。

➢ 安全——物理和逻辑安全包括加密秘钥管理。

➢ 监控和管理——基础设施管理（IRM）。

➢ 分析与除障工具——分析和检修的端到端工具。

➢ 软件——应用程序、中间设备、数据库、操作系统、虚拟机监控程序。

➢ 硬件——服务器、存储器、网络、工作站和台式机。

➢ 高可用性、备份/恢复、快照和复制、媒体维护。

➢ 最优方法——文档、交流和更改控制。

➢ 测试和审计——计划和流程的评审，随机测试活动。

5.3.2 高可用性和业务持续性

在这里考虑将高可用性（HA）和业务持续性（BC）作为灾难预防。灾难预防是指将错误隔离，避免其成为更大的事件或灾难。本质上，HA 和 BC 意味着采取充分合理的步骤，正如预算受制于消除或减小各种在信息服务事件交付事件的影响，换而言之，使信息服务在面对灾难时能进行实际的服务。另一方面，灾难恢复（DR）是指在事件发生后根据预算进行重建、恢复、重启及恢复业务。

HA 和 BC 包括消除单点故障及通过使用冗余组件和故障转移软件来包含或隔离故障以防故障传播扩大。除了本地和远程的硬件、软件和网络冗余以外，在一般 IRM 和数据保护中特别重要的一个方面是变化控制。变化控制意味着在其实施前，测试和验证硬件、软件和应用或者其他配置变化，更新使用文件作为工作流管理，并制定改变无法实施时的计划。

有一个后备计划或流程支持且可快速退出的改变可以阻止一个小事故升级为大事故。一个简单的改变管理的办法是保存配置、应用或将要更新数据的多个副本，以在需要时能重新利用。改变部分控制管理同样是对变化的应对方法及相关的补救措施之一。

并不是所有的事件或中断才是主要灾难的结果。正如前面所述，有一些灾难可能是由具有无包容性的组件故障或缺陷导致的。还有一种可能性是 IT 环境能减少到由火灾、洪水、飓风、龙卷风、爆炸或人为事故导致的物理损害的程度。在其他情况下，IT 环境可能是完全无损的，但由于无法访问而导致其不可用。例如，一个地区可能由于卡车或火车的化学物质泄漏导致需要疏散。如果网站是自动的，那么通过远程访问可以干预，除非公用设施也被停用，灾难导致的破坏可被最小化至零危害。有现场备用电源和独立冷却设备可以缓和这些威胁，然而，有足够燃料的备用发电机和冷却水的网络又如何通信呢？

此外，当较为温和的事件发生时，所有的硬件、网络和软件都可能是未受损的，但是当数据损坏或者错误发生时，需要快速恢复到之前的时间点上。如果较近的一个快照能被迅速召回或恢复，日志或日记文件能被应用，完整性和一致性检查可以完成，那么中断可保持在最小程度。否则必须等待数据由网络传输、重新加载，然后进行恢复，并进行一致性检查，这需要更长的时间。这就使得数据保护又回到了成本与业务风险及时间价值的平衡问题中了。不是所有的应用都有相同的时间敏感性，所以不是所有的数据和应用都应该以相同的方式进行保护。根据数据的敏感性进行数据保护方式的调整是最大化预算和资源的唯一方法。

5.3.3 灾难恢复

正如前文所述，灾难恢复可以意味着两种方式：一种是确保业务的整个过程和组织的生存能力；另一种是参与事件后的重建行为。基本的 RAS（可靠性—可用性—可服务性）、HA、BC 都是整个灾难恢复（DR）计划和策略的组成部分。除了 HA 和 BC 的行为以外，在 DR 中对表 5.1 中各种威胁的最后防线是在重大灾害或事故后重建及恢复的过程（图 5.2）。

什么可能导致一场灾难，什么只会造成信息服务交付的不便？例如，几分钟的中断将导致数据损失或导致数据在很短时间内无法访问吗？如果这个中断变成一天或者更长的时间会发生什么事情？图 5.2 展示了在不同频率及时长的事件和灾难发生时，各种数据保护形式的正常运行状态。

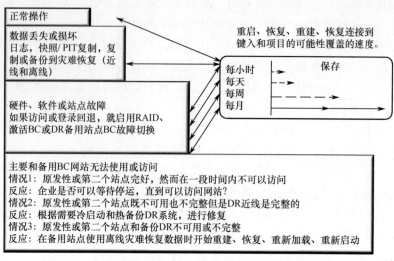

图 5.2 RAS、HA、BC 和 DR 是数据保护策略的组成部分

　　为了支持业务增长同时减少成本，维持或提高服务质量需要针对可能的威胁风险场景调整合适的数据保护级别。什么威胁或事件最可能发生，如果不补救，对组织将有什么影响？期望的数据保护是什么？需要多少？能负担什么程度的损失？换而言之，无法负担的损失是什么？对特定的信息服务、应用、功能或是整个业务或组织的后续影响是什么？

5.3.4　数据保护与数据保存（备份与存档）

　　备份与存档是相关的，备份是关注于数据保护使其能在一个给定的时间点（RPO）得以恢复，存档关注于保存数据或应用的状态，以便将来可能使用。这两者大体相同，但在保留周期、频率或时长上略有不同。

　　存档通常保留的时间更长，例如以年为单位，而备份典型的时间是以天、周或月为单位。建立存档可以遵从管理目的、保护知识产权。此外，存档可用于数据足迹减少（DFR），或将较少使用或访问的数据转移为离线状态，或转移至另一种媒介，例如磁盘、磁带、云等以减少所需的在线或者有效存储系统空间。存档数据库、电子邮件和微软 SharePoint 或文件系统的优点在于解放了存储空间，同时减小了需要支持或保护的数据量。

　　在不同的政策和业务实践下，备份和存档可以用相同的软件及目标硬件或服务。主要的不同在于存档侧重于环境数据的保存和应用，作为一个时间点予以长期保留，以备将来需要。另一方面，备份是保存环境数据和应用，作为单文件、数据集对象或数据表日常修复的一个时间点。存档作为优化存储能力的一种工具将在第 8 章进行讨论。

84

5.4 SLO 和 SLA：需要多少可用性和期望多少可用性

需要理解与数据可用性相关的成本以便确定可用性的目标。供应商使用条款如"5 个 9s""6 个 9s"或采用更高级的描述方式以表明方案解决的可用性。明白这点是很重要的，可用性是所有组件及结合故障隔离和控制设计的总和。表 5.2 表明每年故障停机的秒数。需要的和能负担的可用性是与环境、应用、业务需求和目标相关的函数。

表 5.2 可用性以数字 9s 来表示

可用性%	9s 的个数	每年故障停机时间
99	2	3.65 天
99.9	3	8.77h
99.99	4	52.6min
99.999	5	6.26min
99.9999	6	31.56s
99.99999	7	3.16s
99.999999	8	0.5s

可用性仅仅为链条中最薄弱的一环。以数据中心为例，最薄弱的环节可能是应用、软件、服务、存储、网络、设施、进程或最佳实践。举例来说，安装一个"5 个 9s"或具有更好可用性的收敛的 SAN 与 LAN 网络开关可能会制造一个单点故障。故障可能是技术、配置、软件更新失败，或仅仅是一个简单事情，如有人拔掉了一个网络连接电缆等。虚拟数据中心依靠物质资源功能；一个好的设计可以帮助消除复杂性，同时提供可扩展性、稳定性，并易于管理和维护，且具有抑制和隔离故障的能力。设计也要考虑维护、隔离故障以防其传播，并平衡风险以及考虑可能发生的事件所需的服务水平和成本。

5.4.1 RTO 和 RPO：平衡数据可用性与时间和预算

图 5.3 展示了一个时间表的例子，显示了在何时何地数据被最后保护与在何地数据被恢复之间的时差。图 5.3 中同样展示了各种不同组件恢复的时间目标，如何时硬件变得可被操作系统、管理程序、数据和应用程序使用。虽然服务器硬件、管理程序、操作系统 RTO、存储、数据恢复 RTO 非常重要，但对信息服务或应用的客户来说，系统 RTO 最重要。图 5.3 给出了针对给定类型服务的相关累积服务目标的不同 RTO。

如果一个给定的应用或信息服务拥有，如 4h 的 RTO，则重要的是理解

RTO 意味着什么。确保 4h RTO 是否是累计的, 应用程序的用户或服务的消费者何时能恢复工作, 或 RTO 是否是针对某给定组件的 (图 5.3)。如果 RTO 的 4h 是累计的, 则所有数据恢复的子 RTO, 操作系统和管理程序, 数据库重建或反转、验证等都必须适应这 4h 的时间窗。

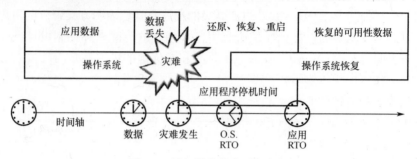

图 5.3　端至端的恢复时间目标

一个常见的错误是多组都认为 RTO 是 4h, 假设各组各有 4h 来完成它们所需的工作。然而, 有一些任务是需要并行执行的, 如数据库验证或应用验证后的数据恢复。如果各个部分都认为有独立的 4h 来完成任务, 则无法实现 4h 累计 RTO。

5.4.2　协调及评估 RTO 及 RPO 需求

之前讨论的对所有应用或数据采用不同的处理方法, 以便在提高服务质量的同时根据现有水平实现更多工作的重要性。对于数据保护和可用性也同样如此, 其中一种不正确的假设是所期望的服务水平与所必要的服务水平相比会导致成本的增加。这意味着利用最佳配置来评价实际配置, 以对合适种类或类别的服务及给定环境下的最优技术进行排序。

随着使用磁盘到磁盘 (D2D) 备份来进行更频繁更长时间数据保护逐渐成为行业趋势, 磁带被赋予新的使命, 用来作为非常用备份以支持大规模的灾难恢复项目数据、合规数据的长期归档和数据保存。例如, D2D 与压缩和重复数据删除磁盘的解决方案相结合, 用于当地日常循环备份, 这种备份保留期短, 但间隔更多 (图 5.4)。同时, 每周或每月的全备份被送至异地的磁盘、云服务器、磁带及磁盘空白空间。这些副本需要的次数相对较少, 因此备份数据较少, 但其保留的时间较长。

通过协调和优化数据保护频率以及保留周期 (图 5.4), 保护数据的开销可减少, 同时成本效益下的生存力将增加。主要的观点是对于越通常发生的事件, 恢复或重新启动的次数就越多越快, 与传统的数据保护相比, 也就越简单。D2D 的数据保护和数据足迹消除 (DFR) 技术意味着更多受保护的数据副本可在更低的成本下在更接近于需求处被保存。同时, 较长周期内访问量较少的数据副本将被送至离线或云设备端。

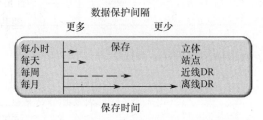

图 5.4   协调和优化数据间隔和保留周期

如果不随着评估服务水平目标（SLO）和服务水平协议（SLA）调整应用服务水平，双方错误地假设对方需要的状况就不可避免。例如，IT 或服务提供商假定的应用需要更高水平的可用性和数据保护，原因是业务单位、客户联络、提倡者或消费者表示他们更倾向于这样。然而，消费者或者客户代表通常会在没有考虑成本或验证真正需求的情况下，提出最高水平服务的需要。在评估实际需求后，有时仍需考虑服务水平的差异。当讨论到有关 SLO 或者 SLA 的问题时，业务或 IT 服务消费者可能想要更高水平的服务，但一些严格的评估仍显示实际上并不需要，而这将增加其预算。

前面是消费者和 IT 服务管理脱节的实例，如果 IT 商理解服务与成本，根据消费者的需求提供服务，就可以交付合适的服务水平。在某些情况下，IT 服务的消费者会惊奇地发现 IT 提供的服务相比基于相同的 SLO 和 SLA 服务的云及 MSP 解决方案是具有成本优势的。

5.4.3   分层数据保护

分层数据保护（图 5.5）与分层管理程序、服务器、存储器和网络在概念上是类似的，都是利用不同类型的相关技术满足不同的需求。资源分层的思想是将适用的技术或工具映射到以符合成本效益的方式满足的服务需求上。关键点在于根据其他服务标准和成本需求调整数据保护技术以满足特定的 RTO 和 RPO。

图 5.5 给出了采用不同服务标准的不同应用或信息服务的例子（如 RTO 和 RPO）。注意，图 5.5 显示的顶端应用并不是必须一一对应于图底部的数据保护技术的。重要的是，一些应用要求 RTO 或者 RPO 取零值或接近于零值，并需要诸如同步复制、数据镜像结合快照、在多个站点连续数据保护等技术。其他的应用程序可能需要集群服务器和高可用性存储，但可容忍时延与长距离复制有关或作为降低短距离异步复制成本的手段。需要较小或者零值 RPO 的应用程序将需要根据此类需求进行数据保护，而其他应用程序可能允许更长数据保护间隔的 RTO 或 RPO。

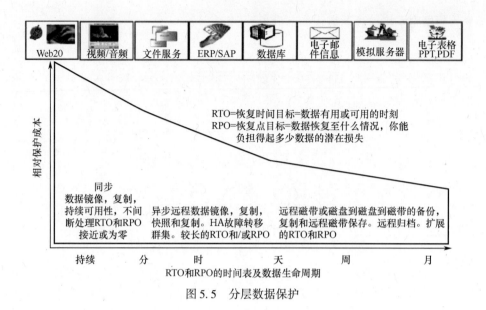

图 5.5 分层数据保护

5.5 常识数据保护

常识数据保护（CDP）意味着完整的数据保护。完整数据保护意味着所有由应用、数据库、文件系统、操作系统、管理程序产生的数据都将在复制（备份、复印、快照）前缓存在存储器中。静默应用和数据、信息捕获的重要性是在一个给定的时间点建立和维护状态或事物的数据完整性。

完整和全面的数据保护架构与多种科技及技术相结合，以满足不同 RTO 和 RPO 的需求。例如，虚拟机（VM）的移动或移植工具，如 Vmware 和 Vmotion 提供一种对维持或其他操作功能的主动移动。这些工具可以结合第三方数据移动工具，包括复制解决方案，来启用虚拟机崩溃重启、恢复或基本功能。这些组合假设在虚拟环境中不同的物理硬件架构上均适用。在创建体系结构时了解虚拟服务器环境数据保护的激励和驱动是很重要的。

常识数据保护的另一个方面是如果数据重要到需要备份或复制，或者如果计划或将来可能需要使用数据，则数据应备份多个副本。副本也可以根据需要将其分散备份在多个媒介的不同区域——例如，一份在本地磁盘上用于快速恢复的备份，一份在管理服务提供商或云供应商的备份，一份在磁带或其他媒介上的主副本。为关键信息降低最有可能发生的风险并选择最具成本效益的方案具有最高的优先级。这意味着针对不同需求、要求和多个级别的威胁风险都有对应的数据保护方式。如果所有的数据都在云或者管理服务提供商处被复制或保护，当无法访问这些数据时将发生什么？在另一方面，如果数据只是简单的在本地或另一个网址备份下，当无法访问的时候又会发生什么？

一个可选方案是开销不要超过威胁风险对组织的影响以保证服务的持续性。将服务水平调整至满足一个给定的应用或商业需求的合适程度也是商业影响分析需考虑的一个方面。同样，需要记住的是访问数据的损失和数据损失是不同的。曾有这样的事件，消费者不能得到他们的数据，这可能是最早出现或报告的数据损失。事实上，这些数据在其他介质或在消费者无法访问的另一区域是完整的。在这种情况下，RPO 可能等于或接近于零值，这意味着没有数据损失。然而，如果无法得到需要的数据，RTO 需求要求访问无损失，因此不能等待而需要采取恢复或重新启动。恢复或重新采取可能需涉及将要备份的数据，也许是最近的一个快照，或 D2D 复制，或最坏情况下陈旧的存档。备份的数据和在访问损失时的数据之间的差异可能是一个真实的数据损失。如果环境需要非常低的 RTOs，额外的步骤将在本章后续章节讨论，还应避免启用陈旧文档或深冻存档。

5.6 虚拟、物理和云数据保护

有几种方法来实现服务器虚拟化，包括 Citrix/Xen、Microsoft Hyper – V、VMware vSphere 以及特定供应商机箱或分区。许多数据保护的问题在不同环境下采用特定的术语或名称，其本质是一致的。虚拟服务器环境经常在当完整数据保护或 BC/DR 缺乏工具时，为方便维护和基本的数据保护提供工具。虚拟服务器供应商提供 API 或其他工具，或解决方法/软件开发工具包（SDK）等，因此他们生态系统的合作伙伴可以开发虚拟和物理环境的解决方案。例如 VM-ware、Citrix、微软包括 SDK 和采用站点恢复管理器（SRM）支持预处理及后处理定制以及集成系统的 API，或 Hyper – V 快速移植技术的解决方案。

云、虚拟和物理数据保护注意事项包括：

➢ RTO 和 RPO 是每个应用程序、VM 客户和物理服务器的必需品。

➢ 每天数据变化多少次，应用认知数据保护。

➢ 每个应用的性能和服务等级目标。

➢ 需要被保护的数据与应用程序的距离。

➢ 恢复需要的力度（文件、应用程序、VM /客户、服务器、网站）。

➢ 数据保留，包括短期和长期保存（存档）。

➢ 数据使用和访问模式或条件以满足业务需求。

➢ 硬件、网络或软件依赖关系或者需求。

➢ 专注于用更少的或现有的资源做更多的事。

比较数据保护科技、技术和实现的另一个要考虑的方面是应用认知数据保护。应用认知数据保护保证所有与应用程序相关联的，包括软件、配置设置、数据和当前数据的状态或变化在内的数据。为实现真正的应用认知和综合数据保护，包括与应用程序当前状态有关的内存缓冲区和缓存的所有数据，都需要写入磁盘。在最低限度下，应用认知数据保护的内容包括在快照、备份或复制之前将静止的文件系统和打开的数据写入磁盘。大多数 VM 环境提供 APIs 和工具来集成数据保护任务，包括应用集成和定制的预冻结（预处理）及后融解（后处理）。

5.6.1　工具和技术

使用基本工具来保护数据是常识，或者用专业术语来描述就是常识性数据保护（CDP），因为任何由人所参与的技术不可避免会导致失败。另一个原则是设计维修及故障隔离或遏制，将维护数据保护作为数据基础设施战略的主动部分，而不仅仅是一个事后的想法。技术可能由于各种原因导致失败，因此需要利用不同的工具、技术、技巧和最佳实践来减轻或孤立小事件，以防止其成为大危害。

CDP 的另一个方面是确保所有的数据受到保护，包括当快照、CDP 或复制操作被执行时的应用程序、数据库、文件系统或操作系统的缓冲区。所有需要被刷新到磁盘中的数据都将被保护。常识性的数据保护意味着平衡一个给定场景可能发生的风险威胁与其影响到组织或特定应用程序所需的成本。这意味着不要将所有数据或应用程序相同对待，需要对一个给定的威胁风险应用合适的保护及相应的成本。各种工具和技术可以用于确保一个灵活的、可扩展的、有弹性的数据基础设施来支持云计算、虚拟和物理环境。工具包括数据和应用程序移动或转换、资产发现、跟踪 IT 管理及配置管理数据库。其他的工具包括物理到虚拟（P2V）移动、虚拟到虚拟（V2V）移动、虚拟到物理（V2P）移动以及使用磁带库来减少手动干预的自动操作。政策管理可以在不同的阶段，当事件发生时帮助实现常见任务的自动化操作或在规定的方式下用其他工具手动干预行动。自动化故障转移的软件和硬件包括应用程序、操作系统、虚拟机监控程序、服务器、存储和网络的集群或路径冗余管理等，这些都是数据保护的工具。

系统存储资源管理（SRM）和系统存储资源分析（SRA）工具是洞察力及态势感知的必要组成，提供前瞻事件分析及报告。关键在于事件相关性及对其的分析是否能够识别实际问题的原因，以避免追逐错误信息。错误信息指在一个给定技术或配置的诊断点被修复时发现该问题是由于真正问题导致的结果。变化控制和配置管理也是弹性环境的重要工具和技术，可确保在投入正式生产前进行正确配置和测试，这样就可以在潜在错误发生前发现它。

数据保护的工具和技术包括：

➤　进行备份、快照、复制和故障转移的应用程序插件。

- 进行跟踪、报警、分析的数据保护管理（空闲）工具。
- 数据保护覆盖或暴露分析工具。
- 媒体跟踪和管理技术。
- 软件管理媒体如磁带读验证分析。
- 归档、备份/恢复、CDP、快照和复制工具。
- 数据足迹减少工具，包括压缩和重复删除。
- 对服务器、存储和网络测试及诊断工具。
- 安全与加密工具和密钥管理。
- RAID 自动重建。
- 双重或冗余的 I/O 网络路径和组件。
- 变更控制和配置管理。
- 测试和审计技术、流程和程序。
- 常规的背景数据，存储和网络数据完整性检查。
- 网络数据管理协议（NDMP）保护 NAS 设备。
- API 支持包括 VMware vSphere、Microsoft VSS 和 Symantec OST。

源端工具用于收集需要保护的数据，同时促进恢复或修复；其可驻留在客户机或服务器上。客户机可能是工作站、笔记本电脑或手持设备以及虚拟和物理服务器。在上下文所提到的数据保护中，服务器的源端工具包括备份或数据保护的服务器；在工具中，数据被复制，然后送入本地、远程、云虚拟或物理设备。在这种背景下，服务器成为被保护事物的服务中介，如数据库或应用程序服务器、远程客户端桌面或移动笔记本电脑。

中间服务器可以是一个备份或数据保护用具、门户或代理，以帮助卸载被保护的实际源代码。客户端和服务器都可以实现数据足迹减少技术，包括压缩、采用加密的重复数据删除及网络带宽管理优化、媒体资源、跟踪管理等。此外，数据保护服务器还可以使用策略管理功能来确定保护什么、在何时、何地、如何以及为什么要保护。例如，基于预定的或基于事件的政策，一个数据保护服务器可以通知另一个数据保护工具进行一些行动或告诉 VM，用户和应用程序需要保持静止以获得连续的和完整的数据保护操作。

源端数据保护的例子包括：
- 备份/恢复工具，包括代理、无代理和基于代理服务器。
- 用于快照和复制的应用程序、文件系统或操作系统工具。
- 数据库或其他应用程序日志和事务记录文件传输。
- 用于数据库、电子邮件和文件系统的归档工具。
- 态势感知的 E2E DPM 和 SRA 工具。

表 5.3 列出了对于数据保护的几种常见术语，其源通常在客户端，并需要直接备份到目标磁盘或服务器；一个中介备份服务器或其他存储系统，轮流将

数据移动到另一个位置。例如，简单的备份服务器、工作站或笔记本电脑到附加内部或外部磁盘的设备将是 D2D（磁盘到磁盘），到磁带驱动器是 D2T，到云 MSP 是 D2C。D2D2D 的含义是将一个客户端或应用服务器备份到如备份服务器的数据保护设备，再到另一个磁盘。

表 5.3　各种源和目标数据保护计划

首字母缩略词	命名	数据是怎样被保护的
D2T	磁盘到磁带	移动数据直接从磁盘到磁带
D2D	磁盘到磁盘	从一个磁盘复制到另一个内部或外部磁盘
D2C	磁盘到云	数据备份、复制或复制到云或者 MSP
D2D2D	磁盘到磁盘到磁盘	数据复制到中介磁盘然后复制到目标磁盘
D2D2T	磁盘到磁盘到磁带	数据复制到中介磁盘然后复制到磁带
D2D2C	磁盘到磁盘到云	数据复制到中介磁盘然后复制到云
D2D2C2D D2D2C2T	磁盘到磁盘到云到磁盘或磁带	数据复制到中介磁盘然后复制到云。 在云端，MSP 数据也在磁盘或磁带被保护

除了源端保护之外，还有中介备份或其他数据保护服务器，数据保护的另一个目标是数据发送。目标是主动的，因为其可在本地或异地被其他应用程序读或写。目标也可以是被动的，当数据被恢复、访问或作为一个故障被转移处理时，数据只是在需要时被存储。目标可以保存数据以在短周期内保护数据，如快照、复制、备份，也可以备份数据以长期保护，包括主动和被动的以及"冷"压缩以实现长期保存。

数据保护的目标可能是本地、远程、基于云、利用固定（永久）或可移动的媒质。固定的媒质包括安装到一个存储解决方案的固态设备（SSD）或硬盘驱动器（HDD），数据只有在维修和替换时才被删除。可移动媒体包括可移动硬盘驱动器（RHDD）、磁带、光学 CD/DVD 或便携的闪存固态硬盘设备。一些目标也可以是混合的，部分媒质保持固定，其他则被发送到一个不同的物理位置，在该处，这些媒质可能处于冷存储状态，直到在远程站点被导入到存储系统时被转换为热主动存储状态。

为什么在现代数据网络中，仍然需要通过便携式或可移动媒体进行数据传输？虽然网络更快，不仅有而且有更多的数据需要在一个固定的时间内移动，高速网络在源与目标之间可能不可用。物理的数据移动可在网络上不可移动大量数据时，将其传输至云、MSP、虚拟主机设施。

目标或目的地保护和归档数据包括：

➢ 备份服务器在中介中作为源和目标设备的角色。
➢ 数据保护网关、电器和云接入点设备。
➢ 共享存储，包括初级和二级存储系统。

> ➢ 基于磁盘的备份、档案和虚拟磁带库（VTL）。
> ➢ 自动磁带库（TL）或自动磁带系统（ATS）。
> ➢ 支持各种协议和特性的云及 MSP 解决方案。

可靠性—可用性—可服务性（RAS）能力包括冗余功率、冷却、双控制器（主动/被动或主动/主动）及带有与 RAID 相结合的自动重建功能的备用磁盘。正如许多实现服务器虚拟化的方法和技术一样，也有许多在虚拟服务器环境下进行寻址数据保护的方法。表 5.4 提供了各种虚拟服务器环境下数据保护的功能和特点概述。

表 5.4　虚拟服务器环境下的数据保护

性能	特征	描述和实例
虚拟机器移植	移动虚拟机 促进负载平衡 主动的故障转移或运动与恢复	虚拟移动、快速移植和其他 可能依赖于处理器架构 从服务器到服务器移动虚拟机的内存 共享访问存储 BC／DR
高可用性故障转移	主动的虚拟机运动 自动高可用性故障转移 错误包容 RAID 磁盘存储	主动将虚拟机移动到另一个服务器 数据移动可能需要工具 用于远程 HA 的低延迟网络 复制虚拟机和应用程序数据
快照和 CDP	实时快照 VM 状态的副本 应用感知 在多地	从损坏中快速重新启动 基于客户操作系统、虚拟机、装置或存储 结合其他工具 对于 HA 和 BC/DR 或文件删除
备份和恢复	基于应用 基于 VM 或客户系统 基于控制台子系统 基于代理服务系统 备份服务器或目标以客户保留于 VM 中	完整图像，增量或文件水平 操作系统和指定应用程序 代理或无代理的备份 通过局域网备份到备份设备 备份到本地或云设备 基于代理的免费服务器和免费局域网
复制	基于应用 基于 VM 或客户系统 基于控制台子系统 基于外部设备 基于存储阵列	应用程序复制如 Oracle 虚拟机、客户操作系统或第三方软件 应用集成的一致性 复制软件或硬件 基于复制的存储系统控制器
归档	文件管理 基于应用 基于文件系统 长期保存	结构化（数据库）、半结构式 非结构化（文件、pdf 文档、图片、视频） 监管和不服从 以供将来使用的项目数据保存
DPM 和 IRM	数据保护工具 分析和相关 备份和复制	虚拟机站点恢复管理器 数据保护咨询和分析工具 IRM 的各个方面和数据保护

5.6.2　虚拟和物理机械移动

虚拟机械移动或者移植工具经常被误解，甚至可能被定位为数据保护工具和设施，其确切含义是为了维修和前瞻性管理而定位与设计的。例如虚拟机软件（VMware）、虚拟化平台（vSphere）、VMotion、Microsoft Hyper – V Quick 及其他工具，是将正在运转或动态的虚拟机传输到不同的物理服务器，这个物理服务器可共享访问存储器以不间断地支持虚拟机。

例如 VMotion 在计划内服务器的维护、升级期间，可以保持可用性，或根据预期活动、其他事件而将工作负载转移到不同的服务器中。对于这样的移植活动需要说明的是，虽然运行中的虚拟机可以被移动，但是它们仍需访问自己的虚拟和物理数据存储空间。

这意味着数据文件必须重新安置。虚拟机或移植设施与包括快照、备份和复制在内的数据保护工具，及其他数据移动工具是如何配合以启用数据保护的是值得关注的一个重点。

一般来说，关于虚拟服务器在线移动的重点包括：

> 虚拟机如何支持不兼容的硬件（如因特尔与 AMD）？
> 移植和移动工具是否可以工作于本地和广域基础上？
> 各家的软件授权是否允许测试或者产品故障转移？
> 同一时刻会发生多少并发动作或移植？
> 移动是否限制于基于虚拟文件系统的虚拟机服务器或者裸设备？
> 什么可以作为第三方数据搬移的硬件、软件或网络服务？

5.6.3　启用高可用性

如果磁盘驱动器故障，访问高可用性数据的常见方法是用已激活的独立磁盘冗余阵列的磁盘存储来防止数据丢失。为了得到额外的数据保护，可以将独立磁盘冗余阵列数据保护辅以本地和远程数据的镜像或复制，以免由于设备、存储系统或磁盘驱动器故障造成数据访问的损失。但是，独立磁盘冗余阵列和镜像并不能代替备份、快照或者其他建立恢复点的实时离散复制操作。

独立磁盘冗余阵列（RAID）在磁盘驱动器故障时提供保护，在整个存储系统受损时它不通过本身保护数据。尽管存储系统在某一位置被毁或被丢失时，副本和镜像可以保护数据，但是如果数据在某一位置被删除或损坏，这一行动会被复制或镜像到副本。因此，例如快照或备份等某些形式的间隔时间数据保护，需要结合独立磁盘冗余阵列和复制得到一个全面而完整的数据保护解决方案。

用于启用高可用性的方法和技术包括：

- 硬件和软件集群。
- 冗余的网络路径和服务。
- 故障恢复软件、路径控制驱动和应用程序界面。
- 消除单点故障。
- 故障隔离和控制。
- 集群和冗余组件。
- 主动/主动和主动/被动故障转移。
- 变更控制和配置管理。

主动/被动备用模式是指一个服务器、存储控制器或过程是活动的，另一个处在热备用模式以实现当需要时加载负载的作用。当发生故障转移时，热备用节点、控制器或服务器和相关的软件可恢复中断断点或者执行快速重启、后退或前进以恢复服务。主动/主动是指两个或两个以上的冗余组件，正在工作并且有能力几乎没有中断地处理任一个失败合作方的工作负载。从性能的角度来看，如果主动/主动模式的双节点或双控制器遭受损失且冗余切换失效，应注意确保性能不会受到影响。

对于性能敏感的服务程序，服务需求指明在故障转移期间不能出现性能的损失，因此需要利用负载平衡技术。如果服务水平目标（SLO）和协议（SLA）允许短期性能退化以换取更高的可用性和可访问性，则可以使用不同的负载平衡策略。在存储控制器、节点或者服务器在因故障切换到备用件的过程中，尤为关键的一点是不要由于性能瓶颈而启动一系列的额外事件，从而对服务造成更大的故障或中断。

虚拟机环境根据面向高可用性所支持的具体特征而有所不同，包括从故障转移或在不同的物理服务器上重新启动一个虚拟机的能力到从一个物理服务器移动一个运行的虚拟机到另一台物理服务器上的能力（正如上一节所讨论的）。另一个影响物理和虚拟环境下高可用性的因素是消除单点故障以隔离和控制错误。这个可以通过使用多个网络适配器（如网卡）、冗余存储 I/O 主机总线适配器或集群服务器来实现。

高可用性的另一个方面是新版本软件或配置的变化何时以及如何可以应用。无中断代码加载（NDCL）意味着新的软件或配置可以应用到应用程序、操作和管理程序、网络设备或存储系统，并且在使用时没有任何影响。但是，代码或配置的变化直到下一个重新启动或开始时才会生效。无中断代码加载和激活（NDCLA）使代码在运行时即可生效。如果环境还没有为预定的停机时间或服务中断设计维护窗口，那么无中断代码加载和激活（NDCLA）可能是一个必需的要求而不是一个可有可无的特性。当服务被中断一段时间以进行简短维护时，如果确实有例行进度的窗口，那么无中断代码加载（NDCL）可能就足够了。还要记住的是，如果有多余的组件和数据路径，当其他路径都在使用中时，可以通过这条路径或组件集进行升级。然而，为了避免一些不可预见风险的发生，一些环境仍将计划更新出一条路径，而其他路径仍然可以在预定的维护窗口期间内有效地运行。

5.6.3.1 为什么独立磁盘冗余阵列（RAID）不能代替备份或时间间隔保护

独立磁盘冗余阵列（RAID）提供数据存储系统的可用性或持续访问性，隔离一个设备或组件（如一个磁盘驱动器）的故障。如果整个 RAID 存储系统发生故障，如果这个故障没有备份、快照和复制到另一个位置或者没有其他的副本存储数据，那么这是一个单点故障。

另一个问题是如果在 RAID 系统上的数据损坏没有某个时间点的副本或快照、备份或在不同存储系统上的其他复制，这也是一个单点故障。需要形成某种形式定时复原点的副本，并与 RAID 关联。同样地，当一个磁盘驱动器或组件故障时，RAID 通过维护可用性对基于时间点的复制进行补充，而不必去备份到另一个磁盘、磁带或云里。

自身没有基于时间复制的复制可以防止 RAID 故障吗？从维护可用性和可访问性的角度来讲，如果一个维护事务的完整性或应用程序状态的完整或全面的副本（如所有的缓冲区被刷新）被保存了，那么答案是肯定的。

然而，如果数据在本地被删除或损坏，除非引进了一些时间间隔的副本，否则相同的操作将会出现在本地或远程镜像。简言之，将 RAID 复制与某种形式的基于时间或时间间隔的数据保护结合是实现完整或全面的数据保护策略的一部分。

5.6.4 快照和连续数据保护

有很多原因说明为什么快照——时间点（PIT）副本和相关技术可以利用。当一个物理备份窗口正在收缩或不再存在时，快照能有效创建一个虚拟备份窗口，启用数据保护。快照提供了一种创建虚拟时间的方法来完善基本的数据保护，同时最小化对应用程序的影响并提高生产力。不同的应用有不同的数据保护要求，包括 RTO、RPO 和数据存储需求。

其他原因包括用于测试目的（如软件开发）的数据复制、回归测试以及灾难恢复策略测试；对用于应用程序处理（包括数据仓库、数据集市、报告和数据挖掘）的数据进行复制，复制到面板的非破坏性备份和数据移植。

快照是一种减少停机时间或中断的普遍方法，此时的中断与传统的数据保护方法（如备份）是相关的。快照因执行方式和位置而有所不同，一些被完整复制，而另一些则基于三角变换。例如，一个初始的完整副本是由三角变换或记载的变换得到，类似于一个事务或更新日志，每个快照作为一个新的增量或被保护数据的时间点视图。快照执行的不同之处还在于在相同的存储系统上，在何处及如何存储快照数据或复制快照到一个单独的存储系统的能力。空间节约型快照在写入方面重定向以允许快照卷的复制和随后没有复制数据开销的修改。没有空间节省快照时，如果一个1TB快照被复制三次以用于开发、测试或质量保证、决策支持或业务分析，这个结果可能需要4TB的空间（1TB原始空间+3份副本）。随供应商执行而有所不同的空间节省快照，应减少所需空间为一个较小的组成基本数据量的数据空间、一些少量的开销和所有后续副本中改变的数据。

因为快照可以很快发生，应用程序、操作系统或虚拟机（VM）相当于处于静止状态（暂停状态），快照当前时间点快速截取当前状态，然后恢复正常处理。快照可减少停机时间以加快备份。快照通过只复制更改数据而减少传统备份对性能的影响。类似于增量或差量备份，但是这是在备份更细粒度的基础之上。为了促进脱机加载数据保护，在共享的存储环境下，快照可用于其他服务器，如使用一个代理或备份服务器加载和读取快照来构造一个离线备份。

在虚拟环境中，可以用具体的特性和功能（随供应商的实现方式而不同）在虚拟机（VM）或操作系统层进行快照执行。快照的另一个地点是客户操作系统、应用程序或虚拟机集成的存储系统。快照也可以是发生在网络或基于结构的、拦截服务器和存储设备之间I/O数据流的设备上。关键点是确保当获取一个快照后，被捕获的数据是预计将被记录的数据。

例如，如果数据仍在内存或缓冲区，这些数据可能不会刷新到磁盘文件并被捕获。因此，通过细粒度的快照，也称为近似或粗略持续数据保护（CDP），以及实时的细粒度的CDP和复制，磁盘上数据可能100%地被捕获。然而，如果一个关键的问题信息还在内存而未写入磁盘，为确保和维护应用程序状态的一致性和事务完整性，关键数据是不会被保留的。虽然快照支持时间点（RPO）数据的快速备份，但是在发生存储系统故障时，快照不直接提供保护而需要备份到另一个设备。

CDP和快照注意事项包括：
➢ 有多少并发快照会产生，又有多少可以保留？
➢ 在哪里执行快照（应用程序、虚拟机、设备或存储）？
➢ 有哪些用于感知快照的应用界面（API）或集成工具存在？
➢ 有用于快照前置和后加工功能的设施吗？
➢ 快照适用于虚拟磁盘或物理磁盘吗？
➢ 当快照运行时对性能有什么影响？
➢ 如何将快照与包括复制的第三方工具集成？
➢ 快照软件功能授权和维护的成本是什么？
➢ 快照副本是完整的副本执行吗？
最初，CDP作为独立产品进入市场并被缓慢采用。当一个新的技术特征可以作为附加功能嵌入在目前部署的产品时，通常情况就会发生改变。虽然仍然有一些特制的 CDP 解决方案，但是这些功能作为一个特性被添加在许多软件和存储系统产品中。

请记住，对于一个完整或全面的数据保护方案，利用 CDP 捕获所有信息是重要的。这表明对于利用 CDP 的完整数据保护来说，来自应用程序、数据库、操作和文件系统以及虚拟机监控程序缓冲区的数据必须作为一个事务、数据和数据完整性的已知状态刷新到存储器中。例如，对于虚拟机系统工具（VMware vSphere）、微软超 v（hyper－v）、思杰技术（Citrix Xen）、SAP、Oracle 数据库、微软、Exchange、Share－Point 和其他应用的接口技术，静止为一个已知状态和将缓冲区内的数据重新存入磁盘对保持数据的完整性是非常重要的。虽然 100% 捕获磁盘上的数据很好，但是如果维护应用程序和数据的完整性所需的数据只有 99.999% 被复制，而其他 0.001% 仍在缓冲区，这少量的数据对恢复来说是至关重要的，因而其在恢复和数据保护链中是一个薄弱环节。

5.6.5 备份和恢复

备份是一个制作时间点数据备份的技术，可以用于许多不同的目的，几十年来已成为许多数据保护和业务持续性/灾难恢复策略的基石。

一些不同类型备份的例子包括：

➢ 完全、增量或微分备份。
➢ 物理存储或虚拟机虚拟磁盘的镜像备份。
➢ 存储虚拟化和虚拟机的裸机恢复能力。
➢ 映像备份的文件级备份或文件级恢复。
➢ 传统备份及快照或持续数据保护（CDP）副本的文件恢复。
➢ 应用程序集成，如使用 Oracle RMAN 或 API 工具。
➢ 运行在一个存储虚拟化项目管理、虚拟机、设备或作为云 MSP SaaS 模型的一部分。
➢ 服务器和桌面或移动设备备份。

另一种形式的备份是业务持续性的基础，所有关联到一个功能（函数）的系统、服务器、应用程序和数据都将被备份。例如，一个业务持续性备份可以确保与制造业、账户付款、客户关系管理（CRM）或一个网站相关的所有数据都是受保护的。业务持续性备份可以跨多个服务器运行不同的操作系统，如数据库、非结构化文件数据和它们的应用程序。业务持续性备份的核心思想是，一切与之相关的功能或信息服务都可以以协调的方式得到保护和恢复。

用基于磁盘的解决方案替换磁带可以帮助解决基于磁带的瓶颈问题，但它没有解决涉及许多备份的根本问题。根本问题可能是备份软件如何配置或如何随着数据保护工具的年限和能力来运行。另一个考虑是利用基于磁盘备份范式的转变而不是产生备份保存组或其他备份副本。利用不同的工具和技术，不论是作为短期战术的解决方案还是作为较大数据保护现代化的一部分，备份方法都是时候更新了——例如，从全天进行 D2T 或 D2D（磁盘到磁盘）备份转变为利用快照以及结合复制和日志或日记文件副本的 CDP。

对于需要保留基于磁带备份过程或程序的应用程序或环境，虚拟磁带库（VTL）不仅模仿磁带并且结合基于策略的管理、复制、压缩和重复数据删除技术，同时提供基于磁盘，使用 NFS 或 CIFS 的访问过程，这是一种向未来过渡的最好方式。例如，可以短期利用虚拟磁带库接口，同时修改过程、程序和备份配置以使用基于 NFS 或 CIFS 访问设备的磁盘。然后，当完成基于磁带过程的转换时，可以根据需要禁用这个特性或保留下来，并用于遗留系统处理。本质上，目标数据保护解决方案应该利用虚拟化建立从目前工作到未来工作之间的桥梁，同时根据个人需求改变自身，以支持备份、归档及快照副本或其他形式数据移动的切入点。虚拟化的主要租户是"透明及仿真的抽象化概念"，这已用于整合焦点。这导致了一个共同的观念，即虚拟化与整合是对等的含义；然而，除了整合之外，虚拟化还有更大的空间。支持虚拟磁带库接口的存储系统就是利用透明性及通过类似磁带的磁盘功能的仿真来提供当前软件配置桥梁的示例。

除了优化用于数据保护的发送目标以外，另一个需要考虑的问题是改变保护和保留间隔。用基于磁盘的数据保护和数据足迹（空间）缩减技术，可以保持更频繁的在线备份和可存取性。用于快速恢复的更多且小巧的数据备份引起保留在其他媒体或不同位置较大副本数量的减少。数据保护和备份现代化因而不得不在得到更好更快恢复数据的粒度与在不影响服务等级目标（SLO）或协议（SLA）的情况下保留一个较小的数据空间（足迹）之间寻找一个平衡点。

关于虚拟和物理备份的警告包括备份许多小文件会导致比移动大文件更低性能的吞吐量或带宽。随着所支持的环境和应用程序类型的不同，可以使用不同大小的文件。例如，视频或照片文件可能很大，但是一些应用领域（能量、地震、碰撞试验仿真、医疗）会产生许多被拼接在一起为以后回放之用的小时间片图像（如很多 TIF、gif 或 jpg）。

为了确定如何配置资源以将性能影响或者时间延时最小化，了解文件大小如何影响数据保护是非常重要的。例如，磁带驱动器是当数据流入时，而不是在启动和停止时工作得最好，这就导致了"磁带机"的磨损。如果需要保护许多小文件，那么就配置一个可以对这些文件进行分段和直接传输到磁带、磁盘或基于云资源的解决方案，同时使用数据压缩技术。

备份的另一个方面涉及台式机、工作站、笔记本电脑和移动设备，包括保护远程办公/分公司（ROBO）环境。一些企业软件提供了对远程或非数据中心备份的支持，另外还有一些优化这类功能的软件。同样，许多云和管理服务提供商拥有可以用来保护远程和分布式设备的解决方案，以减轻主要数据中心的工作载荷。保护远程设备的另一种方法是虚拟桌面项目（VDI），集成了应用程序和终端程序的项目简单地呈现在工作站或平板电脑上。在某些环境下，例如呼叫中心或有强大网络功能的环境，将沉重的工作站或台式机转变为轻薄的设备是有意义的。对于其他用户，可以将这些系统备份到本地或远程服务器、中心位置或提供云 MSP 服务工具的工作站。在一个变化或以时间为基准的事件中，进行捕获常规快照和保护数据时，备份可以预定，否则，一些解决方案会运行在一个连续或准连续的模式。

5.6.5.1 代理的数据保护

基于代理的备份，也称为局域网备份，是通过局域网备份物理服务器的常见方法。基于代理的备份这个词来自于这样一个事实：备份代理（备份软件）是安装在服务器上的，同时备份数据通过局域网发送到备份服务器或本地连接的磁带或磁盘备份设备。考虑到对使用局域网和基于代理备份的熟悉度及已建立的现有程序，虚拟服务器环境中数据保护的第一步可以是简单地利用基于代理的备份，并重建虚拟服务器的数据保护。

基于代理的备份如图 5.6 所示，相对容易部署，因为它们可能已经用来备份被移植到虚拟环境的服务器。基于代理备份的主要缺点是它所使用的物理内存、中央处理器和输入/输出资源会占用局域网流量，影响在同一个虚拟服务器的其他虚拟机和客户。

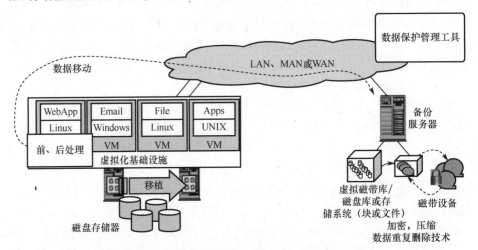

图 5.6　在一个局域网中的基于代理备份

备份客户端或代理软件也可以扩展以支持特定的应用程序如 Exchange、Oracle、SQL（数据库）或其他结构化数据应用程序以及处理打开的文件或同步快照。基于代理备份的一个考虑因素就是支持备份设备或目标存在的是什么？例如，本地连接的设备（包括内部外部、自适系统、互联网小型计算机接口、以太网光纤通道、光纤通道或无限带宽技术存储区域网或网络连接存储磁盘、磁带和虚拟磁带库）被代理支持吗？数据如何通过友好且高效的网络转移到备份服务器？

当运行备份程序时，物理服务器必须在规定的备份窗口内，避免与其他应用程序产生性能及局域网流量的竞争。在一个统一的虚拟服务器环境中，多个备份程序也会争夺相同的备份窗口和服务器资源，包括中央处理器、内存、输入/输出接口和网络带宽。为避免冲突和性能瓶颈，必须谨慎地将服务器整合成一个虚拟的环境。

5.6.5.2 基于代理的备份

运行在客户操作系统上的基于代理或者客户机的备份程序消耗包括中央处理器、内存和输入/输出接口等在内的物理资源，使备份服务器和局域网（假设一个局域网备份）在性能受到了一定的挑战。同样，基于代理，且与本地连接的磁盘、磁带或虚拟磁带库（VTL）的备份仍然消耗服务器资源，导致与其他虚拟机或其他并发运行的备份程序产生性能上的竞争。在常规备份中，当请求客户端或代理软件时，他们会读取要备份的数据并传输数据至目标备份服务器或存储设备，同时执行相关的管理和记录的任务。

同样，在恢复操作中，备份服务器和备份客户端或代理软件一起工作来检索基于特定请求的数据。因此，备份操作给服务器的物理处理器（CPU）带来需求负担的同时，消耗了内存和输入/输出接口带宽。如果多个备份程序运行在同一客户操作系统和虚拟机上或不同的虚拟机时，需要并行管理这些竞争需求。

解决合并备份争用的一种方法：利用一个备份服务器，将其配置为代理服务器（图 5.7）来执行数据转移和备份功能。代理备份通过集成（整合）快照、应用程序、预处理和后处理的客户机操作系统来工作。例如，虚拟机软件用一组数据保护编程接口取代虚拟机软件整合备份（VCB）工具。这些编程接口允许虚拟机或客户机操作系统和应用程序通过代理流程来备份。因为工作是通过另一个服务器来完成的，所以代理流程减少了虚拟机存在时的项目管理的资源消耗（中央处理器、内存和输入输出接口）。就其本身而言，以 Windows 技术为基础，带有虚拟化技术的 Microsoft 软件利用卷服务（VSS）副本和相关应用 VSS 写技术来实现集成。

当然，这是面向虚拟机软件工具的接口并且使第三方备份和数据保护产品开始工作。为了利用 VMware vSpehere 接口、微软 hyper – v VSS 和 DPM 或其他管理程序的功能来进行数据保护，需要利用第三方工具。这些第三方工具提供调度、媒介和数据保护管理功能。第三方工具具有包括压缩和重复数据删除的数据空间减少（DFR）功能，还管理数据副本的创建或重定向数据到其他存储设备，如虚拟磁带库和磁盘库。根据分配和实际使用，虚拟机的虚拟磁盘映像

（如针对 VMware 的 VMDK 或针对 Hyper 的 HVD）可能是稀疏或有分布不均的。这意味着可以有大量的预分配空磁盘存储空间。缺点是可能需要额外的时间来备份这些文件并且分配被占用的、但尚未被使用的磁盘空间。优点则是分配未使用的磁盘空间以适用于自动精简配置和其他数据空间减少技术（包括压缩和重复数据删除）。

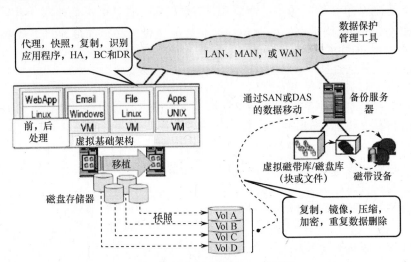

图 5.7　备份代理和基于 api 的例子

为了帮助加快备份或数据保护操作，变化模块跟踪（CBT）技术已被虚拟机软件补充到 vSphere 中，它可以被第三方工具提供者利用。CBT 技术跟踪内核中已经发生了变化的块并且使用映射到对应虚拟机大小的表，通过以上方式加快备份或数据保护的复制功能。当一个块发生变化时，vSphere 内核进入相应的表——一个磁盘文件。数据保护工具可以产生最初的副本，然后简单地查找已经改变了的块，以减少复制所需的时间和数据量。

根据特定虚拟机的实现方式，可通过共享存储器互连来移动或访问数据，所以在代理备份期间除了卸载物理服务器以外，局域网流量不受影响。在代理服务器上的第三方备份和数据保护软件还可以执行其他任务，包括复制数据到另一个位置、用副本在磁盘上的远程站点和远程离线磁带保持基于磁盘备份媒体的本地副本。

5.6.5.3　云计算和管理服务提供商（MSP）备份

对云、管理服务提供商和远程备份而言，除了众多供应商和服务提供商以外，还有不同的选项：一个组织可以从供应商获得软件并部署自己的公共、私有或混合云服务，或者向服务提供者订阅。作为增值型经销商或服务提供者，同样可以获得软件以及硬件资源，提供自己的服务或与能提供更优性能的供应商合作。作为一种服务供应商，在托管、管理服务提供商（MSP）或云网站上，可以通过自己或别人的服务器开发需要运行的软件。

云或管理服务提供商（MSP）备份可以替换现在备份的工作，或者补充现有数据保护环境。例如，如果适用，可以用供应商、可选的现场分段或缓存硬件提供的新工具取代现有的备份基础设施（包括软件和硬件）。有些供应商允许使用现有的备份或数据保护软件，用可选的现场或本地副本将数据移动到云。一些供应商提供处于需要位置的软件或设备，收集信息并方便传输到他们的位置或需要的目的地。

关于云和 MSP 备份供应商需要关注的问题和主题包括：他们如何收费——在无须为连接（更新或恢复）和视图（搜索、目录、目录）付出额外费用时的无限容量及带宽的费率。提供商是否制定了一种基于每月或每年基本费用加上每吉字节或太字节存储费用的定价方案？除了基础功能的使用以外，什么是可选或隐性费用？例如，对上传或检索文件、查看或生成报告、批量导入和导出收费吗？提供商提供不同寄存数据的云存储服务吗？包括为了遵守法规而选择不同区域吗？如果可以选择不同的后端存储服务提供商，费用是相同还是随服务等级协议（SLA）和位置而改变？

另一个需要考虑的问题是，对特定的提供者，客户是如何被锁定的。如果决定或需要更换供应商，需要做出何种选择？当数据可能存在于第三方网站（如亚马逊）时，它的存储模式是否可被其他供应商使用？例如，如果开始使用服务提供商来备份环境，并且指定亚马逊（Amazon）简单存储服务（S3）作为目标存储器，如果把服务转换为同样支持亚马逊作为存储器的 Rack space Jungle disk，将会发生什么？

尽管 Jungle disk 可以将数据存储在 Rack space 或亚马逊上，然而它能够利用已存储在 Amazon S3 云的旧备份吗？或者需要转换或导出和导入备份吗？为了确保覆盖范围，最好的选择是继续维持旧供应商，直到这些备份过期并且在新供应商处有足够的覆盖率。其他考虑因素包括是否能促使旧备份到期，确保提供商采取了足够的措施。消除数据和账户资料与什么有关？这本书的写作期间，笔者通过带有被离线发送至安全电子仓库的主副本的标准全息对全息模式（磁盘到磁盘）和安全备份架构（磁盘到磁盘到磁盘），切换了云备份提供商并有一段额外保护的重叠时间。

关于云计算和 MSP 备份的其他问题和注意事项包括：

➢ 备份以什么格式存储？是否需要通过特殊的工具访问？

➢ 对于将要备份的扫描或跟踪变动，解决方案的效率是多少？

➢ 哪些类型的数据空间压缩技术可以加快备份？

➢ 在一个给定的时间表内，可以用不同的网络备份多少数据？

➢ 在给定的时间内，网络可以恢复多少数据？

➢ 提供哪些恢复选项，包括替换位置吗？

> 提供商提供大量物理介质恢复（例如磁盘或磁带）吗？

> 除了容量费用以外，还有访问或带宽使用费用吗？

> 可以使用什么类型的管理工具——包括自动化的报告吗？

> 能通过查看当前收费或费用来确定未来的使用预算吗？

> 解决方案的扩展能力是什么，它能增长到满足客户的需求吗？

> 解决方案是为分支机构、小型办公室、移动、服务器消息块或企业而设计的吗？

> 支持什么操作系统、虚拟机监控程序和应用程序？

> 需要什么样的软件要求，供应商供应什么？

> 在客户的地点，为了使用服务是否需要额外的硬件？

> 对于现有的备份设备，服务可以支持制作本地副本吗？

> 采用何种安全机制（包括加密密钥管理)？

> 为了了解额外的费用和服务水平协议，要考虑每吉字节的基本费用

5.6.6 数据复制（本地、远程和云）

为解决不同需求、要求和偏好的本地和远程数据复制和镜像的方法有很多，分类如图 5.8 所示。复制可以在很多地方进行，包括应用程序、数据库、第三方工具、主机服务器上的操作系统和虚拟机监控程序（PM）、设备或网络设备（包括点存在云)）或网关，以及主、次及备份目标如虚拟磁带库或存档系统。

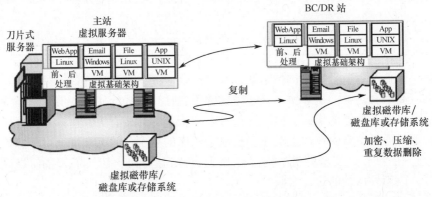

图 5.8 关于高可用性、业务持续性和灾难恢复策略数据保护的数据复制

通常需要注意的是，复制本身并不提供完整的数据保护；复制是在当组件、设备、系统或网站损失时，保护数据的可用性和可访问性。为了确保数据可以恢复或保存到一个特定的时间点，复制应该与快照及其他时间离散备份数据结合起来。

例如，如果数据在初级存储设备中丢失或者损坏、发生错误或删除，数据

会被复制到替换网站，因此能够回退恢复到特定的时间间隔是重要的。

对复制的考虑包括：

➤ 集成快照的应用。

➤ 本地、大城市和大范围的要求。

➤ 网络带宽和数据空间的缩减功能。

➤ 加密和数据安全的功能。

➤ 包括一对一、多对一、一对多的各种拓扑结构。

➤ 同类或不同类的源和目标。

➤ 管理报告和诊断。

➤ 有多少并发流复制或复制？

数据镜像和复制产生数据延迟和负面性能影响的重要因素是距离和延迟。距离是个问题，但无法实现同步数据移动和实时数据复制折中的真正敌人是延迟。通常看法：距离是同步数据移动的主要问题，一般来说，延迟增加了距离。事实是，即使在相对较短的距离，延迟也可以影响同步实时数据的复制和移动。

距离与延迟、复制以及数据移动有关，会影响是否使用同步或异步数据移动方法。除了成本以外，还要权衡性能和数据保护。同步数据转移方法便于实时数据保护，使一个 RPO 成为零或接近零。然而，代价是在间隔或高延迟网络上，在等待远程输入/输出接口操作完成的过程中，应用程序的性能是受负面影响的。另一个方法是使用异步数据传输模式，在其中引入了时间延迟及缓冲。通过使用时间延迟和缓冲，应用程序性能没有受到影响，因为在它看来输入/输出接口操作已经完成。异步数据传输模式的取舍：虽然在长距离或高延迟网络上性能没有受到负面影响，但是当缓冲区内的数据在等待被写入远程站点时，存在有可能致使数据丢失的更大的潜在 RPO 窗口。

因此，同步和异步数据传输的组合模式可以用于分层数据保护方法，例如，对于时间关键型数据，通过低延迟的网络设施使用同步数据转移到附近一个合理的设施，较为不关键的数据使用异步复制到主要或更远的替代位置。

5.6.7　数据保护管理

数据保护管理（DPM）已经从第一代备份报告技术进化为多产品提供商和交叉技术领域结合的技术。此外，除了数据保护基本备份报告之外，新一代数据保护管理工具管理多个方面的发展，包括复制、快照、业务持续性/灾难恢复、策略合规覆盖、文件系统监控和相关事件。一些 DPM 工具本质上是报告、状态或事件监测设施，对在一个或多个数据保护 IRM 重点领域发生状况提供一个被动的视野。另一些 DPM 工具可以提供主动分析和事件相关性的被动报告，同时对于较大环境可以提供一定程度的自动化管理。

跨技术领域事件相关性可以将各种信息技术的报道联系起来，用以将事件活动的片段转换为有用的信息——关于资源通过什么方法、在哪里、出于什么原因以及由谁（服务器、存储、网络、设施）使用。在虚拟化环境中，考虑到许多不同的相互依赖关系，跨技术领域事件的相关性对于观察端到端信息资源管理（IRM）活动更有价值。在不同的业务、应用程序和信息技术实体中，满足服务水平的、与压力关联的监管要求的增加以及 24×7h 要求的数据可用性导致了数据保护之间的相互依赖关系。因此，对于影响服务和资源使用的事件，及时有效的数据保护管理器要求业务和应用程序有关联及分析这类事件的意识。业务意识是一种能力，它收集信息技术资产，并将其关联到应用程序的相互依赖关系和资源使用上，其中资源使用指被特定的业务所有者或函数使用的报告和分析。应用程序意识是一种能力，在数据资源保护环境内，为了分析和报告，它能够使信息技术资源与特定应用程序产生联系。

虽然在一种环境下可能有多个支持信息资源管理活动的工具和技术，但是数据保护管理器工具涉及包括备份（到磁盘、磁带或云）、本地和远程镜像或复制、快照和文件系统在内的多个数据保护技术的支持或共存。支持多种数据保护方法和技术的关键是一种可以及时测量和处理迅速增加的大量事件及活动日志信息的能力。包括数据保护管理器解决方案在内，新一代信息资源管理工具的核心是通过强大的跨技术资源分析和关联引擎来筛选不同的数据保护活动及事件日志，从而找到相关信息。

5.7 现代化的数据保护和备份

服务器进行整合时，是重新考虑应用程序和系统数据的保护及归档策略的好时机。不是简单地将操作系统和相关应用程序从被"罐装"物理服务器移动到被"软件"包裹的虚拟服务器，而是考虑如何使用新方法和技术用于提高性能、可用性和数据保护。例如，为了数据保护，一个现有的安装了代理备份软件的服务器通过局域网将数据发送至备份服务器。然而，当备份被移动到虚拟服务器时，它可以被转换到无须占用网络带宽的备份服务器。这种情况可以避免局域网和其他性能瓶颈。

从历史数据保护的角度来看，对为了满足备份和恢复、业务持续性/灾难恢复策略和数据保存或归档需求而保留的数据而言，磁带已成为流行而节约成本的首选数据存储媒介。最近，许多组织通过透明访问基于磁盘的备份形式来利用存储虚拟化和恢复解决方案。这些解决方案模拟各种磁带设备、磁带库与现有已安装备份软件和程序的共存。从"绿色"和经济学的角度来看，对于不活跃或归档的数据，磁带如果不是最好的，那仍然是最有效的数据存储介质之一。为了满足恢复时间目标和 RPO 的需求，磁盘到磁盘的快照、备份和复制已成为近期实时数据保护的热门选择。

图 5.9 显示了上面的场景是如何工作的。从左边开始，数据的正常操作以及常规快照、杂志或者多个位置的磁盘到磁盘的日志文件副本都被复制到辅助或业务持续性网站。如果故障出现在初级站点，如磁盘驱动器或其他组件故障，它可以被孤立并使用高可用性技术，如双重适配器、独立磁盘冗余阵列、主动/主动故障转移来控制。在更严重的事件发生时，辅助或业务持续性网站发生故障，这些地方的访问可以继续或重新开始，还可以在一个给定时间内迅速恢复。

如果更为严重的事件发生，导致初级和次级业务持续性网站及其资源不可用，可以利用在热或冷站点上的近线存储或离线数据。在图 5.9 中有一个附加步骤，在这个步骤中，主要网站和辅助网站或业务持续性网站及其资源正在被积极使用，在二者之间维持着生产负载的平衡。这两个网站互相补充、互相保护。第三个网站是热或冷站点，这里有极少量的系统位于适当位置，关键数据定期被复制到这个站点。

一个主要想法是，在离主要站点和辅助站点有些距离的地方，第三个或近线存储灾难恢复策略站点提供一种恢复的方法。在此基础上可以构建第四个站点，在站点内可以复制或发送离线数据。在这里，磁带或其他可移动媒体被传输，且数据不是留在媒介上就是被移植至云访问存储环境。该网站还可把数据嵌入，这些数据很少被访问——本质上是用于数据恢复的资源杀手锏。

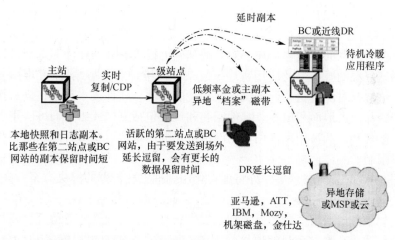

图 5.9　用于虚拟与物理服务器的 HA、BC 和 DR 解决方案

5.7.1　从灾难恢复策略扩大到业务持续性，从成本开销转变为利润中心

业务持续性和灾难恢复策略往往被视为信息技术的成本开销项目或项目支持的事务。这是因为资本和经营预算资金花在硬件、软件、服务、网络和设备

上，以获得只用于测试目的的能力。另一方面，如果这些资源可以安全地用于生产业务，当能够驱动负载时，这些成本就可以被吸收，从而减少单位成本。如果业务持续性或二级网站也是初级或最后的数据记录器副本，则需谨慎地保持那些在物理或者逻辑上与在线生产或活动数据隔离数据的灾难恢复策略或者黄金备份的完整性，以免其受到污染或危害整合环境。

5.7.2 使用虚拟化和云来增强数据保护

目前大多数虚拟化项目的重点是在未充分利用的服务器上整合异构操作系统。另一个方面是用虚拟桌面基础结构（VDI）寻址物理桌面和工作站，在某种程度上是为了整合，同样也为了简化管理、数据保护和相关的成本及复杂性。为了支持敏捷性和灵活性，下一代（或当前的）服务器、存储和桌面虚拟化正在扩大上述重点。这样，将整合的原则和强调利用虚拟化结合起来，就能启用动态管理的服务器和动态数据保护，例如，使用虚拟化去支持工作负载变化导致的服务器重新部署并提供透明化。

在这种情况下，整合仍是一个驱动。然而，它也是一个注重利用虚拟化作为应用程序、服务器和存储的工具，不会让自己被合并，但可以从业务、计算机信息资源管理敏捷性（包括增强的性能）：高可用性、灾难恢复策略和业务持续性等中获益。

虚拟化可以用在很多方面（包括合并、抽象和仿真）以支持负载平衡和日常维护及业务持续性与灾难恢复策略。在图 5.10 中的左边，传统的业务持续性/灾难恢复环境显示了专用的物理资源或选择性应用程序或者两者的结合正在恢复。

目前所面临的挑战包括在一对一的基础上投入额外的硬件和选择被恢复为可用物理资源的服务器及应用程序。复杂性与维护业务持续性/灾难恢复计划有关。这包括对配置更改的测试以及相关的硬件、软件成本和正在进行操作的电力、冷却及占地面积成本。其他问题和挑战包括测试或出于训练、审计目的的模拟恢复和以低占用率使用可用网络带宽的困难，以及对可以及时转移数据的数量限制。

图 5.10 的右侧展示了一种将虚拟化用到抽象和管理的解决方案，在这里，每个物理服务器都转换为一个虚拟机。然而，虚拟机被一对一地分配物理机器——如服务器或刀片服务器。如果发生灾难，或者出于业务持续性或培训和测试的目的，在数量有限的项目管理中，许多个虚拟机可以恢复和重新启动，同时追加的项目管理可按需增加以支援或增强所需的服务水平目标性能。为了改进数据移动和加强 RPO 及恢复时间目标，利用被移动或复制的数据、节省空间的快照、数据复制，存档、数据压缩、重复数据删除和带宽优化的结合来减少数据空间从而提高数据移动和数据保护的有效性。数据保护管理工具用于管理快照复制、备份、服务器、存储、网络的交叉相关函数以及软件资源等。

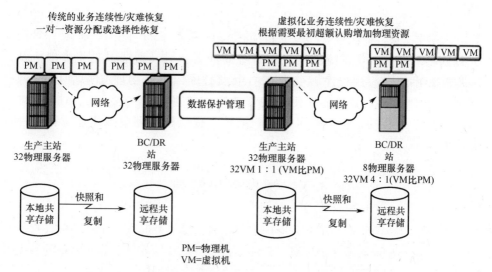

图 5.10 利用虚拟化启用高可用性、业务持续性和灾难恢复策略

服务器虚拟化带来的好处包括更多物理资源的有效利用，为了常规维护、高可用性、业务持续性和灾难恢复而将工作负载动态变换为可选硬件的能力，支持已计划的和未计划的中断，对程序和配置训练及测试的实施。除了支持高可用性、业务可持续性和灾难恢复以外，还可以将图 5.10 右侧所示的方法用于常规信息权限管理（IRM）功能，例如，当硬件升级或服务、存储更换时，将应用程序和相应的虚拟机转换为不同的现场或非现场物理服务器。

图 5.10 中范例的变体将虚拟化用于抽象体以促进新服务器的配置和测试，以及应用程序的部署。例如，在图 5.11 的左边，多个虚拟机创建在一个物理机上，每个物理机都有一个客户操作系统和一个应用程序的某些部分。在开发和测试期间，为了支持预信息权限管理维护的功能，各种应用程序似乎是在一个单独的服务器上被检查，但实际却是在一个虚拟机上。

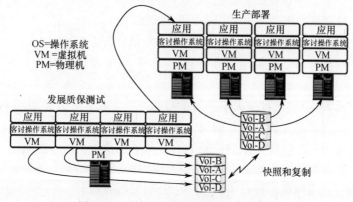

图 5.11 利用虚拟化抽象和服务器配置

关于部署，各种应用程序和操作系统如图 5.11 的右边所示被部署到物理服务器。有两个选项：一个是应用程序和基于如图 5.11 所示一对一分配到物理服务器上的虚拟机操作系统的部署；另一种选择是将虚拟机及客户操作系统和应用程序转变为在一个没有虚拟层的物理服务器上运行。在第一个示例中，使用虚拟化来实现抽象和管理目的与整合。如图 5.11 所示，一个潜在的虚拟机就可以实施维护并提供连接到虚拟化业务持续性和灾难恢复方案的能力。

5.8 数据保护清单

如果打算或已经启动了服务器虚拟化项目，就没有时间来重新评估、重新设计并且重新配置数据保护环境。云和虚拟服务器环境需要实际及物理的数据保护。毕竟，无论商务或组织的大小，如果不能及时回到一个特定的时间恢复点、存储并重新启动，都不能从灾难或数据丢失中前进。

一些常见数据保护的最佳实践包括：

➢ 一些应用程序，包括数据库、支持日志文件自动航运文件。

➢ 大多数灾害是不包含事件链的结果。

➢ 利用常识和完整或全面的数据保护。

➢ 验证基于 USB 的加密对虚拟机的加密密钥的支持。

➢ 了解对业务持续性或灾难恢复策略测试的软件许可证存在什么局限性。

➢ 独立磁盘冗余阵列不是备份的替代品，而是提供了可用性。

➢ 单独的镜像或复制并不是备份的替代品。

➢ 使用基于数据保护的实时 RPO，如复制、快照等。

➢ 维护主副本备份或黄金副本。

➢ 本地和来自云服务的数据备份的测试恢复。

➢ 采用数据保护管理工具进行事件相关和分析。

➢ 存储在云的数据需求是业务持续性/灾难恢复策略和数据保护策略的一部分。

➢ 在云和业务持续性/灾难恢复策略的另一个位置有数据的副本存放。

➢ 将多层次的保护结合并假设可能被打破的终将被打破。

➢ 确定预算、时间框架对中断的容忍和风险规避。

➢ 决定哪些解决方案适合不同的应用程序。

➢ 调查冗余网络路径是否共享一个公共基础设施。

➢ 寻找有经验的评估、验证或实现帮助。

5.9 高适用性、业务可持续性和灾难恢复常见的相关问题

磁带被废弃了吗？磁带是有活力的且可作为一项技术被继续开发；然而，它的角色正在从常规备份转换为长期存档。磁盘到磁盘备份及数据保护和数据减排技术的结合继续与磁带共存，导致比之前更多的数据存储在磁带中。关键是磁带的角色转变为长期或冷数据的保存。

使用云或虚拟化环境用于数据保护的障碍是什么？有不同的与被保护数据的数量、时间窗口、网络带宽、恢复时间目标、RPO和预算有关的限制。其他需要考虑的是软件许可证如何工作或如何被转移到业务持续性和灾难恢复策略网站上，以及如何利用它们进行测试。

业务可持续性/灾难恢复只是针对大型组织吗？小型组织如何能负担得起它们？MSP和基于云的服务以及可以安装在服务器和工作站上的其他技术使业务可持续性/灾难恢复能负担更多。举个例子，一个事务在本地、远程与移动技术上实现了一个多层数据保护策略，包括磁盘到磁盘、磁盘到磁盘到云和磁盘到磁盘到磁盘。利用云备份管理服务提供商（MSP），即使客户在旅行中（可以在商用飞机上使用GOgo WiFi做备份），加密的数据也能被发送，在磁盘上也有本地副本。另外，在站外的库有一个主副本，这个库使用移动硬盘驱动器，会经常更新。相关工具有许多，还有更多的工具正在研发中，也许当读者阅读本书时，有一些工具正在被开发出来。对于相关的话题、趋势和技术，请查阅笔者博客和网站新闻、公告和讨论。

在选择在线或云管理服务提供商（MSP）用于备份或归档服务时，有哪些关键步骤或问题？注意在成本或服务费用、可用功能、服务等级协议、用于访问数据的隐性费用、导入或导出费用间、对于什么地方或地区可以存储数据和报告的选择之间寻找平衡点。例如，笔者通过来自服务提供者的电子邮件获取日常备份报告，使得笔者可以手动检查或建立一个脚本扫描异常。观察数据是如何在传输前使用数据脚本减少技术在给定的时间内移动更多的数据，或者使用更少的网络带宽。也请测试恢复需要多长时间，以避免当时间极其重要时出现意外，并调查在更短的时间内恢复存储大量数据的选项。

5.10 本章总结

随着技术的发展和成熟，高可用性、业务持续性、灾难恢复和备份/恢复正在改变。云和虚拟化需要保护，但是，它们也可以用于加强保护。

一般操作项包括：

➤ 避免同等对待所有的数据和应用程序。

➤ 将适用水平的数据保护应用到所需之处。

➤ 对数据保护实施现代化，以减少开销、复杂性和成本。

➤ 用划算的方式联合多个数据保护技术。

➤ 别惧怕云计算和虚拟化，但要有一个计划。

供应商包括 Acronis、Amazon、Aptare Asigra、BMC、Bocada、CA、Cisco、Citrix、Commvault、Dell、EMC、Falconstor、Fujifilm、Fujitsu、HDS、HP、i365、IBM、Imation、Inmage、Innovation、Iron Mountain、Microsoft、NetApp、Oracle、Overland、QuantumQuest、Rackspace、Platespin、Rectiphy、Seagate、Sepaton、Solarwinds、Spectralogic、Sungard、Symantec、Veeam 和 VMware 等。

底线：如果现在要把数据放到任何云中，需要在其他地方有一个备份或副本。同样地，如果有本地或者远程数据，考虑使用云或托管服务提供商作为一种存放备份或档案另一个副本的方法。毕竟，任何值得保存的信息都应在不同的场所和不同媒体上放置多个副本。

第 6 章　态势感知的指标与测量方法

没有测量与监测，如何进行有效的管理？

——格雷格·舒尔茨

本章概要

➢ 为何指标与测量对资源管理如此重要
➢ 在哪里获取以及怎样获取测量数值
➢ 资源管理的费用计算
➢ 确保所需资源的可用性
➢ 建立广泛应用标准的关键原则

本章着眼于介绍在云、虚拟化和数据存储网络环境下如何测量、监视和管理信息资源。对于造就一个可扩展的、灵活可变的、具有成本效益的环境来说，对信息服务传递和来源的态势感知与及时洞察是非常重要的。本章主要讨论的内容包括端到端（E2E）跨域测量、费用计算以及对虚拟云和物理计算机资源性能的评估。

6.1　开始

许多不同的指标与测量方法都适用于虚拟云数据存储网络。指标会显示过去、现在及未来所处的进度，以及是否达到目标。指标还能够反映网络是在提高、保持不变，还是在恶化。指标也可以持续性地用于对某项技术满足服务期望的程度进行评估。指标涉及可用性、可靠性、容量、生产力等方面。习惯上把用于产品选择和采集及测试服务的效率与质量的指标，称为关键性能指标（KPI）。例如，存储效率可通过测量容量利用率或存储性能来获得。除了性能、可用性、容量、能量和费用指标以外，其他指标可划归于服务质量类（QoS）、服务目标类（SLO）、服务协议类（SLA）以及数据保护类。指标也可用于规划、分析、对比采集数据或有竞争的目的定位。

指标反映在不同时间框架下活动和非活动期间 IT 资源的使用情况。IT 资源用于执行工作时为活动，反之为不活动。为了符合 IT 数据中心是信息工厂的思想，指标与测量可类似于非信息工厂。在一般情况下，特别是高度自动化的工厂，涉及的资源和技术都用于创造商品或服务。高效和有效的工厂利用指标来了解他们当前的库存或资源的状况、近期和长期的需求以及他们生产或需求的时间表。指标还可帮助信息工厂了解资源和技术的使用是否有效（产生最少浪费和返工），了解科技的有效成本，了解客户的满意度。换句话说，工厂需要充分利用而避免返工和浪费这样的副产品，否则会导致更高的实际成本。工厂还需要在满足基本需求的条件下及时有效地为客户提供服务，达到或超出 SLO 和 SLA 需求。

云数据存储和虚拟网络指标与测量包括：

➢ 宏观（能源使用效率）和微观（设备或组件级别）。
➢ 性能和生产率，显示所做的活动或工作。
➢ 可用性，显示服务和资源的可靠性及可访问性。
➢ 容量，大量的资源被消耗或占用的空间。
➢ 资源与服务的交付成本。
➢ 能源效率、有效性以及环境健康和安全性。
➢ 服务质量和客户服务满意度。

指标与测量可用于：

➢ 故障诊断和问题修复。
➢ 规划、分析和预测。
➢ 战术和战略决策。
➢ 环境的健康度和状态。
➢ 预算和费用管理。
➢ 与其他环境的比较。
➢ 调整和优化措施。
➢ 管理供应商和服务提供商。
➢ 获取技术支持。
➢ 管理服务交付。
➢ 资源和服务的会计。
➢ 退款和计费。

指标与测量适用于：

➢ 应用程序和信息服务。
➢ 硬件、软件、服务和工具。
➢ 服务器（云计算、虚拟和物理）。
➢ I／O 和网络。
➢ 硬件和软件存储。
➢ 公共基础设施资源管理功能。
➢ 人员和流程。

114

6.2　理解指标与测量

关注活动力和生产力的指标通常包括性能、可用性、资源使用率和效率。指标可以反映已完成的工作，并在给定的响应时间或工作效率下将信息提供给IT服务，并说明IT资源是如何使用的。当然，这台设备可以不在工作中。

数据存储可用于响应读写请求、I/O操作或测量独立活动存储数据量。因此，由于存储类型和层的多样性，不同类型的存储需要在不同的基础上进行比较。例如，用于离线归档和备份数据的磁带可以在空闲或非活跃的基础上，在给定的足迹、数据保护水平和价格的条件下测量每瓦未加工的、可用的或有效的容量。尽管容量是必须关注的指标，但是针对主要数据和次要数据的在线动态存储也需要认真衡量与评估，如块存储。这些评估条件包括每瓦活动量，给定数据保护层级时还有多少容量可用以及为满足服务等级协议的目标而制定的费用点。

当带宽和容量消失时，对每瓦兆字节、十亿字节、太字节或皮字节的使用可能出现混乱。例如，在带宽为每瓦1.5TB的条件下，意味着在给定的工作负载和服务水平上每秒移动1.5TB。另一方面，在带宽为每瓦1.5TB的条件下，意味着在给定足迹和配置条件下存储了1.5TB。注意：当我们更关注太字节或皮字节与每瓦能量的关联时，请不要混淆带宽和数据移动存储空间。

对于服务器来说，有用的指标包括应用程序响应时间、I/O队列、交易数量、处理过的网页或邮件以及其他活动指标，如CPU利用率、内存、I/O或网络接口、任何本地磁盘存储。测量可用性可在以下条件下执行：在计划内或计划外中断时，在不同的时间段，如黄金时间、晚上、周末、不同季节等。

服务器利用率对于寻求使用虚拟化服务器整合的环境是一个普遍的焦点。服务器利用率只提供了部分图景，在性能和可用性方面为服务器运行状况寻找更多的图景是非常重要的。例如，服务器可能只运行在给定的低利用率条件下以满足应用程序服务级别响应时间和性能需求。对于包括交换机、路由器、网桥、网关和其他专业电器的网络，可以考虑多个指标，包括用量或利用率、衡量帧数、包、每秒输入/输出操作（IOPS）的性能、每秒带宽以及延迟、错误或指示网络拥塞和瓶颈的队列。

存储性指标反映IOPS、带宽对不同类型的工作负载延迟方面的性能。可用性指标反映存储准备时间或所占百分比。容量性指标反映存储系统所占百分比。能量性指标可以结合性能、可用性和容量性指标来确定能源效率。

存储系统容量指标也应当反映出原始数据、未配置和已配置等各种本地存储容量性能，包括RAID和文件系统以及可用于比较的已分配LUN和文件系统。存储粒度可用于总可用存储系统（块、文件和对象）的磁盘、

115

磁带或其他媒介上，如一个磁盘架或个人基础设备。另一个维度是足迹存储的解决方案，如面积、机架空间、长、宽、高、深度以及"所需地砖"的数量。

相比于许多不同的资源利用率，重点是要避免尝试用单独或者有限的指标来得出太多结果。例如，比较所有 IT 设备，简单的从一个不活动的、闲置的角度并不能反映在工作时消耗的生产力和能源。同样地，如不考虑低功耗模式在低活动期节能的影响。只关注存储与服务器利用率或每个操作的容量，并不能反映在给定的成本和服务水平条件下每单位能源实现的工作。

6.3　不同读者使用不同指标

在一个产品或技术生命周期的不同时期，不同的读者有不同的兴趣点，如图 6.1 所示。例如，在研发、生产和质量测试过程中，在组件和系统级别上，供应商的工程师会使用、比较或诊断指标，而性能、可用性以及环境、电力、冷却等其他指标则用于销售周期的比较和竞争定位。

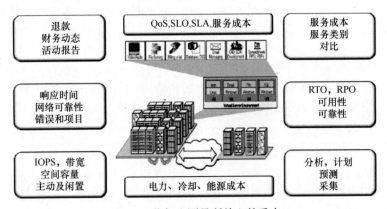

图 6.1　指标和测量所关心的重点

在某种程度上，服务器就是在不停工作，否则就被闲置了。同样，网络设备支持移动用户与服务器之间、服务器与服务器之间以及服务器与存储器之间的局域、城域、广域数据传输。存储设备通过支持活动工作来满足 I/O 操作，如读写请求和数据存储等。

指标与测量的使用取决于场景和需求。例如，与销售和营销部门不同，制造商或软件开发人员会有不同的需求与关注领域。同样，IT 部门也会有不同的需求和关注领域，包括成本、能源使用、服务器类型和数量、存储器容量与可支持事件的数量。对于一个给定的产品或解决方案，指标也会在不同时间段发生变化，包括在开发、制造、品质保证、销售和营销、获取和安装、集成测试和技术支持等阶段。

图 6.2 表明从基础设施到高端商业与应用中心，着眼于不同的重点会有不同的指标。在不同情况下，各种类型的指标与测量都适用，如图 6.2 所示的是信息资源管理（IRM）监测、通知、登陆、报告与相关性分析工具。

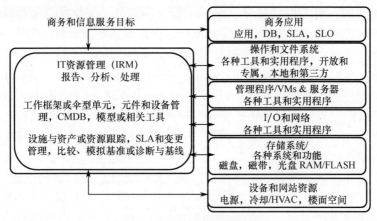

图 6.2　不同目的的不同指标

6.4　关键性能指标

在关键性能指标（KPI）的背景下，性能可参考相关的活动指标，例如何种或什么级别的服务器会有效管理并具有实用性。建立一套测量的基准是很重要的，例如建立正常和异常行为，发现使用或性能模式的趋势，或建立预测和规划的模式。举个例子，通过了解典型的 IOP 利用率、存储设备的吞吐率及常见的错误率、平均队列深度和响应时间，可在发生变化或产生问题时进行快速比较与问题决策。

基准的建立应该基于资源性能、响应时间与能力、空间利用率、可用性或能源消耗。基准也应该由不同的应用程序和工作场景确定。例如，基准的 IRM 功能包括数据库维护、备份、病毒检查和安全扫描。为了知道特定任务通常的运行时长，这些功能可用来检查当前任务是否用时过长或过短，而这两种情况都表明可能出现了问题。又如，过高或过低的 CPU 利用率可能表明某个应用程序或设备的错误导致了过度活动并阻碍了工作的完成。

从预测和规划的角度来看，在计划业务与应用增长时，基准对比可以用于判断或者预测未来资源使用需求。这样的好处是在资源使用和性能容量的计划之内，及时地以最具成本效益的方式在需要的时候调用合适数量和类型的资源。通过结合跨服务器、存储器、网络和设备的容量规划，IT 和数据中心的不同组合以保持彼此对信息的了解，如 PCFE 资源在何时何地需要支持服务器、存储器和网络的增长。

6.4.1 均值、速率和比率

指标可以是时间点样本、基于事件或积累的总值或均值。时间样本可以是瞬时或实时的，也可以是每分、每时、每天、每周、每月或每年基础上的样本。均值、速率和比率可以基于实时或者历史数据计算，而数据的跨度取决于特定目的，因此可能为不同周期或持续时间。时间间隔也要根据不同的关注点考虑，如黄金时间、非高峰时间、晚上、周末或节假日等。均值需要了解时间范围或关注范围。例如，"平均利用率"是在一年365天（一天24h）的范围，还是黄金时间星期一到星期五的范围。虽然均值提供一个快速高标准的视图，但将目标缩小到给定的范围也很重要，因为知道最大值、最小值或偏差能更佳地洞察并避免错误的假设与决策。

如图6.3所示，周期性工作负载与周期性峰值（虚线）共同活动。图6.3显示的是，服务器处理交易、文件、视频或其他活动工作及移动网络数据或响应读写请求的存储系统。结果对响应时间的影响（虚线）与可接受响应时间性能的阈值有关系。阈值是基于经验或行为预期计算出来的，并且超过相应响应时间的工作水平会降低到低于可接受的服务水平。例如，在1月由于假日购物出现峰值，然后下降，并在5月母亲节附近再次上升。

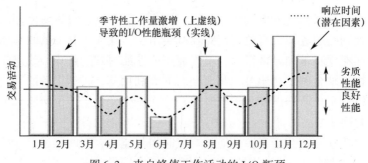

图6.3　来自峰值工作活动的I/O瓶颈

从空间容量的角度来看，阈值也是非常有用的。例如，在响应时间和生产力的影响下，基于服务器的特定应用程序以高达75%的利用率运行。另一个例子，满足活动数据和存储性能需求的存储容量利用率储率是70%，而近端或离线存储具有更高利用率（注意：前面阈值的示例只是特例，而特定阈值会有所不同。可以通过检查应用程序、系统软件以及硬件制造商以了解配置的经验规律）。

速率的重要性在于理解活动的因果关系，如由于损耗、有限可用性或性能瓶颈而产生的不良影响。速率可以适用于许多不同的情况，如交易、IOP、文件、被访问对象、移动数据或访问、备份和恢复时间或地点和设备之间的数据迁移。速率通常与时间、生产力或活动相关，而比率可用于活动、存储空间节

118

约或其他改进测量。对比率和比值的使用的一个例子是对备份和数据足迹的减少。测量在给定时间内能传输多少数据——无论是备份还是恢复——涉及活动速率，而有多少数据可以减少则牵涉到活动的比值。一般情况下，速率和比率都适用，但在给定场景后，其中一个可能比另一个更重要。例如，为了满足备份、恢复和数据保护的时间窗要求，需要更加强调速率。

另一方面，当时间非主要目标，而节约空间才是重点时，如压缩值或删除技术的减少等，比率将更加适用。另一个例子是关于缓存性能的，为了改进服务交付，一个指标是如何有效利用资源的。缓存或资源可以以较高利用率运行，但命中率和随后减少的响应时间是多少呢？只看利用率可得知资源正在使用，但没有迹象表明响应时间或延迟是改善的还是恶化的，是否是正有缓存或由于错误不断刷新的缓存而导致了较低的性能？因此，关注多个指标并理解均值、速率和比率所发挥的作用以及相互的联系与信息服务交付是很重要的。

6.4.2 复合指标

在考虑复合指标的应用时应该视具体使用情况而定。例如，相较于传统的磁盘驱动器，快速固态硬盘（SSD）每物理足迹的 IOP 更高而功耗较低。然而，与常规硬盘存储器相比，SSD 通常存储容量较低，且可能需要不同的数据保护技术。另一方面，尽管在容量方面 SSD 会更昂贵，但 SSD 可能在交易、IOP 和执行活动等方面比常规硬盘成本更低。

指标可以根据单个项目考虑，也可以与其他项一起组成复合指标考虑。单一指标的例子包括拥有或使用的存储容量字节、虚拟机与物理机的总数、给定时间的可用性或测量活动，如在给定时间框架下的 IOP、交易、文件、视频访问或备份操作。这些指标可以直接使用工具或通过一些计算获得，如确定每日、每周、每月、每年的可用性。

由多个指标组成的复合指标可以把指标放入情景中。虽然具有太字节以上的存储容量非常吸引人，但我们还是需要进一步地问：在使用任何 RAID 或数据保护之前，是否格式化了文件系统或卷管理，包括在线的初级、二级、三级、云端的、分配的、免费的或未使用的。复合指标添加了多个指标以使得描述更为清晰完整，这些指标包括性能、活跃性、可用性、数据保护、配置成本、能源设施成本。一种常见的复合指标是对于给定一段时间的每吉字节或太字节存储容量成本。

基于前面的例子，复合指标可能是每瓦能量的存储容量或每给定足迹与数据保护的存储容量。由此可见，对于一个给定（或平均值）的存储容量，能量使用数量与特定的数据保护（可用性、RAID、复制、备份/恢复）程度有关，且这占据了一定数量的空间。复合指标的其他一些例子包括每个活动（IOPS、交易、文件或访问对象、包或移动框架、带宽）的成本、每足迹（空间、机架空间）的成本、每数据保护和可用性的成本、能源（电力和冷却）的消耗。除了成本以外，其他组合包括 IOPS、每瓦能量带宽或者结合三个或三个以上指标，如在给定物理空间和数据保护水平的每瓦能量带宽。其他复合指标可以把服务质量、服务水平目标、服务水平协议以及人或人员配置相结合。例如，人均管理字节数、提供物理或虚拟机所需的时间和给定存储数量。

这些指标是很重要的，因为对一些供应商来说，对于 1GB 的容量每月要支付 0.05 美元，而另一些提供者或其他组织，对于每月 1GB 且含定义的 SLA 和 SLO 需要支付 0.14 美元。0.14 美元包含存储容量 99.999% 为可用容量、1h 或更少的恢复时间目标（RTO）、5min 以下的恢复点目标（RPO）且免费提供新地址副本访问与更新的内容。然而，0.05 美元 1GB 的存储容量只有 99.9% 的 SLA，且不包括额外副本，没有 48h 的 RTO，没有 RPO，且获取报告或检查状态等信息是收费的。如果只基于复合指标和 1GB 的花费来比较，0.14 美元已经物有所值了。换句话说，1GB 0.05 美元比 0.14 美元在实际上对应用程序或信息影响方面的花费更多。

回顾第 3 章讨论的应用程序或信息服务的交付以及如何有效地实现 SLO 和 SLA 的需求。在一个给定的案例下，如在应用程序或信息服务交付场景下，只需要基本存储的方案就是最好的解决方案。然而，这一结论也表明，内部 IT 或信息服务提供者应当建立一种低成本且满足应用程序或消费者所需的交付服务类型。同时，适当的指标知识可以使消费者知道高价服务方案这类上层销售的好处。

6.5　测量 IT 资源和服务交付

并不是所有的存储设备都需要在相同活动或闲置的工作量基础上进行比较的。例如，磁带设备通常存储离线的不活跃数据，并且只有数据被读取或写入时消耗功耗。由于存储容量用于某些活跃的应用程序与长时间不活跃或静止的程序，在分析不同应用程序的存储类型时应该使用不同的指标。依赖性能或数据访问的应用程序需要在活动的基础上作比较，而更侧重于数据的应用程序和数据应该在每容量成本的角度作比较。例如，活跃的或在线的主要数据应该考虑每瓦每脚本开销的活动量，而不活跃或空闲的数据应该考虑每瓦每脚本开销的容量。

在存储空间的考虑上，尤其是空闲数据的存储，包括备份目标和结合数据重复删除的归档方案，在空间容量方面倾向于测量重复数据删除比率。对于给定的数据集，比值可以很好地显示如何减少数据和足迹。数据移动、摄入和处理速率（数据减少的速率）是数据减少比率的必然指标。数据还原率包括压缩率，它显示出在给定窗口或时间下有多少数据可以减少。

另一个指标变量是在给定的足迹下每瓦的存储容量。这对活动和空闲存储都有效。这种类型的指标通常是供应商为了比较不同的存储技术而使用的，与每容量的花费相同（美元/ GB）。然而，这种指标有一个问题：是否把没有RAID、文件系统或卷格式的容量视为原始材料并分配给一个自由或使用中的文件系统。这一指标本身的另一个问题是它并不能反映活动和应用程序的性能，不能支持一定量工作的每容量单位的有效性，如静止在书架上的磁带与正在读写的磁带每单位的瓦特数。另一个值得关注的问题是如何计算存储阵列中空闲的磁盘驱动器。同时，指标应该为离线、在线数据和使用中的数据做出解释。

IRM 指标包括有关性能和服务器、存储、网络硬件软件、设施的容量规划以及电力、冷却成本等指标。这意味着存储空间容量与性能、可用性和相关软件许可证服务器或其他软件和工具有关。其他 IRM 指标包括有关安全、资源访问模式和错误的指标，例如入侵警报或登录失败。除了 SLO、SLA RTO 和RPO 以外，数据保护指标还包括恢复、备份、保存回收以及错误活动的速度。另一个 IRM 指标是用于衡量预分配如同 VM、PM 、网络或存储等资源以满足需求或服务的速度要求。

6.5.1　性能、可用性、容量、能源和经济

信息服务交付贯穿所有应用，包括一定数量的性能、可用性、容量、能源和经济（PACE）。这些信息服务交付于信息技术的基本指标可以分解成更具体的子类。例如，可用性可以细分为高可用性、访问、可靠性、数据保护、业务连续性/灾难恢复、备份/恢复等子类。

6.5.1.1　性能与活动资源用量

与性能相关的或者与活动相关的指标用来衡量在给定时间内能够完成的工作量。这些指标包括 IOPS、框架、包、消息、交易、文件、访问对象、带宽、吞吐量、响应时间或延迟。指标可以为读写操作、大小随机或顺序活动移动、存储、收回或检查信息状态服务。理解指标很重要，因为大量的小型 IOPS 可以产生低吞吐量值，反之亦然。如果有一个速度为 10GB/s 的网络连接，但只看到 3GB/s 的速度，并且有一个服务器支持多种虚拟机，在这种情况下，要确定是否有问题，指标是很重要的。如果这些虚拟机在物理机器上的总工作量涉及许多小的 4KB 的 IOPS，低吞吐量和带宽指标可能不是问题。同时要考虑包括响应时间或重传以及错误的其他指标。

如果相同的 10G/s 网络连接运行在 9GB/s 的速度，且同时观测大型支撑顺序数据移动和大量错误或重新传输，很有可能产生一个与碰撞或底层网络连接质量有关的问题。因此，要从大局来考虑不同的相关指标，这有助于避免在

排查问题时将问题表象认定为根本原因的情况发生。使用网络性能和带宽作为例子的原因是在许多实例中用户担心他们并没有得到额定的带宽或性能。已知速度或速率可能是技术的最大线速度或速率，而不是有效可用速度或速率。就像在上面的例子中一样，原本以为的问题所在其实是正常的。然而，进一步的调查可能会发现其他问题或挑战，这样才有机会对此进行改善。

一般来说，当额外的活动或应用程序（包括交易或文件访问）正在执行时，I/O 瓶颈将导致响应时间的增加。对于大多数如吞吐量这样的性能指标而言，我们都希望得到最高优化值（率）。然而，对于响应时间却是延迟越低越好。图 6.4 表明，随着进行的工作（虚线）越来越多，I/O 瓶颈增加并导致响应时间随之增加（实线）。具体的可接受响应时间阈值根据应用程序和 SLA 需求不同会有所不同。随着越来越多的工作负载被添加到一个有 I/O 问题的系统上，响应时间将相应增加（图 6.4）。瓶颈越严重，响应时间会恶化得越快。消除瓶颈就可以在保持可接受的响应时间服务水平阈值限制内执行更多的工作。

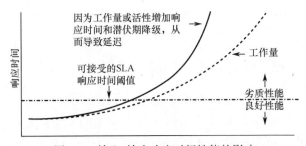

图 6.4　输入/输出响应时间性能的影响

为了弥补糟糕的 I/O 性能和应对由此对用户产生的负面影响，一种常见方法是增加硬件。但是用超配置的方式来支撑峰值工作负载并防止业务收入的损失意味着在非高峰时间也需要管理过剩容量，这就增加了数据中心和管理的成本。由此产生的连锁反应是需要管理更多的存储空间，包括分配存储网络端口、配置、调优和数据备份。存储利用率的可用容量远低于 50% 是很常见的。正确的方法是解决这一问题而不是把瓶颈移动或隐藏到别处，如同把灰尘扫到地毯里一般。

单位能源活度的指标适用正在做有用工作的 IT 数据中心的测量值。可以举一个在日常生活中有关这类度量的常见例子。汽车每加仑行驶的英里数或者是客运公共交通包括航空的每乘客每加仑行驶的英里数。数据中心有用工作活度的例子包括数据读写、正在处理的事务或文件、正在服务的视频或网页及被移到本地或广域网的数据。

每瓦能量的活动量也可认为是使用单位能源的工作量，这与每工作单元消耗的能量是相反的。每瓦能量的活动量可用来测量服务器与存储设备、用户工

122

作站与应用程序服务器之间瞬态或流通型网络与 I/O 的活动。使用每能源工作的常见例子有每瓦兆赫、IOPS、交易、每瓦带宽或视频流、每瓦存储容量或者每加仑英里数。所有都显示了已做的工作量以及能源用来完成该项工作的有效性。这一指标适用于活跃的工作负载或频繁访问的存储数据。

每瓦带宽不应与如每存储空间的太字节容量这类的每瓦容量指标相混淆。这个指标指的是每秒使用能源移动的数据量。每瓦带宽也适用于瞬态和流通型网络流量。它也可用于测量存储设备或服务器读写的数据量。例如，网络（LAN、SAN、MAN 或 WAN）的每秒单位能源的兆字节流量，对于宽带或大型 I/O 密集型存储器服务或存储时读写的每秒每瓦能量的字节数。每瓦的 IOPS 代表在一个给定的时间框架下，对于给定的配置和响应时间或延迟水平，每单位能量 I/O 操作的数量（读或写、随机或顺序、小型或大型）。

6.5.1.2　可用性、可访问性和可靠性

可用性包括单个组件正常运行的时间以及将信息服务交付给消费者所需一切的累积可用性。可靠性和可访问性也是可用性的组成部分，包括数据保护活动。性能等于可用性，同理，可用性等于性能也适用。它们相互交织却很少被讨论到。没有可用性就不能拥有好的性能，没有足够的性能满足服务质量或其他时间敏感需求就不存在可用性。

在目前的经济条件和压力下，为了用较少的或已拥有的资源做更多的工作，IT 数据中心基础设施和存储优化便成为了热门话题。为更高效的资源使用和更有效的服务交付，就要继续寻求更优化的包括存储器在内的 IT 基础设施，因此需要开始关注空间产能利用率。然而，提升效率和生产率的其他方法是识别、隔离和解决数据中心基础设施瓶颈。

一个关于性能和可用性相关性的简单例子是 RAID（Redundant Array of In-expensive/Independent Disks）。例如，各种 RAID 级别允许不同性能、可用性的容量与特定需求保持一致。其他性能和可用性方面的影响包括错误的适配器、控制器或其他组件，如用在 RAID 设备空闲区域自动进行驱动重建。后台任务包括一般擦除或数据一致性检查、快照、复制、延期或数据重复删除的后处理、病毒和其他任务。这些也可以视为对性能或可用性的影响。

可用性和性能的问题并不仅限于存储系统，它们也适用于服务器和 I/O 网络或包括交换机和路由器在内的数据路径。需要注意的是，I/O 适配器的备用路径控制配置以及错误数值。在交换机或路由器中，要监控错误数和重试数以及它们与正常基线性能文件相比较的性能。在单个组件的基础上，可用性作为所有组件或两者的组合是可测量的、可报告的。表 6.1 列出了不同的与可用性和可靠性相关的指标及术语。一个关于可用性平衡的观点是从全局去关注端到端或全部可用性。这个观点被用户采纳，并被存储网络及其应用所支持。

表6.1　可用性与可靠性相关术语

缩略语	描述
可入性	确定依旧存在的数据或服务是否可以进入
AFR	年错误率，一年估算或衡量一次
可行性	系统能够或准备运行所需的时间
停工期	考虑不可用的应用、服务、部件或站点
MTBF	平均故障时间，根据依赖性进行估算或衡量
MTTM	平均移动数据时间
MTTR	将失败数据修复或替换回服务的平均时间
MTTR	平均存储时间
中断	系统或子系统不可用或无法工作
重建	在线/不在线地重建磁盘或存储系统的时间
依赖性	系统在期望值下正常运行
RPO	可存储数据的还原点
RTO	恢复数据可以重新使用的还原时间
计划停工期	为维护、替换和升级而计划的停工
非计划停工期	为紧急维护和替换而实施的停工

年错误率（AFR）与平均故障间隔时间（MTBF）和设备年运行小时数有关系。AFR可以考虑不同的样本大小和设备使用时间。例如，一个样本空间为1000000的磁盘驱动器，一天运行24h（每年8760个h），错误1000次，那么年错误率为8.76%。如果另一组同样大小的样本和相同失败数量的设备每周运行5天，每天10h，那么一年52周共运行2600h，其误判率为2.6%。可以用年总使用时间除以AFR来计算MTBF。如上例所示，MTBF = 2600/2.6 = 1000。当考虑到有效性比较或者其他目的时，AFR对于查看时间段内不同大小的样本、工作状态及有效时间方面是很有用的。

6.5.1.3　容量和存储空间

容量指的是有足够的性能及可用性。它有时也许与云存储空间、虚拟或物理环境有关。存储容量是用于各种目的的空间，如主要的一级或二级活跃度的在线活动，三级活跃度的基本在线活动或包括由云端提供的在本地或远程的不活跃或空闲的数据存储空间。图6.5显示了存储容量是如何在不同点测量出不同结果的。例如，图6.5的左下角显示了作为存储系统一部分的16500 GB的磁盘驱动器。在第2章提到过，500 GB磁盘驱动器有500107862016B的原始容量。

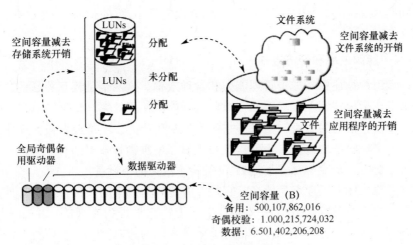

空间容量减去存储系统开销

LUNs 分配

LUNs 未分配

分配

全局奇偶备用驱动器

数据驱动器

文件系统

空间容量减去文件系统的开销

文件

空间容量减去应用程序的开销

空间容量（B）
备用：500,107,862,016
奇偶校验：1,000,215,724,032
数据：6,501,402,206,208

图 6.5　存储空间容量指标

假设有一个 13 + 2 RAID 6 或任何可以代替 RAID - DP 的 NetApp，两个磁盘驱动器的有效容量中有 1000215724032B 用于奇偶校验信息，剩余的 6501402206208 B 为可用数据。注意，图 6.5 显示了两个同等的磁盘驱动器，根据实际的 RAID 级别和实现方式，这两个磁盘驱动器是分布在实际磁盘驱动器中的。根据实际的存储系统和 RAID 的实现方式，可用存储容量为 6501402206208B 或更少。

在图 6.5 中，存储容量被分配到三个 LUN，然后被分配到物理或虚拟服务器上不同的文件系统或操作系统。只是对于格式化文件系统或操作系统来说，可用容量会相应减少，包括快照在内的数据保护空间也会减少。在图 6.5 中，这三个 LUN 中的两个被分配，而第三个是不活跃的并且在等待被分配。另一个与存储空间相关的指标是有多少是空闲的或是被文件或者目标使用的。稀疏存储是指分配的空间只有部分被使用，如 100GB 的数据库表，只有 20GB 包含数据。从存储容量的角度来看，即使数据库表中有 80GB 的空闲空间，100GB 的总存储空间也应该被分配使用。稀疏空间也存在于其他文件或文件系统中，有时也称为白色或空格。

当存在稀疏或空白空间时，了解稀疏空间在物理的、虚拟的或云端的存储容量，对在分配和使用时应算作总空间消耗还是实际使用量有很重要的影响。如果用户买了 100GB 的存储空间，但只存储了 20GB 的数据，也要对未使用的 80GB 付费。数据减少足迹（DFR）技术包括自动精简、空间节省快照、压缩和重复数据删除等。这些可以帮助减少费用或降低包括稀疏存储数据的影响。

适用的指标包括：存储容量（原始的或格式化的）；已分配的和未分配的；本地的、远程或云端的；快速的线上的一级存储、中速的近似线的二级存储或慢速低成本的，存储不活跃的，闲置的或休眠数据的高容量三级存储。了

125

解不同类型的存储器和容量是为了避免没有可比性的比较，如成本、SLO 和 SLA。

6.5.1.4 能源效率和经济效益

许多组织往往更专注于管理能力和管理效率。这两个是相互关联的，但其某些重点或指标并无关联。例如，绿色电网能源使用效率（PUE）测量是一个宏观的以设施措施为中心的度量，它并不反映生产力、质量或者被数据中心或信息工厂交付服务的数量。相反，PUE 提供了一种衡量效率的有效方法——确定建筑、配电、制冷中哪一个是 IT 设备能源消耗的主设备。

对能源指标的兴趣点是什么？它是否避免成为效率的一种，或者在使用相同或更少的资源时既提升效率又提升生产力？它是否为宏观的？例如用 PUE 将设施与其他设备进行比较，或是为了满足客户的 SLO 和 SLA，用符合成本效益的方式可完成多少工作？是否对生产力有兴趣？例如大量的工作或活动是否可以在给定的时间内完成，或者在一个给定的足迹（电力、冷却、建筑面积、预算和管理）里可以存储多少信息？

绿色电网开发了 PUE 与其他 IT 设施的宏观指标。PUE 指标将被数据中心消耗的总能源数与被数据中心的 IT 设施所消耗的总能源数相比较，即 PUE 等于数据中心设施总能耗与 IT 设备功耗之比。当 PUE 低于 2 时为非常有效，大于 3 时表明有比 IT 传动装置耗能更严重的问题。另一个绿色电网指标是数据中心基础设施效率（DCiE）。DCiE 是 PUE 的倒数，即 1 / PUE。DCiE = IT 设备能源消耗/总数据中心设备能源消耗×100%。

绿色电网定义 PUE 要大于或等于 1.0，DCiE 要大于或等于 100%。IT 设备能耗包括用于服务器、存储系统、网络设备、显示器、工作站、打印机、复印机等相关技术的能源。数据中心设备总能耗是进入一个设施的能源，它要支持配电单元（PDU）、不间断电源（UPS）、发电机、备用电池、冷却、照明等 IT 设备。

例如，假设数据中心设施消耗 3kW 的能量，IT 设备消耗 2kW，那么 PUE 为 1.5，DCiE 为 66.667%。1.5 是较好的 PUE 值，这意味着能源需求是数据中心 IT 设备的 1.5 倍。另一方面，数据中心消耗 5kW 的能源，IT 设备消耗 1.5kW，那么 PUE 为 3.0，或者 DCiE 为 30%。这种情况下的效率并不高。

以作为数据中心的 EPA 能源之星为例，最初它是为了解决设备栖息地或设施效率问题的，解决方案是参照生产率或有用工作，测量并管理能源使用和设备效率。EPA 能源之星最初是能源使用效率（EUE），用来为数据中心设施评级。注意是"能源"而不是"电力"，因为这是基于绿色电网 PUE 评级的数据中心宏观指标，它为所有数据中心的能源评级，不仅是电力能源。这意味着宏观和整体设施能耗可以为电力、柴油、丙烷、天然气或其他燃料来源，以满足 IT 设备、供暖制冷系统等需求的能源。使用指标可以将所有能源考虑在内，一个使用太阳能辐射的节能型热水泵或使用其他技术来减少能源需求的设施将会达到更好的评级。

EUE 和 PUE 不能显示在服务器、存储器和网络中有多少数据在被处理、移动或存储。另一个极端是衡量个体装置能源使用情况的微观或者组件指标，其中一些微观指标可能会与活动的生产力测量指标相关，而有些却没有。这为填补宏观和微观指标之间的跨度留下很大的空间。

包括 SNIA GSI、SPC、SPEC 在内的工业组织以及 EPA 能源之星等正在致力于将超越宏观的 PUE 指标移动到更细化的有效性和效率指标上以反映生产力。最终，最重要的是要衡量生产力，包括投资回报和在给定能源消耗或成本条件下可被服务器处理的数据量、在网络间移动的数据量以及存储在设备中数据量的商业价值。

在给定足迹下，要注意那些关注服务器、存储器和网络服务的生产力及活动量的新指标，这些指标从每瓦兆赫或吉赫到每交易、IOPS、带宽、帧或每瓦处理的包或每瓦存储容量。每瓦吉字节或太字节是个令人迷惑的指标，因为它们可以代表存储容量和带宽，因此了解指标的内容是很重要的。同样，某些与非活动项在一起的活动项的能源用量所使用的指标也值得注意，这些非活动项包括闲置或休眠的存储器，与档案、备份或固定内容数据类似。

这意味着继续发展与可用性和相关性有关的指标及测量方法，不仅为了宏观能源使用，也为了测量提供 IT 服务的有效性。推动效率和优化的商业价值主张包括提高生产力，在给定足迹下存储更多的信息以支持密度和业务的可持续性。记住，当与分层存储比较时，要正确地保持闲置或活跃的操作模式。

6.6 去哪里获得指标

可以从许多不同的来源中获得指标和测量数据，包括内部开发工具、操作系统或应用设施、外部探测器、分析仪、内置报告设施以及附加的第三方数据收集和报告工具。信息来源包括事件、活动、事务日志、操作系统和基于应用程序的工具。服务器、存储器和网络解决方案供应商也会提供不同程度的数据收集和报告能力。

性能测试和基准测试有不同的含义及不同的关注焦点。有的用于测试兼容性和组件互操作性，有的用于测试各个组件的性能以及测试组合式的解决方案。测试必须非常严格和完善，同时超越现实情况，或者也可以用相对简单的测试来验证数据移动和完整性。环境测试的最好方法取决于需求和要求。最好的测试方法可充分反映环境和应用程序的工作负载，并且可很容易地进行复制。

通过测量可以得到一些指标，而另一些指标则来源于已测量的指标或者是用不同指标组合生成。例如，一个存储系统要在读/写的基础上报告 I/O 操作数以及读写的数据量。将带宽除以 I/O 操作数以得到平均 I/O 大小，这样可以得出派生指标。同样，如果已知 I/O 操作数和平均 I/O 大小，将 I/O 速率乘以 I/O 大小就可以确定带宽。不同的解决方案将按不同细节等级决定各种指标。第三方测量和报告工具在报告的细节上有所不同，这取决于数据源和收集功能。

指标可能瞬间陡增，达到峰值或在一段时间内保持不变，需要获得最大值、最小值、平均值、标准偏差与累积总数。根据不同的时间间隔，如小时、工作转变、日、周、月或年等，可以记录和报告这些指标。

可获得或计算的其他指标包括那些与再回收、排放、空气流动、温度相关的指标。不同的指标从属于不同的服务器 CPU、内存、I/O、网络利用率以及本地或内部存储容量的使用和性能。复合指标来源于多个指标的组合或计算。例如，当包含或计算例如 IOPS 和瓦特这样的基础指标时，可以确定每瓦 IOPS，来代表每消耗活动的指标计算。

应用程序指标包括交易、邮件、文件、照片、视频或者其他文件处理。数据保护指标包括在给定时间内传输的数据量、成功数或失败备份数或数据保护任务数、不同工作或任务的用时以及其他错误和活动信息。配置管理信息指标包括不同类型的服务器、存储器和网络组件的数量以及软件和固件是如何配置的。

指标可以显示使用率，如测量服务器 CPU 使用率从 0 ~100%。而利用率将资源的活动水平、利用率结合起来，它本身并不指明 PCEE 的影响以及服务器是如何被交付的。服务器、存储器和网络的性能通常会随着工作的增加而降低，所以最重要的是要看响应时间、延迟以及 IOPS 或带宽、利用率和空间使用量。

需要为存储器和能源效率开发新的待发展的指标，包括已完成的 EPA 能源之星、SNIA 存储管理计划规范（SMIS）、SNIA 绿色存储倡议（GSI）、SNIA 云存储项目和它们的云数据管理接口（CDMI）、SPEC、SPC 和其他工业贸易组织。例如基于监视工具的应用程序和操作系统，包括 FC – GS4、dd、df、Iometer、iostat、nfstat、Perfmon、sar、SMF、RMF、timex、SMIS、SNMP MIBS、Vmark 和 vmstat 等来自其他的供应商或服务提供商的。

6.7 记账和退款

云需要退款吗？这取决于在和谁会话以及会话内容是否为云端，所以往往需要看具体情况。如果从云服务器的角度来看，这是一个订阅服务，涉及货币支付、相关形式的退款审计和潜在计量功能的计费。

退款和核算常常混合使用。对于这种不需要开账单但实际需要开发票和支付的云服务，需要利用率、活动报告及核算功能。如果偏好以后者作为退款方式，那么收费是必要的。另一方面，如果需要跟踪资源的使用量、服务交付和客户对 SLO 和 SLA 的满意度，那么需要的是核算、指标和测量报告管理。无论发票或账单是否作为退款、预算计划或客户信息的一部分而生成，都需要相关指标来为端到端管理和态势感知而服务。

重要的是在云端、虚拟或实体环境中，可以跟踪用途，并向客户提供资源与服务费用的预警和报告，无论有没有正式的退款。保持客户知晓相关信息可以帮助他们确定这个级别的服务是否为他们所需要的，或者了解他们真正需要什么。通过生成增强服务、SLO、SLA 价值的意识，服务的消费者可能意识到最便宜的服务并不是最有效的。因此，最重要的是要了解提供给定水平服务的成本以确定与其他产品相比是否有竞争力，包括原材料清单（BOM）、技术资源的工具以及人员和流程。

此外，可能会出现外部资源或服务可以为自身服务交付提供补充的情况。然而，如果不知道花费情况，对于卖家来说，客户就处于劣势的地位，替代服务有可能成本更高。因此，对于非订阅用户、付费服务用户或在现有环境下不做退款处理的用户，如果到正式退款、开票和账单时，重要的仍然是有一个已经计量过的环境和指标来跟踪服务、质量、资源和成本。

6.8　基准测试和仿真比较

最好的基准是自己的应用程序或类似的与工作量水平相关的东西。然而，有时候仅凭借自身能力是不可行的，哪怕是使用一些测试服务或供应商资源。有许多不同的工作负载仿真可以用来比较不同的资源（如硬件、软件和网络）是如何支持给定类型或级别已交付服务的。基准或工作负载模拟工具包括 Net-perf、Netbench、Filebench、Iometer、SPECnfs、DVD 商店、JEDEC SSD、vMark、TPC、SPC、微软 ESRP、甲骨文和 Swingbench。

SPC 是基准的集合，也是块存储器工作负载模拟器，用来测试事务或 IOPs、带宽及吞吐量，其可以为系统级别或单个组件。SPC 在供应商间仍是很受欢迎的，它可以提供标准报告信息，包括为所给配置定价，定合适的折扣、活动量，包括延迟数据和数据保护配置的带宽，但是 SPC 并不适用于所有情况。例如，如果要测试或者比较 Microsoft Exchange 或类似工作负载，然后要查看类似 Microsoft Exchange 解决方案评估程序（ESRP）的模拟，或者 NFS 和文件服务，则 NFS 的 SPEC 可能更为适用。如果需要测试事务数据库，TPC 测试可能会更合适。

当运行如 SPC 之类的标准化负载仿真时，会存在利用关于每 IOP 成本或其他策略不合理对比的结果而进行分析的可能性。例如，一些供应商可以用高折扣的价格以显示更好的单位成本 IOP。然而，若处理过程规范化，结果可能完全不同。但是，对于那些深入研究 SPC 结果并关注配置的人，报告中同时会包含负载下的延迟。

如果没有花时间仔细观察结果，并对实际情况做适当的比较，那么有误导基准或仿真问题的地方只能单纯地听取供应商的意见。成果属于那些真正感兴趣挖掘并筛选材料的人。

首先，要关注所有信息以确保它是否适用或与所处的环境相关。特别要注意的是，如果性能和响应时间是重要因素，那么延迟通常不会出错，所以以用这个作为指标而不是每秒带宽或每秒活动量，可以更好地得出解决方案。如果关注的是带宽和吞吐量，由于它们可能不相关，因此会超过 IOPS 或事务活动率。

需要指出的是，一般来说，延迟不会错。例如，如果供应商 A 的缓存、控制器数量和磁盘驱动器的数量都加倍，而与此相比，基准供应商 B 的 IOPS 的价值更高，那么就需要看延迟的指标。

供应商 B 可能明码标价而供应商 A 则大打折。然而，为了规范定价和公正，应该看供应商 A 有多少设备需要打折，抵消硬件的增加，然后再看延迟。

相对于供应商 A，延迟结果实际上更利于供应商 B。在利用磁盘、缓存、接口端口等数量方面，除了要显示控制器的工作以外，他们更爱谈论的是 SSD（RAM 或 FLASH），因为 SSD 通常与延迟有关。为了充分有效地利用 SSD 这一低延迟设备，就需要一种善于处理 IOPS 的控制器。同时还需要一个在重负载情况下以低延迟处理 IOPS 的控制器。

记住，最好的基准是在正常、不正常或峰值情况与期望值均相似的运行负载的应用。如果缺乏完整的仿真或运行应用程序的能力，与应用或服务相似的工作负载仿真可以作为指示。可以配置 IOmeter 等工具去运行工作负载子集。只有完全理解应用程序的特征，才可以去使用这些工具。例如，如果部分应用程序完成很多小的读取任务，另一部分则在日志中写入扩展记录，此时是一边在做大量的顺序读取，一边为了维护其他目的在做大量的顺序写入，这时模拟测试也应适应这一点。简单地运行一个使用 IOmeter 或其他工具的基准去完成大量的 512 字节（1/2K）的 I/O，可以看出高 IOPS 率并不完全适用，除非这是所有应用程序要求的。

不能夸大了解应用程序服务特征对规划、分析、比较或其他目的的重要性。使用合适的指标关系到应用程序是否以尽可能在接近真实使用情况的方法下被仿真。

6.9 常见的与指标相关的问题

最好的指标是什么？这个答案取决于个人的需求。下面是一些常见的问题。这些问题适用于云和虚拟数据网络环境。如果在给定环境下能回答出这些问题，那么便可以使用原来的测量和管理方法。但是如果还存在困难或者需要花时间或者咨询其他人，那么下面提供了一些线索，而自身则需要努力提高指标标准。

➢ 服务器、存储器、交换机是否都能够支持新的功能？
➢ 软件许可证是否可以在备用或二级网站上使用？
➢ 有多少软件许可证单元可供使用？
➢ 设备每足迹每容量的花费是什么？
➢ 需要多长时间备份以及恢复数据？
➢ 执行备份和恢复操作的成本是什么？
➢ IOP、交易或消息的成本是什么？
➢ 什么是安装容量前的数据保护？
➢ 硬件技术为什么会被替换或升级？
➢ 应用程序的正常基线性能是什么？
➢ 当前有效的网络带宽是多少？
➢ 网络出错率与 SLA 和 SLO 表示的利率是什么？
➢ 高级网络流量用户是哪些？
➢ 提供一个给定水平服务的成本是什么？
➢ 知道成本比第三方多或少吗？
➢ 知道数据是可压缩的或不可压缩的？
➢ 当前数据保留备份/恢复的档案是什么？
➢ 容量计划是否覆盖性能、网络或软件？
➢ 当前使用存储量为多少，以及使用者是谁？
➢ 哪些存储器分配给哪些服务器和应用程序？
➢ 性能或应用程序的瓶颈在哪里？
➢ 被动任务与主动任务耗时为多少？

6.10 本章总结

云端的、虚拟的和物理的数据中心需要物理资源以绿色环保的方式有效运转。最关键的是要理解资源性能、可用性、容量以及交付各种 IT 服务的能源使用价值。理解不同资源之间的关系并了解它们是如何使用的，对于衡量生产力以及数据中心效率十分有用。例如，虽然每太字节的成本看起来似乎相对便宜，但由于有活动数据，I/O 响应时间性能的费用也需要考虑。

对于一个有弹性的存储网络来说，拥有足够多的资源以支持业务和应用程序的需要是极其重要的。没有足够的存储量和存储网络资源，可用性和性能会受到负面影响。不佳的指标和信息会导致糟糕的决策与管理。建立可用性、性能、响应时间和其他目标来判断及衡量各终端间、端到端存储和存储网络基础设施的性能。考虑实际些，因为它很容易被细节包围而忽视大局和目标。

一般操作项包括：

- 建立基线性能指标。
- 比较正常基线性能与问题时间。
- 保持正确的可用性。
- 对等地比较资源而非不对等地比较。
- 了解多个指标以全局方式了解资源的使用。
- 不仅要了解每吉字节成本，还要考虑到对 SLO 和 SLA 的影响。
- 速率对性能很重要，比率对节约空间很有用。
- 指标与测量可以从各种来源中获得。
- 在业务和应用程序中使用指标和链接来确定效率。
- 最重要的指标是与那些正在做的事情相关的。

许多供应商为收集、处理和报告指标提供解决方案，他们包括 Akorri（NetApp）、Aptare、BMC、Bocada、Brocade、CA、Citrix、Cisco、Commvault、Crossroads、Dell、Egenera、EMC、Emerson/Aperture、Emulex、Ethereal、Horizon、Hitachi、HP、HyperIO、IBM、Intel、Intellimagic、Jam、Lecroy、LSI、Microsoft、NetApp、Netscout,、Network Instruments、nLyte、Novell、Onpath、Opalis、Oracle、P3（KillAWatt）、Qlogic、Quantum、Quest、Racemi、SANpulse、SAS、Scalent、Seagate、Solarwinds、Storage Fusion、Sun、Symantec、Teamquest、Tek – Tools、Treesize Pro、Veeam、Viridity、Virtual instruments、Vizoncore、VKernal、VMware。

第 7 章 数据足迹减小：能够实现成本效益的数据需求增长

创新就是在不降低服务水平或不增加成本的同时支持经济增长，用已有的或很少的资源实现更多的价值。

——格雷格·舒尔茨

本章概要
- ➤ 不断扩大的数据足迹带来的问题和挑战
- ➤ 减小数据足迹对业务和 IT 的好处
- ➤ 数据足迹减小的扩张作用和重点

本章将关注与不断扩大的数据足迹有关联的业务问题、挑战和机遇。本章主要讨论的内容包括有效和无效的数据、存档、压缩、数据足迹减小（DFR）、数据管理、重复数据删除、用已有的或很少的资源做更多的初级和二级存储、独立冗余磁盘阵列（RAID）和容量的优化、速率和比率、节省空间的快照、存储优化和效率以及存储分层、支持增长的同时伴随着扩大的 IT 预算、在一个较小的足迹中保持业务和经济增长以及紧缩的准备金。

虽然本章和相关章节（第 8 章）可以很容易地组成整本书，由于篇幅所限，需要整合一些信息。因此，本章将集中优化，用已有的或很少的资源做更多事——一个关于存储及网络虚拟化和云或其他抽象环境的常见主题，使更多的数据以成本效益的方式保留，同时不影响服务质量或不增加相关基础设施资源管理（IRM）的复杂性。

7.1 概述

如果不是在不同的位置上更久地处理和存储更多的数据变得越来越迫切，人们就不会这么需要数据存储、网络化、信息云或虚拟化。同样，如果不是因为对于随时随地可访问信息有一个随时在增长的依赖，包括脱机状态或数字格式无效的数据，人们就不会有对业务连续性（BC）、灾难恢复（DR）及备份/恢复以及存档的需求。

然而，正如在前面章节中讨论过的，不存在数据衰退和对信息依赖的持续增长。应对数据增长、相关基础设施 IRM 任务及其他数据保护成本，与防止数据被存储一样简单。为了应对数据增长，采用积极的数据删除策略对极少数的环境是可行的。然而，对于大多数环境而言，尽管数据管理应该是解决方案的一部分，但是用设置障碍来抑制业务和经济的增长并非解决问题的方法，这部分内容将在本章的后面进行讨论。

数据足迹减小是在一个更密集的足迹中储存更多的数据，包括当额外保存的数据用于增加一个组织的价值时，人均管理可以存储更多的数据。同时包括让更多的数据容易被访问——不一定立即被访问，但是在几分钟内，而不是几小时或几天内被访问，这样可以获得更多数据以增加组织的价值。

DFR 的另一个重点是通过每吉字节、每太字节等存储数据派生更多价值，使 IT 资源被更有效地利用。这还意味着减轻或删除阻碍增长的限制，或至少使其晚些成为障碍。IT 资源包括使用者及其技能的集合、进程、硬件（服务器、存储、网络）、软件和管理工具、许可证、设备、电源和冷却、备份或数据保护窗口，以及包含网络带宽及可用预算的源于供应商的服务器。

处理扩大的数据足迹和 DFR 包括以下方面：

➢ 网络更快、更易被访问，但同时需要移动更多的数据。

➢ 在相同或更小的足迹中，更多的数据可以存储更长的时间。

➢ 有些 DFR 可以在减少成本的同时进一步增加预算。

➢ DFR 可以减少支持更多信息的成本，同时又不影响服务质量目标。

➢ DFR 允许更广泛、更有效地使用现有资源。

➢ DFR 可以用来控制数据而不是简单地移动或屏蔽将会弹出的问题。

➢ 除非采取优化和 DFR 技术，否则数据不可能及时、节约地移动到云端。

➢ 台式机、服务器和虚拟化创建数据足迹的机会。

➢ 不使用 DFR，整合和聚集数据会导致恶化。

➢ 增强备份/恢复、业务连续性（BC）和迁移到云端。

➢ 更多的数据可以在更短时间内移动，使业务弹性化。

➢ 如果用户将去旅行，会随身携带什么东西？如何既有效率又有效果地打包带走所需要的东西？

各种规模组织的产生依赖于大量易获取的数据。对数据的高度依赖性导致不断扩大的数据足迹。也就是说，更多的数据正在用更长的时间来生成、复制并存储。因此，为了保证数据受保护且在需要时被安全访问，IT 组织必须能够管理更多的基础设施资源，如服务器、软件工具、网络及存储。

不仅是生成和存储更多的数据会造成数据足迹的扩大，其他因素也会造成数据足迹的扩大，包括为了确保信息可用性所需的存储空间容量和支持常见 IRM 任务的数据保护。例如：通过不同的 RAID 级别来维护数据的可访问性会消耗额外的存储容量；高可靠性（HA）和业务连续性（BC）是为了支持网站和系统失效的转移；备份/恢复、快照和复制；数据库或文件系统维护；划痕或临时进出口区域；开发、测试和质量保证；决策支持和其他形式的分析。

究竟将实际存储空间容量利用率还是平均存储空间容量利用率用于评估开放系统仍有争议，利用率范围从最低15%~34%提高到了65%~85%。不奇怪的是，最低利用率的数字往往来自那些对提高存储资源管理（SRM）和系统资源分析（SRA）工具、紧缩准备金或虚拟化聚集的解决方案感兴趣的供应商。

在前期研究以及与来自全球不同规模组织的IT界专业人士的对话和工作中，可以发现低存储利用率往往是多种因素共同作用的结果，包括为了确保性能，为了分离特定的应用程序、数据、客户或用户，为了减轻单个离散存储系统的管理或出于财务和预算目的等各种原因，不得不限制对存储容量的使用。

在整合存储时要记住一点，对于分配和使用存储器的位置及方式（有效或闲置、更新或只读）要有洞察力，这是为了确定关于何时何地移动数据的时间长度的设置策略。另一个关于整合存储的重要方面是利用更新、更快、更节能的存储技术以及使用更快的处理器、输入/输出总线、增加的内存、更快的硬盘驱动器、更高效的电源和冷却风扇来升级存储系统。

仅从空间容量消耗的角度来看存储利用率，特别是对有效和在线的数据，会导致性能瓶颈和无法提供服务。一个平衡数据和存储利用率的方法应包括有关应用程序的使用及访问需求的类型、性能、可用性、容量和能量。当SRM和其他存储管理供应商跟笔者讨论他们可以从存储中节省并收回多少预算时，笔者问了他们有关性能、活动监测和报告功能如何，得到的大部分回答是，他们的客户不需要或不要求这些，或者在未来的版本解决这些问题。

7.1.1　是什么推动了数据足迹的扩大

数据或信息永远不会衰退。当然，更多的数据可以存储在相同的或比过去更小的物理空间中，因此每吉字节、太字节、皮字节或艾字节在供电和冷却时需要消耗更少的能量。维持业务活动必需的数据增长率，可以提高IT服务质量，并使得对新的应用程序可以长时间移动、保护、保存、存储和提供数据的需求不断增加。

富媒体和基于互联网应用程序的普及导致了非结构化文件数据爆炸性的增长，因此需要新的、更具扩展性的存储解决方案。非结构化数据包括电子表格、PowerPoint演示、幻灯片、Adobe PDF、Word文档、网页，以及视频、音频的JPEG、MP3、MP4文件。

各种规模的组织在短时间内似乎没有放缓增加数据存储需求的趋势。

7.1.2　改变数据访问和生命周期

许多营销策略是建立在这样的前提下：如果会再被访问到，那么数据在创建之后的短时期内是不活跃的。传统的事务处理模型可视为众所周知的信息生命周期管理（ILM），其中，数据能够而且应该存档或转移到成本更低、性能更差和密度更高的存储中，甚至可以随时被删除。图7.1是关于传统的事务性数据生命周期的例子，数据从创建到走向休眠状态。休眠数据的数量会随着不同类型、规模的组织及应用程序的组合而变化。

然而，与在事务性数据生命周期模型中数据可以在一段时间后被删除不同，Web 2.0、社交媒体、非结构化的数字视频和音频、大数据、参考、图片存档、通信系统（PACS）及相关的数据需要保持在线状态且容易访问。图7.1表明数据创建后，以变化的频率断断续续访问。不活动期间的频率可以是几小时、几天、几周，甚至几个月；在某些情况下，活动周期的持续时间很长。

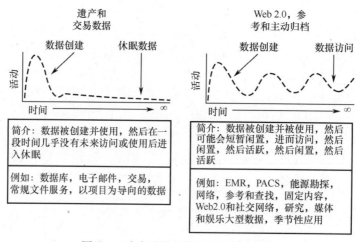

图 7.1　改变访问和数据生命周期模式

7.1.3　数据足迹的影响是什么？

数据足迹的影响是所有数据存储需要支持各种业务应用程序和信息的需求。数据足迹可能会大于实际的数据存储空间，如图7.2所示。这个例子是一个组织有20 TB的存储空间，这些存储空间被分配和用于数据库、电子邮件、主目录、共享文件、工程文件、财务和以不同形式（结构化和非结构化）变化的访问模式存在的其他数据。

数据足迹越大，需要的数据存储容量和性能带宽越大。数据被管理、保护和封装（供电、冷却和位于机架或机柜的某一层）的方式也增加了对容量和相

136

关软件许可证的需求。例如，在图7.2中，为了存储实际数据及用于数据保护使用的RAID、复制、快照和包括磁盘到磁盘（D2D）备份的备用副本，需要足够的存储容量。此外，应用虚拟化或抽象化也可能会带来存储容量的开销，这是为了从存储系统中获得额外的特性功能，以及为快照或其他后台任务预留空间。

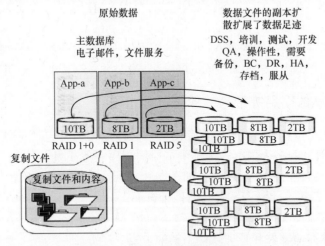

图7.2　扩大数据足迹的影响

　　另一方面，即使物理存储容量分配给应用程序或文件系统使用，实际容量也不可能被充分利用。例如，一个数据库可能显示使用了分配存储容量的90％，但在内部仍有零散的数据（空格或空行或空白）用于增长或其他目的。结果是，存储容量保持并预留给了其他应用程序。

　　还有一个例子，假设有2TB的Oracle数据库实例和相关的数据、1TB的支持微软协同办公平台的Microsoft SQL数据、2TB的微软交换电子邮件数据以及4TB基于Windows文件共享的NFS和CIFS，一共9TB（2＋1＋2＋4）的数据。但是，实际数据足迹可能会更大。9TB仅仅代表了已知数据，或存储是如何分配给不同的应用程序和功能。若数据库只有零散的50％的数据，假如数据库占据了2TB的存储容量，但实际上只有1TB的Oracle数据存在。

　　现在，假设在上面的例子中提到的关于实际数据的容量大小相当准确，这是根据在完整备份中正在备份数据的多少得到的，数据足迹应包括用于实现特定数据保护和可用性服务要求的9 TB的数据以及在线（初级）、近线（二级）和离线（三级）配置的存储数据。

　　例如，假如正在使用RAID 1镜像，用于实现数据的可用性和可访问性，除了异步更换数据到第二站点以外，其中在RAID 5上进行数据保护（RAID 5是带有写缓存的卷），还需要每周完整备份，数据足迹将至少有(9×2RAID1)＋(9＋1RAID5)＋(9个完整备份)＝37TB。

在这个例子中，如果假设有日常增加的或周期性的快照被全天执行，还有为支持应用程序软件、临时工作区、包含页面和交换的操作系统文件以及增长的空间和用于环境的自由空间缓冲区等所需的额外存储，那么数据足迹甚至可能比 37 TB 还大。

在这个例子中，9 TB 的实际或假定数据可以迅速扩大成一个更大的数据足迹，其中数据只随着应用程序的发展而混合，以支持新的和不断变化的业务需求或要求。注意：上面的情况非常简单，没有考虑可能产生多少重复数据的副本，或者保留的备份、快照的大小、自由空间的要求和其他导致数据足迹扩大的因素。

7.1.4　减小数据足迹带来的业务好处

各种规模的 IT 组织正面临着存储更多数据的要求，包括存储更长时间的相同或相似数据的多个副本。为了维持应用程序服务质量（QoS）提供的给定水平，需增加额外的 IRM 活动，如图 7.3 所示，结果不仅扩大了数据足迹，还增加了 IT 费用，包括资本和运营两个方面。

与扩大数据足迹有关的常见 IT 成本包括：

➢ 数据存储硬件和管理软件工具的采集。

➢ 相关的网络或 I／O 连接的硬件，软件和服务器。

➢ 经常性维护和软件更新的费用。

➢ 用于占地空间、电源和冷却设施的费用，以及 IT 人员配备。

➢ 用于数据和 IT 资源的物理和逻辑安全。

➢ 用于 BC 或 DR 的数据保护，包括备份、复制和存档。

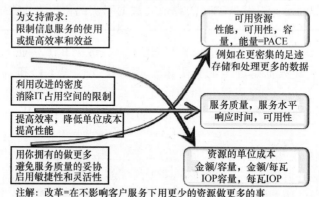

注解：改革=在不影响客户服务下用更少的资源做更多的事

图 7.3　IT 资源、成本的平衡、矛盾和机遇

如图 7.3 所示，在最大化可用资源的同时，所有的 IT 组织都必须用已有的或更少的资源做更多的事情。此外，在支持业务增长的同时，IT 组织必须克服常见的足迹约束条件（可用电源、冷却、占地空间、服务器、存储和网络资源、管理、预算及 IT 人员配备）。

图 7.3 还表明，为了支持需求，在一个密集的足迹里需要更多的资源（真实的或虚拟的），同时在降低单位资源成本时保持或提高 QoS。关键在于改善可用资源的同时要以较低的成本保持 QoS。相比之下，在传统意义上，若成本降低，其他曲线之一（资源的数量或 QoS）会受到负面影响，反之亦然。

7.2 数据足迹减小的扩张范围和重点

数据足迹减小是一系列的技巧、技术、工具和最佳做法的组合，用来解决数据增长的管理难题。重复数据删除（dedupe）是目前业内最受欢迎的 DFR 技术，尤其是在一定范围及环境内的备份或其他重复性数据中。然而，DFR 扩展了扩大的数据足迹及其影响的范围，包括初级数据、二级数据和离线数据，范围从高性能到不活跃的高容量。

DFR 的扩大范围从使用重复数据删除技术的备份扩展到了更广阔的重点，包括存档、数据保护现代化、压缩及其他技术。扩展的范围包括有效的和无效的、初级的与二级的、在线的、近线的、离线的，以及物理的、虚拟的和使用各种技巧与技术的云端的 DFR。数据足迹减小扩大的另一个重点是在大基础上的小部分变化产生较大的影响。

最重要的主题是，DFR 将迎来更大更广阔的契机，在各个组织中凭借各种技术来满足不同的对性能、可用性、容量、经济或能效的需求。换句话而言，避免因为过去仅靠一个或几个技术来解决问题而错过机会。这也意味着应该避免试图只使用一个工具来应对所有的问题和挑战；相反，应该调整使用合适的技术和工具来应对手头的任务。

从讨论的角度来看，虽然重复数据删除是一个流行的技术，且容易部署牵引，但是它还远远没有达到被大规模的客户采用，甚至没有被广泛覆盖在正在使用的环境中。StorageIO 的研究表明，最广泛采用重复数据删除技术的地方集中围绕在较小或小/中型企业（SMB）环境（重复数据删除部署如图 7.4 所示）和一些部署在远程办公室/分公司（ROBO）工作组及部门环境中的备份中。

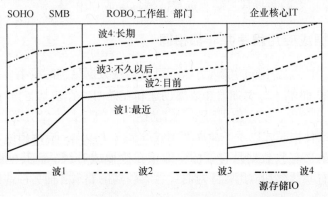

图 7.4 随着时间的推移，复制的采用和波的部署

现在仍在采用的是早期在较大的核心 IT 环境中使用的重复数据删除技术，用来补充并完善已经存在的数据保护和保存工作。另一个当前重复数据删除的部署场景是在较大的环境中支持核心优势以向 ROBO、工作组、部门系统的备份和数据保护提供支持。

7.2.1　减小数据足迹

尽管单位容量的存储越来越便宜，但随着数据足迹的扩大，需要更多的存储容量和存储管理去照管并给商业信息提供保护，如软件工具和 IT 人员时间等。在不同的应用程序和存储层中，可以通过更有效的管理数据足迹，提高应用程序的服务和响应能力，同时更及时地促进数据保护，以达到规定的业务目标。

减小数据足迹有利于降低成本或推迟升级扩大的服务器、存储器和附带相关软件许可证及维护费用的网络容量。最大化已使用的 DFR 技术可以扩展现有 IT 资源的有效性和容量，包括电源、冷却、存储容量、网络带宽、复制、备份、存档、和软件许可证资源。

从网络的角度来看，通过减小数据足迹或其影响，可以影响 SAN、LAN、MAN 和 WAN 中用于数据复制、远程备份或数据访问的带宽以使用现有的可用带宽移动更多的数据。

最大化使用现有 IT 资源的额外好处包括：
➢ 延迟硬件和软件的升级。
➢ 最大化使用现有的资源。
➢ 可以整合节能技术。
➢ 缩短用于数据保护管理需要的时间。
➢ 减少对电源和冷却的要求。
➢ 加快 DR 场景的数据恢复和应用程序重启。
➢ 减少因复制更快而在 RAID 重建期间的曝光。
➢ 确保更多的数据从云端和远程区域移入或移出。

7.2.2　数据或应用程序并非都相同

在不同的地方用不同的实现方法都可以实现数据足迹的减小，以满足不同的应用程序和 IT 需求。例如，在数据创建和存储时，在包括备份/恢复、存档的常规 IRM 任务中，或在应用程序不启动期间，DFR 都可以实现。

在访问或使用模式以及生命周期模式（图 7.1）中，应用程序和数据并非都相同。例如，有些数据是有效的，即正在读取或升级，而其他数据是无效的。此外，有些数据和应用程序对时效性有较高的要求，而另一些则对此性能的要求较低。

140

在 DFR 的背景下，有效数据与无效数据相比，其重要性是识别并使用合适的技术，以获得数据量减小带来的好处而不引起性能的损失。有些数据适合压缩，而其他数据非常适合重复删除。同样，存档可以应用于结构化的数据库、电子邮件、微软协同办公平台和文件系统等。表 7.1 列出了涉及 DFR 的不同应用程序和数据的特征。

表 7.1　不同的应用程序对数据足迹减小有不同的需求

存储层	层 0 和层 1 初级在线	层 2 次级在线	层 3 三级近线或离线
主要 特征	主要性能 一些必需的容量	一些性能 稍多的容量	更少的性能 更多的容量
	变化活跃的数据库、有效的文件系统、日志、视频编辑、或其他时效性的应用程序	不太活跃或变化的数据、主目录、一般性的文件共享、参考数据、在线备份和 BC	频繁访问的静态数据、在线或有效的档案、离线的备份、用于 DR 的档案和主副本
指标	每次活动的成本 每瓦的活动 时间就是金钱	每容积的活动 每瓦受的保护 时间和空间的混合	每吉字节的成本 每瓦的内置容量 省钱
DFR 方法	存档无效的数据节省空间的快照各种 RAID 级别紧缩准备金和符合实际条件的 I/O 整合、实时压缩、重复数据删除	归档无效的数据和重复数据删除节省空间的快照，RAID 优化，现代化的数据保护，紧缩准备金，空间和 I/O 整合、压缩和重复数据删除	数据管理，归档数据目标，分层存储包括磁盘、磁带和云。重复数据删除和压缩。存储容量整合

7.3　DFR 技术

如前所述，有很多不同的 DFR 方法和技术可以用来解决各种存储容量的优化问题。同样，有不同的指标用来衡量各种方法的效率和有效性，其中有些以时间（性能）为主，而另一些以空间（容量）为主。

一般，常见的 DFR 技术和技巧包括：

➤　存档（结构化的数据库、半结构化的邮件、非结构化的文件、NAS、多媒体以及大数据）。

➤　压缩，包括实时、流和后续处理。

➤　存储和数据的整合。

➤　数据管理，包括清理和删除不需要的数据。

➤　重复数据删除，也称为单一实例化或归一化。

➤　其他地方的屏蔽或移动问题。

141

> 网络优化。
> 节省空间的快照。
> 紧缩准备金和动态分配。

7.4　指标与测量

如前所述，DFR 的应用范围扩展及焦点使得人们以另一种视角来看待 DFR，不仅仅考虑存储空间减少率，还要从支持在线及活动应用的性能出发。有几个不同的适用于 DFR 的指标，包括性能、可用性、容量、能量和与不同服务级别相关的经济性。常见的 DFR 指标都跟存储空间容量的节约有关，如减少率。然而，在给定的时间内，用数据的移动和转移率来衡量可以移动或加工的数据量同样重要。例如，在遇到一个备份或数据保护窗口时，可以减少多少的数据，或恢复需要花费多长的时间。

测量存储器容量和 DFR 优点的一些附加方法包括在给定的服务水平下，每个人或每个管理工具可以管理多少的数据或存储容量。另一种方法是在服务器或存储系统上，扩大授权软件功能的有效性，使每容量的存储在管理上获得更多的价值。此外，从存储的管理和保护角度保持开销。例如，若有 100 TB 的原始存储空间，且正在使用 RAID 10，则只有 50 TB 或 50% 的原始容量可以用来存储数据。然而，这 50 TB 的一部分也可能被一些工具用于存储虚拟化开销和快照。因此，重要的是，要记住有效的可用存储容量而不是原始容量。相比原始容量，可用存储容量越多越好，它越多，开销越少。

7.5　寻找 DFR 技术的解决方案

当评估 DFR 技术时，有很多不同的属性特征要考虑。注意，DFR 不是用于替换合适的数据管理，包括删除，而只是它的补充。事实上，DFR 是用于解决多种需求的许多不同技术之一，为数据管理服务。尽管数据存储容量越来越便宜，但随着用于支持业务需求的数据足迹的继续扩大，需要以符合成本效益且满足 QoS 的方式利用更多的 IT 资源。这意味着，更多的包括服务器、存储、网络容量、管理工具、相关的软件许可及 IT 人员配备时间在内的 IT 资源，需要被保护、保存和提供信息。

要考虑的一个问题是，能承担多少的延迟或资源消耗来实现给定水平的 DFR。例如，当从传统的压缩到 DFR 时，如重复数据删除或单一实例化，需要更多的智力、处理动力或离线后的后续处理技术来消除更大规模的重复数据。

如果关注评估 DFR 技术的其他形式及其将来的用途，包括带有数据发现

（索引、电子搜索）功能的存档或重复数据删除技术，那么就利用基于设备的压缩技术来最大化现有存储资源的有效性和容量，进而实现在线、备份、存档和补充其他 DFR 的功能。

了解其他 IRM 的工作原理很重要，包括备份、存档、DR/BC、病毒扫描、加密、电子搜索和用于搜索及与 DFR 技术交互的索引。应该最大限度地发挥现有 IT 基础设施资源的作用，而不引入与附加的管理和互操作性问题有关的复杂性和成本。

寻找完善的环境及在不同存储层、业务应用程序和 IRM 功能（备份、存档、复制、在线）中都简单明了的解决方案。数据存档应该是一个持续的过程，它结合了业务和 IT 资源的管理功能，而不是间歇性地释放 IT 资源。

同时借助分析工具和/或评估服务来考虑数据足迹及其对环境的影响。制定一个全面的方案来管理增大的数据足迹：除了存储硬件成本要考虑以外，软件许可证及维护成本、电源、冷却和 IT 人员配备管理时间也要考虑。把数据压缩作为整体 DFR 策略的一部分来实现优化以及在所有类型应用程序的现有存储中进行优化。简言之，就是部署一个结合了各种技巧和技术的整体 DFR 策略，来应对关键需求以及整体环境，包括在线、近线的备份和离线的归档数据。

7.6 最佳实例

尽管数据存储容量越来越便宜，但随着数据足迹的扩大，需要更多的存储容量和存储管理，包括用来保护业务信息的软件工具和 IT 人员配备时间。在不同的应用程序和存储层中，通过更有效地管理数据足迹，可以提高应用程序服务的质量和响应能力以及更及时地促进数据保护，以达到规定的业务目标。为了实现 DFR 的全部优势，除了要改进备份和离线数据以外，还要改进在线和有效的数据。

减小数据足迹有很多好处，包括可以减少或最大化对 IT 基础设施资源的使用，如电源、冷却、存储容量和网络带宽，同时能够以及时备份的形式提高应用程序的服务供应、BC /DR、性能和可用性。如果还没有一个 DFR 策略，现在是时候开始制定并实现一个了。

在不影响数据保护、应用程序和业务服务水平的情况下，有几种方法可以用来解决数据足迹的扩大。这些方法包括结构化（数据库）存档、半结构化（电子邮件）存档和非结构化（一般文件和文档）存档、数据压缩（实时和离线）和重复数据删除。

一个更广阔、更全面的 DFR 策略的好处是能够应对整体环境，包括生成并使用数据的所有应用程序，IRM 或许可以合成并影响数据足迹的开销功能。

然而，重复数据删除只用于备份，类似于在后千禧时代，档案被顺应市场的人掌握。有几个技巧可以单独使用来解决 DFR 的具体问题，如图 7.5 所示，组合实现一个聚合力更强、更有效的 DFR 策略。

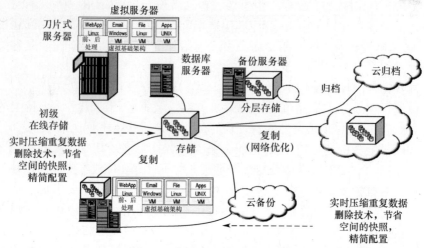

图 7.5　各种 DFR 技术如何共存

图 7.5 显示了如何将多种 DFR 技巧和技术结合起来处理从一级和活跃的到不活跃的不同应用程序和数据、备份，以及本地和远程基地上的档案。这个例子说明存档、重复数据删除和其他形式的 DFR 可以并且应该使用在更多的场合。

7.7　常见的 DFR 问题

为什么 DFR 对云或虚拟环境很重要？有两个主要原因：一是能够以及时、可承担的方式移动数据到公用的或云的资源；二是云可以作为目标或媒介，用于移动存档或其他数据存储来补充和扩展现场资源的用途。所以，一方面，它使数据能够装到云中；另一方面，可以用云来卸载或清理现有的环境。

大基础上的一小部分变化就会带来很大的好处，这是什么意思？一个基本概念是若 10% 发生变化，则 10TB 数据会产生 1TB 的差异，然而若 50% 发生变化，将产生 5 TB 的改进。但是，如果有 100 TB 数据，其中只有 10% 的数据可以实现 50% 的改进，这意味着仍然只有 5 TB 数据受影响。如果在整个 100 TB 数据里，能够实现 10% 的改进，那么将会产生 10 TB 的改进。因此，较大基础上较小比例的改进要比较小基础上较大比例的改进得到的收益大。

还有一个例子：许多串行网络使用 8B/10B 来编码，每 8 位数据传输会产生 20% 的开销，看似不多，但如果每秒移动 32GB 的数据，当采用 PCI Gen 3时，几乎从 Gen 2 得到 1/2 性能的改进，其来自 8B/ 10B 切换到 128B/130B 的

144

编码。这个例子表明，一个大基础上的小部分变化会产生很大的好处。

7.8　章节总结

现在或在不久的将来，各种形态和大小的组织都会遇到一些不断扩大的数据足迹带来的问题。考虑到不同的应用程序、不同类型的数据以及相关的存储媒介或存储层有不同的性能、可用性、容量、能量和经济性的特点，需要多种减小数据足迹影响的工具或技术。这意味着，DFR 的重点是扩大只用于备份或其他早期部署场景的重复数据的删除。

对某些应用程序而言，减小比率是一个重点，所以需要很多操作工具或方式来达到预期的结果。对其他应用程序而言，重点是用数据量减少带来的优点来实现性能上的优化。所以为了提高性能，首先要优化工具，其次要减少数据。对此，供应商将扩大他们目前的能力和技术，以满足不断变化的需求和标准。与那些只有一个功能或功能集中的工具相比，有多种 DFR 工具的供应商会得到更好的效益。

一般的操作项包括：

➢ 制定一个用于在线和离线数据的 DFR 策略。

➢ 可以通过存储断电避免能源浪费。

➢ 可以通过使用各种 DFR 方法提高能源的效率。

➢ 基于闲置和活动的工作负载条件来测量和比较存储。

➢ 存储效率指标包括每秒输入输出（IOPS）或每单位功率有效数据的带宽。

➢ 每个足迹的每瓦存储容量和成本是对无效数据的一种测量方式。

➢ 大尺度上的小规模减少会带来很多的好处。

➢ 调整使用合适的 DFR 形式来处理手头的任务。

第8章 启用数据足迹减量：存储容量优化

好消息是网络速度更快了，有更多的空间容量用于储存；坏消息是要在给定的时间和特定的预算内移动、处理和储存更多的信息。

——格雷格·舒尔茨

本章概要
- 对于不同程序和服务需求，为什么要使用不同的技术
- DFR 技术：归档，压缩，重复数据删除和自动精简配置
- DFR 技术包括数据管理

本章将进一步介绍不同的 DFR 技术，它们在不同需求下的特点、注意事项及优势。本章讨论的主要内容包括活动数据和非活动数据、归档、压缩、DFR、数据管理、RAID、自动精简配置及重复数据删除。

8.1 DFR 技术

DFR 的重要性在于它能提升驱动器效率，使得系统在满足需求的同时利用可用资源和技术改进来完成更多任务。通过减少数据足迹，能够在相同或更少的时间内移动更多的数据以满足服务需求。另外，为了充分利用云环境，数据需要能够被及时有效地移动。通过使用各种技术减少数据足迹，可以使环境变得更高效与实用。

如第 7 章中所指出的，可以利用许多不同的 DFR 技术来满足各种存储容量优化的需求，一些以时间（性能）为中心，而另一些则以空间（容量）为中心。不同的方法使用不同的指标来衡量效率和效益。

常用的 DFR 技术和方法包括：
- 存档（结构化数据库、半结构化电子邮件、非结构化文件数据等）。
- 包括实时与延时在内的压缩和紧缩。
- 存储和数据的整合。
- 数据管理，包括清理与删除不必要的数据。
- 重复数据删除，也称为单一事例化或归一化。
- 将问题隐藏或搁置到别处。
- 对网络的优化。
- 基于节省空间的快照。

146

> ➤ 自动精简配置和动态分配。

表 8.1 展示了不同的 DFR 技术和方法在不同的应用程序、数据类型和存储中的应用情况。

表 8.1　各种特点各异的 DFR 方法和技术

技术	性能	空间或容量	注解
搬迁——将问题搁置别处	如果各部件异地放置，则需要考虑网络问题	在服务成本与 QoS、SLO 与 SLA 之间权衡	在优化的同时或之前将问题交付他人以获取时间
归档	维持或改善除了更快的数据保护和其他 IRM 任务以外的普通活动的 QoS	将恢复空间用于成长、新的应用程序或其他增强行为。移动归档数据到另一个层次，包括云或 MSP	适用于监管及整合数据或应用程序，包括数据库，电子邮件和文件共享。先存档，再删除过时或无用的数据
备份现代化	减少备份/恢复时间或数据保护时间	释放空间以加速备份/恢复	减少数据保护的费用
带宽优化	应用程序或协议的带宽与延迟之间的权衡	在相同或更少的时间移动更多的数据	可以提高带宽，降低延迟
压缩	尽量做到对性能没有影响，这取决于在何处和如何实现	各种算法应用在宽频谱下的容量增益	应用程序、数据库、操作系统的文件系统、网络、存储系统或是搭载的设备
整合	整合 IOPS 以加速 2.5 英寸 15.5KB 的 SAS 或 FC HDD 和 SSD 设备	整合空间给大容量的 SAS 和 SATA 硬盘驱动器	避免由于聚集造成瓶颈
重复数据删除	由于交换数据优势降低导致可能影响性能	在某些类型的数据或应用程序中拥有良好的数据缩减优势	除了恢复或重新提升速率以外，应验证获取或重复数据删除的比率
RAID	可能是一些数据镜像更好的选择	基于奇偶校验的 RAID 相比于镜像具有较少的开销	每个 RAID 组硬盘驱动器的数量
节省空间快照	复制速度更快以提升服务交付	减少复制所需的开销或空间	数据分布、开发/测试及分析
存储分层	SSD，15.5KB SAS/FC	2TB 的硬盘驱动器和磁带	存储可能在云端
自动精简配置	提高固态硬盘的利用率	提高容量利用情况	避免超额预订

哪种 DFR 技术最好？这取决于希望达成的经营目标和 IT 目标。例如，寻找的是低成本且性能可以得到保证的最大存储容量吗？或者需要的是性能和容量的优化组合吗？是否要将 DFR 应用于初级的在线活跃数据和应用程序或二级的、近线的非活跃数据或离线数据中？有些优化储存的形式是减少数据量或最大化可用存储容量。其他优化储存的形式主要集中在推进性能或提高生产效率上。

8.2　归档

归档的目的是通过保持对在线的或昂贵的资源进行动态服务传送，同时保留那些需要储存在低成本媒介中的信息，使这些资源得到最大化的有效利用。而备份，虽然与归档类似，但更侧重于保护那些需要在更短的留存期内采用工具来快速恢复的单一文件、文件夹或文件系统等数据。归档有较长的保留时间，并集中于保持数据的集合状态，以备不时之需或作为未来可能的存取点。一般来说，归档最大的作用在于减少数据存储空间，尤其是对在线存储和主存储而言。例如，如果可以及时识别哪些数据可在项目完成后被清除，哪些数据可从主数据库中清除，哪些较陈旧的数据可被迁移出活跃的电子邮件数据库，就可实现应用程序的性能以及可用的存储容量方面的改善。

归档作为在云或虚拟化环境下 DFR 的一种形式，使得更多的数据保留在一个更密集、更具成本效益的空间，并减少了数据和相关资源的数量。归档可以用于清理，要么将不再需要的数据丢弃，要么将其移动到另一种相关的管理成本较低的介质或资源中。删除和/或压缩重复数据仅仅减少了数据带来的影响；尽管它们可能适用于一些情况，但不会适用于所有情况。

归档适用于：

➢　交易结构化和非结构化数据。

➢　医疗和保健环境，包括图像存档和通信系统（PACS），以及其他数字成像和通信医学（DICOM）访问的数据。

➢　电子邮件、即时消息（IM）和语音邮件等信息。

➢　能源和矿产资源勘查，包括仿真建模。

➢　资料库，如 IBM DB2、甲骨文、SAP、MySQL 和 SQL 服务器。

➢　协作和文档管理，包括微软协同办公平台。

➢　工程图纸、图表和其他记录的保留。

➢　首页目录、文件共享或项目库。

➢　用于视频和音频的数字资源或档案管理（DAMS）。

➢　安全性和游戏视频监控。

数据归档通常被认为是对兼容性的一个解决方案，但对于非兼容性的问题，归档同样适用，如一般的 DFR、性能提升、加强日常数据维护和数据保护。现实情况是，常规兼容性数据，包括 HIPPA、Hitech、PCI、SarBox、CFR 等都需要长期保留，几乎每一个企业的其他通用应用程序数据，包括那些不常被需要的，也都可以从长期数据保留中受益。归档作为存储优化和跨越所有类型数据或应用程序绿色 IT 的实现技术，拥有很大的潜能与 DFR 优势。

归档可应用于结构化数据库中的数据、半结构化数据的电子邮件和附件，以及非结构化文件数据。随着云越越来被视作一个归置或存储数据的可考虑方案，归档正在不断演变，其保存信息的重要性也越来越得到体现。例如，可以从一个在线数据库、电子邮件、网络平台或文件系统中迁移归档数据到成本较低的、高容量的磁盘或磁带，或到云的 MSP 服务中。部署归档解决方案的关键是要对哪些数据可在适用规则与策略下生存，哪些可以归档、存多长时间、存多少份以及数据最终可能会如何被收回或删除等持有洞察力。归档需要硬件、软件和制定业务规则的人员通力合作来完成。

归档的挑战是需要时间和工具来识别哪些数据应该被归档，哪些数据能够被安全地销毁。另一个复杂的问题是需要数据价值的信息，这可能涉及谁有责任决定哪些数据可以被保留或丢弃的法律问题。如果一个企业可以投入时间和软件工具，以识别归档数据，那么从减少无限制可使用信息量的数据的占用空间这个角度来说，投资回报可能是非常可观的。

8.2.1 工具和目标

笔者在写这一章时，曾与在存储行业工作的人士交谈过，他们认为云将成为启用归档的钥匙，并且归档是推动大规模云计算被广泛采用的应用程序。进一步讨论后，可以得出云将是另一个归档的目标介质或虚拟介质的结论。从这一点上可以看出，假设云端和 MSP 服务是符合成本效益、可信且安全可靠的，则它们可以帮助激活有目标或设备障碍的归档部署。然而，当存储介质或目标并不是归档应用的主要障碍时，关于云和优化的讨论可以将管理兴趣转移到正在进行的项目中。

关于归档的一些常见的讨论要点包括所需要支持的应用程序和功能。例如，医疗保健可能涉及影像存档与医疗影像通信系统（PACS）以及某些来自基于缓存数据库或实验室和放射学系统使用 DICOM 标准的访问协议的电子医疗记录（EMR）。需要归档的是否是整个项目，包括文件夹、文件系统中的所有文件及指示项目？需要归档使用数据所必要的应用程序吗？如果正在归档数据库，在它们已复制到另一个表或目标后，只需删除数据就行吗？或者还可以保存数据，包括使用 XML 封装的业务规则？从规范化的角度来看，数据可被放置处的要求是什么，需要归档多少份？比如，如果目标是将归档数据移动到云或 MSP 服务，首先必须确认目前并无任何法规规定某些特定应用程序中的数据仅可以驻留在什么地理位置。一些地方或国家政府规定了什么类型的数据可以留下或跨界归档到其他州或国家。

索引或数据分类可以发生在应用层，包括通过本地或可选的插件功能，通过归档软件，或在某些解决方案、目标设备中，甚至是上述所有的功能软件中。出于对法律管理系统的支持，可能会为保留数据的诉讼权而有所校订（包括消隐或标出一定的数据），以防止意外删除或数字分解。其他归档功能包括安全加密、一次写入/多次读取（WORM）、根据报表访问系统审计记录。

归档目标设备包括基于磁盘的系统，支持各种接口和协议，包括 NAS、DICOM、VTL 或使用各种包括 XAM 的基于对象访问的 API。在从 SSD 到大容量的硬盘驱动器和磁带的这些归档目标中，可以找到不同类型的媒体。一些存储目标支持磁带路径以及网关，远程存储系统或云服务提供商的桥接功能。有许多例如智能电源管理（IPM）在内的提高能源效率的方法，包括磁盘驱动器降速，利用移动媒介工作的性能与能耗。其他功能通常包括复制、压缩及重复数据删除。

一个有效的归档策略和部署包括：

➢ 归档在何处、归档多长时间以及如何处理数据等策略。
➢ 为执行政策和程序而购入的管理与支持方案。
➢ 来自企业间不同利益组织的参与。
➢ 服务器、存储器或系统资源管理及用以确定客户配置及其说明文件的探索工具。
➢ 应用程序插件与数据移动和政策管理连接。
➢ 归档工具、应用程序和目标设备或云服务连接。
➢ 数据和流程的合规性及安全性（包括物理层面上和逻辑层面上）。
➢ 存储目标设备、云及 MSP 服务。

运用合适的技术、工具和最佳实践技术对于优化数据存储环境而言很重要。为了获得最大的可靠性，日常维护应该在所有的磁介质包括磁盘和磁带中进行。日常维护包括定期主动对数据或媒介进行完整性检查，在潜在隐患造成问题之前中止它们。对于一级、二级等基于磁盘的，在线解决方案和磁盘到磁盘的解决方案来说，媒介维护包括驱动器的完整性检查、推动磁盘降速及后台的 RAID 奇偶校验。介质验证可以通过使用软件、设备以及在一些磁带库中建立的功能来完成。

除了媒介管理以外，另一个最佳的导入实践是在传输及休息的同时保护数据。这意味着要利用加密来提供数据安全和信息保护合规性，这在某些地区可能涉及法规问题。作为长期数据保留策略和数据保护的一部分，在需要的时候还要验证加密密钥在可用的同时也具有安全保障。

注意事项：

➢ 所有权的总成本（TCO）和投资回报（ROI）需考虑的因素。
➢ 用于数据安全、可靠数据毁灭（磁带和磁盘）的时间和成本。
➢ 归档对于管理兼容与非兼容数据是非常有用的。
➢ 长期数据保留适用于具有商业价值的所有类型的数据。
➢ 实现磁带和介质以及数据保护管理跟踪。
➢ 坚持供应商推荐的媒体管理和处理技术。
➢ 调整适用的技术，如存储层及手头的任务。

请记住，不能一意孤行：作为一个企业，为客户提供可持续的、能够及时返回和访问被保存及保护的数据是确保业务可持续性的中心。

8.3　压缩和紧缩

压缩是一项成熟的技术，对有效地移动和存储更多数据提供即时和透明的帮助，不仅可用于备份和归档，也可用于主存储。数据压缩广泛应用于 IT 和消费电子类环境。它在硬件和软件中执行以减少数据的大小从而实现对网络带宽或存储容量需求的减少。

如果已使用传统的或以 TCP/IP 为基础的电话或手机，看过 DVD 或高清电视，听过 MP3，在互联网上或用电子邮件传送过数据，则可能已经依赖上某种形式的压缩技术，而这种技术对于客户是透明的。某些压缩形式是时间延迟，如使用 PKZIP 来压缩文件，而有些则是实时或多任务同时并行的，如在使用网络和手机，或者听 MP3 时。

压缩技术对于存档、备份和其他功能具有很强的互补性，包括支持在线主存储和数据应用。压缩广泛应用于许多地方，包括数据库、电子邮件、操作系统、磁带驱动器、网络路由器和压缩设备等，用来帮助减少数据足迹。

8.3.1　压缩的实现

数据压缩的方法随时延、应用程序性能的响应，以及压缩和数据丢失量的不同而有所不同。两种基于数据丢失的压缩方法是无损（无数据丢失）和有损（更高压缩比的数据丢失）压缩。除此之外，一些实现方案更注重考虑性能，包括没有性能影响的实时压缩和存在性能影响的时延压缩。

数据压缩或紧缩可以下述几种方式实现：

➢ 动态，用于顺序或随机数据，其中应用程序不被延迟。
➢ 时间延迟，当数据被压缩或解压缩时暂停访问。
➢ 后处理，时间延迟，或以批量为基础的压缩。

数据压缩或紧缩发生在以下位置：

➢ 在服务器或存储系统中附加压缩或紧缩软件。
➢ 应用程序，包括数据库、电子邮件及文件系统。
➢ 数据保护工具，如备份/恢复、归档和复制。
➢ 网络组件，包括路由器和带宽优化。
➢ 云存在点（cPOPs），网关及其应用。
➢ 存储系统，包括主存储器、磁带驱动器、磁盘库或虚拟磁带库。

8.3.2　实时与动态压缩

由于动态数据，包括数据库、非结构化文件和其他文件的存在，当引入数据占用空间缩减技术时需要谨慎行事，保证不会造成性能瓶颈，并保持数据的完整性。传统的 ZIP、离线压缩或延时压缩方法要求数据的完整解压优先于修改，与此相比，在线压缩可以在一个压缩文件的任何位置进行读写操作，而不需要对文件进行完全解压缩，因此节省了由此产生的时延。实时压缩或基于目标的压缩功能无须耗费主机服务器的 CPU 或内存资源，亦不会降低存储系统的性能，因而非常适合于支持在线应用程序，包括数据库、在线事务处理（OLTP）、电子邮件、主目录、网站和视频流。

在无损压缩下，压缩后的数据由于以最原始的方式保存，不会丢失数据，因而仅仅是被保存下来，没有压缩。通常来说，人们需要无损数据压缩主要是因为数字化数据要求精确匹配或存储数据 100% 的完整性。某些音频和视频数据为了减少所存储信息的数据占用空间可以容忍失真，但数字化数据，尤其是文档、文件和数据库，对遗失或丢失数据零容忍。

与 MD5 或其他诸如沉思 Hash 的散列技术相比，采用时间证明算法的实时压缩技术，如 Lempel – Ziv（LZ）在性能和有效 DFR 方面有着无可比拟的平衡。这意味着，更改后的数据可被即时压缩，没有性能损失，同时保持数据的完整性与读取操作的可行性。需要注意的是，随着服务器多内核 CPU 带来的处理性能的提高，运行在数据库、电子邮件、文件系统或操作系统等应用程序上的基于服务器的压缩，在某些环境下是一个可行的选择方案。

LZ 长度可变且用途广泛，因而是一种流行的无损压缩算法。LZ 压缩通常考虑的是如何将文件压缩至字典或地图，即将其恢复到原始形式。字典的大小可以根据具体的基于 LZ 算法的实现方式而变化。较大的文件或数据流，由于存在周期数据，包括空白空间或空白区，因而拥有较大的有效压缩比，进而减少数据足迹。

实时数据压缩可以降低备份数据的足迹，使其可以在更广泛的应用程序和存储方案中实现。例如，动态改变数据的实时压缩可以在给定的时间内高效地为文件服务，允许更多的数据读出或写入到存储系统。因此，存储系统结合实时压缩可以在不损失性能的前提下最大化数据存储和处理（读取或写入）量。

使用实时压缩的另一个例子是将 NAS 文件服务器与高性能的 15.5K SAS 和与采用基于闪存的固态硬盘的光纤通道硬盘相结合，在增加活动数据有效存储容量的同时不会引入因使用较大容量 HDD 而导致的性能瓶颈。当然，压缩方式需要根据不同的部署类型和所存储的数据类型而有所变化。

实时压缩可为在线动态 DFR 和高性能 DFR 提供如下优势：

➢ 针对不同应用的单一解决方案。
➢ 改进的有效存储性能。
➢ 增加快速磁盘驱动器的容量。
➢ 增强的数据保护功能。
➢ 延长现有资源的使用寿命。

在一些 DFR 实现方式中，由于存储系统需要传送或处理的数据减少，并且抵消了在压缩过程中可能发生的延迟，压缩可以带来性能的提升。存储系统在操作过程中反应速度更快，占用更少的 CPU 资源，而不会导致应用程序服务器承担与主机基于软件压缩相关的任何性能损失。

实时数据压缩还可用于对时间敏感，同时需要大量数据的应用，这些数据包括在线数据库、视频、音频媒体服务器、Web 和分析工具。例如，一些数据库，如 Oracle，支持 NFS3 直接 I/O（DIO）和并发 I/O（CIO），以实现从以网络文件系统（NFS）为基础的文件中随机或直接进行数据寻址的功能。相比之下，传统的 NFS 操作只能顺序地读写数据。为了提高存储系统的性能，同时提高容量利用率，支持 NFS DIO 和 CIO 的实时数据压缩，通过只访问和解压缩待请求的数据来加速数据的检索。此外，作为存储系统的主机或客户端服务器上的 CPU 不需要移动过多数据，因此应用程序没有任何的性能下降。

要解决存储电力、冷却和占地空间的挑战，一种方法是将多个磁盘驱动器的内容整合到一个单一的大容量但速度较慢的磁盘驱动器上，例如，可将三个600GB 15000RPM 的 SAS 或光纤通道磁盘驱动器中的内容移动到一个 7200 转的 2TB SAS 或 SATA 磁盘驱动器上，虽然在移动数据上会导致性能下降与成本提升，但避免了电力消耗。

另一种方法是使用实时压缩，用以提高快速 600GB 15.5KRPM 的磁盘驱动器的有效容量，使之与单个 7200 转 1~2TB 的 SAS 或 SATA 磁盘驱动器容量相近。其优势在于，实时压缩相较于单个 1TB 或 2TB 硬盘，在节能的同时数倍地提升了有效存储容量，同时性能没有相应的下降。这种方法非常适合需要处理大量非结构化数据的环境与应用场景，提高其能源效率，而不会影响性能。一些恰当的例子包括地震和能源开发、医疗 PACS 图像、仿真、MP3 或 MP4 的娱乐和视频处理，以及 JPEG 和 WAV 文件采集和遥测及监视数据的处理、数据挖掘及针对性营销。

关于实时压缩 DFR 方案的案例可关注虚拟磁带库的备份和初级联机存储器的启用；EMC CLARiiON 是早期采用者，其在 2010 年收购 Storwize 和 NetApp，同时应用 IBM 的实时压缩技术，以支持 FAS 存储系统和 V 系列网关中的实时压缩和重复数据删除。其他案例包括数据库，如 Oracle、微软交换电子邮件及各种文件系统和存储系统为基础的压缩。

8.3.3 后处理和递延压缩

人们常常误将后处理及递延压缩也归为实时数据压缩。读取时，这些进程动态地解压缩数据，并在随后重新压缩修改后的数据。采用此方法，可有效减少不常被改变的静态数据，从而释放存储空间，同时允许应用程序在给定的时间内读出更多的数据。

这种方法的缺点是，文件服务器、电子邮件、办公文档、设计、开发及数据库文件等数据的修改是在没有压缩的前提下写入的。其影响在于，磁盘需要更多的空间来写入数据，而在写入期间并没有性能方面的提升，加上随后的解压缩，读写的开销实际上更大了。这方面的一个例子是在 2010 年被戴尔收购的 Ocarina 技术。

8.4 整合和存储分层

DFR 的另一种形式是将低性能或非常用数据的存储容量整合到更小的大容量设备中。对于更高性能的应用程序和数据，未充分利用的数据可以被整合到更小、更快的设备中，如 SSD、15K – RPM SAS 或光纤通道设备。将数据整合与再分层到不同的存储层看起来可能有点像无用功，尤其是当它是当前唯一执行的任务，而没有与其他一些 DFR 技术结合时。不过，如果预算十分有限或几乎没有，而又需要快速缓解存储问题时，那么，整合技术、数据管理、数据删除及本章中提到的其他 DFR 技术可以短时间内缓解压力，并作为附加 DFR 工具搭载平台。

然而，整合与再分层很可能会加重聚集或导致瓶颈。将数据整合到更少更慢的高容量磁盘驱动器，而非更小、更快的设备，可以降低这种风险。请记住，目标是降低成本，最大限度地利用资源以支持经济增长，同时避免引入企业生产力和效率的壁垒。

再分层意味着重新调整数据到正确的分类或技术类别，同时在给定的 SLO 下平衡性能、可用性、容量、电力和经济的需求。例如，在 SSD 上为不活跃或不经常访问的数据配备较少但更快的设备及一些较大容量的，如 2TB 3.5 英寸 SAS 或 SATA 设备，用以实现活动或 IOPS，可以使快速 15.5K SAS 或 FC 驱动器更有效地利用存储空间。同样地，将整合与再分层同归档有机结合，使不经常访问的数据移出主存储器（包括结构化数据库、电子邮件、SharePoint 或文件系统），到成本较低的媒体，有助于进一步提高资源利用率。

8.5 重复数据删除

重复数据删除是一种用于消除重复数据的技术，它是一种更智能的数据压缩形式。

一些常见重复数据删除技术的替用名称或参照包括：

- ➤ 智能压缩。
- ➤ 数据库专业人员规范化措施。
- ➤ 差分或消除重复数据。
- ➤ 为减少重复数据的共性分解。
- ➤ 单实例存储（SIS）。

重复数据删除有利于：

> 不经常使用的多个文件版本。
> 提高基于磁盘和磁带备份的经济效益。
> 促进更快的本地备份和恢复。
> 提高存储器容量和利用率。
> 改进网络带宽利用率。
> 支持 ROBO 或卫星办公室数据保护。

重复数据删除已经可以在上至硬件下到软件的各种产品中找到。例如，重复数据删除可应用于：

> 操作系统或文件系统。
> 分层的软件实用程序。
> 备份或其他数据保护软件。
> WAFS/ WAAS/ WADM 和其他带宽优化。
> 代理、设备和网关。
> VTL 或 VxL 和存储系统，包括 NAS。

重复数据删除技术通过消除已发现和存储的重复数据来规范化正在处理的数据。其实现方式各不相同，可以是对一个文件基础上的小工作；可以是在一个固定块、大块或字节边界上的工作；也可以是能够适应可变大小字节流的工作方式。例如，在备份使用场景下，可对正在备份的数据进行分析，看它是否已被使用过并存储。如果数据已被预先存储，则生成一个条目，指示其中的存储数据，新的复制文件将被丢弃。

新的可用数据将被存储，同时在重复删除数据库（或称为字典、索引、存储库或知识库）中生成一个参照指针和一个入口。各种实现方式不同的数据如何分析，相互比较的数据量多大，但大多数使用某种形式的计算具有被分析价值的数据，以支持快速查找已知数据。这正是重复数据删除与 LZ 等传统算法相比的精妙所在，因为随着时间的推移与情况的不同，可以观测到更多数据，从而删减更多的内容，这与全局重复数据删除的情况类似（这部分内容将在本章的后面进行讨论）。

数据压缩本质上是对重复数据模式的粗略消除，相比之下，重复数据删除的工作更加细化，也因此需要更强的处理能力和更多情报来实现。重复数据删除在传统的粗略压缩基础上，通过增加相关情报、利用处理能力和获知已知的数据来减少数据足迹。本质上，重复数据删除是以时间的损耗（思考和观察数据的访问模式或历史）交换空间（容量）的减少，这与其在哪儿实施无关。例如，通过应用感知，重复数据删除可以查看备份的存储集（也称为压缩包）来识别重复或冗余的文件，并保存一个副本的指针，以减少数据存储容量的需求。一些重复数据删除功能的解决方案，如虚拟磁带库，还结合了基本的数据压缩与重复数据删除技术，以进一步减少数据的占用空间。

考虑到备份在冗余数据中占据的主导地位，目前的行业和市场对重复数据删除技术的关注重点就是备份。这并不是说其他技术就没有发展机会；一些厂商正在寻求 VM 或 VDI 方面的重复数据删除技术。删除比同样是关注重点，因为需求已经扩展到由磁盘占据主导的大容量、价格敏感的应用场合。

8.5.1 重复数据删除技术基础

常见的检查是否有重复数据的方法是，使用基于校验和/或数据块的 Hash-Hash 键查找。在待观察数据的基础上，利用 Hash 值与在数据库、字典、知识库、预先存储的或已知的数据索引中的存储值进行比较。若输入数据与已知数据的 Hash 值匹配，表示有重复的数据。若没有，则在索引或知识库中要存储新的数据和一个新的 Hash 值。SHA - 1（安全 Hash 算法 1）已用在许多重复数据删除的解决方案中，以创建进行比较或查找 Hash 值。

其他 Hash 算法包括 SHA - 2 和演进的 SHA - 3 与 MD5。算法增加更多比特量的目的是为产生一个唯一的 Hash 值，在不引发冲突的条件下包含更大的数据量，以保持数据的完整性，同时提高性能。例如，SHA - 1 生成 160 位（20 字节）的 Hash，这可以满足大多数应用；然而，当存储和扩展数据的足迹量更大时，需要较大的 Hash 值，以避免冲突。

重复数据删除比传统压缩更智慧的一点是创建了词典、索引或与计算 Hash 值算法结合的知识基础。重复数据删除的挑战，以及它利用时间以换取空间容量节省的原因，是需要时间来计算 Hash 键，并查阅以确定它是否独一无二。

重复数据删除的获取率，或者是给定数据的处理速度，取决于具体的算法、可用的字典的大小、降低数据量的大小及可用的处理性能。因此，重复数据删除技术通常不适于低延迟、时间敏感的应用，包括数据库或其他活性变化的存储应用场景。

一些重复数据删除解决方案在某些特定情况下，如重复和类似文件的备份，删除比例大，而在更广泛的应用程序中几乎没有价值。传统的数据压缩方法拥有更多类型的数据和应用程序，它在在线及主存储器下能提供更低的数据减少率及更高的可预测性。例如，在环境中很少有或根本没有共同的或重复的数据文件，重复数据删除将会产生很少影响或几乎没有影响，而数据压缩通常会在几乎所有类型的数据上产生一定量的 DFR。

在图 8.1 中，左侧是由一个通用的重复数据删除引擎处理过文件的一个例子（实际的减少量和压缩量将因个别供应商产品而异）。从具体实施的方面来看，最初的存储可能是最小的，但当第一个文件的副本完成，系统发生某些变化并保存记录后，数据降低的优势即显现出来。从左边移动到右边，如图 8.2 所示，由于额外的副本和更改已经发生，更多的重复数据被观测到，额外的减排效益发生，导致更高的压缩比。

图 8.2 建立在图 8.1 中的额外副本或重复数据被删除引擎探查后，数据缩

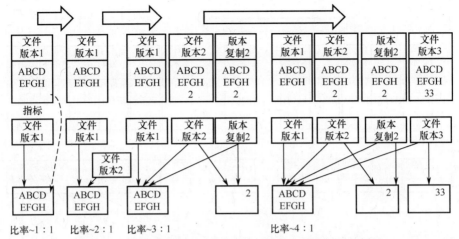

图 8.1 重复数据删除对具有类似的数据文件的好处的例子

减或重复数据删除率继续上升一段时间的前提下。随着数据的多个复制，如每日备份被探查出来后，会出现周期性的数据增加，进而可能存在更高的重复数据删除比。这种对于由于时间推移产生的数据复制并对空间节约的贡献，解释了为什么重复数据删除最初被定义为备份/恢复。

图 8.3 通过一个例子说明 DFR 是如何在相同或类似数据的多个复制不断出现的情况下提高性能的。在每个特定的重复数据删除的实现中，数据减少的情况会有所不同，这取决于许多因素，包括所使用的特定算法、数据的本地或全局视图、数据、文件或块的基础类型及其他。

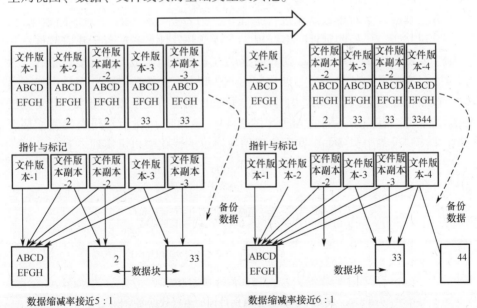

图 8.2 重复数据删除对具有类似的数据文件有好处的例子

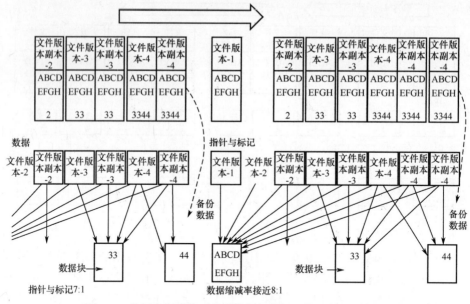

图 8.3 重复数据删除对具有类似的数据文件的优点的例子

8.5.2 重复数据删除如何以及在何处被实现

重复数据删除的最佳场所在哪里？最好的方法是什么？除非有对特定方法或产品的偏好或者需要，否则答案就是"视情况而定"。

有些解决方案对单数据流进行了优化，另一些则针对两路或多路数据流；一些针对并行，另一些则针对多线程，支持高并发性；一些善于获取数据，一些则主要实现重新利用数据，还有的解决方案在时间实施上或直接或滞后或兼而有之。有些是为了与多个节点共享一个全局内存的校正优化，而另一些则是多个节点相互独立。有些是单一目标，另一些则支持复杂拓扑结构。重复数据删除技术可以有许多不同的方法（图 8.4），也可以存在于不同的位置，甚至是在非存储设备中，例如，在网络应用或协议的优化中也可实现。

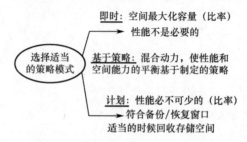

图 8.4 满足不同的服务级别目标的重复数据删除模式

158

8.5.2.1 即时模式

一种操作模式是基于源端软件、目标设备或应用的立即重复数据删除。即时模式，也称为内联、带内、实时或同步模式，其原理是处理被移动过的（重复数据删除）数据。即时模式的好处是减少了目标存储空间的需求量，从源端的角度看，被移动到网络上的数据量也有所减少。

即时模式的缺点是，处理传输数据需要的时间可能会影响数据的移动。这是非常特殊的情况，而厂商一直致力于同时实现实时获取（重复数据删除）和实时恢复（再还原）以提高性能。这与人们的认识正好相符：数据传输率（性能）或者给定时间内可去除重复亦可恢复的数据量，在某些环境中同压缩比或者空间节省一样重要。

8.5.2.2 递延或后处理

然而，即时模式的重复数据删除使得 DFR 发生在数据转移至目的地之时或之前，使得节省空间的表现推迟或降低。通过在目标位置的额外容量，延迟重复数据删除技术使得数据传送至备份窗口并在之后经由后台压缩。这类似于一些压缩方案的工作方式，即通过获取正常格式下的数据，以便不影响应用程序的性能，然后在后台以透明的方式减少足迹。

与即时模式类似，延迟处理的实现方式随不同厂商的产品而不同，因此基于数据和使用的类型，"客户体验可能会有所不同"。延时模式需要留意的另一点是，对单一文件及对更大数据量的恢复速度或性能，包括对整个卷或文件系统的恢复速度或性能。发生在数据减少之前的时间延迟量也因不同的实施而有所不同。一些解决方案一直要到所有的数据已经放置在目的地后才开始执行，另一些则在经过一个较短时间间隔或在一定量的数据被捕捉之后即开始后处理。

那些最初集中在即时或延迟技术的解决方案，现在互相补充，成为混合支持方案。这些解决方案可以根据特定的服务目标水平的要求，配置在任一即时或延迟模式下工作。本质上，混合型（图 8.4）或基于策略的重复数据删除提供了两全其美的方法，以适应客户的不同应用需求。在基于策略驱使的解决方案下，可以实现一个数据流支持即时模式，另一个则支持延迟模式。

8.5.3 重复数据删除位置（硬件、软件、应用、资源和目标）

除了重复数据删除的实现时间点（即时或延迟）以外，重复数据删除方案的差异还包括实现地点，如作为目的地的硬件存储系统或设备（表 8.2），或作为源地址备份或数据保护的一部分工具软件。

表 8.2　在哪里执行重复数据删除

	资源	目标
缺点	扰乱现有的 BC/DR 和备份/恢复工具。可能需要新的软件或需要升级软件。实现重复数据删除时，要消耗服务器上的 CPU 和内存	额外的功能添加到 VTL、VXL、存储系统、设备或网关。对必须通过网络移动到本地或远程基础上的数据足迹没有减少
优点	执行还原更接近数据源，从而使较少的数据被移动，为本地、为发送来自 ROBO 或发送到基于云的目的地提供更有效的网络资源	即插即用与现有 BC/DR 的结合，以及备份/恢复软件和技能。可以结合全球资源以提供一个更大的知识库用于额外的 DFR 支持

重复数据删除的一般特征包括：

> 解决方案往往是基于软件的（或定位为基于软件的）。
> 大多数解决方案都是"锡包"的软件（例如：设备/网关）。
> 数据还原发生在或接近于数据的目标/目的地。
> 灵活性与现有的备份/数据保护软件。
> 启用对大环境的强大缩放选项。
> 来自源端的多"获取"以实现高压缩比。
> 范例应包括重复数据删除技术的 VTL 启用、网关或设备。
> 已经能看到至少一个知识库、字典、索引、地图的数据。

基于源和基于目标的重复数据删除（图 8.5）的基本方面包括：

> 源可以是没有重复数据删除的标准备份/恢复软件。
> 源可以是拥有重复数据删除的加强备份/恢复软件。
> 目标可以是一个能实现重复数据删除并存储目标的备份服务器。
> 目标可以是一个备份设备、存储系统或是拥有重复数据删除的云服务。

源重复数据删除技术的共同特征包括：

> 通过软件发生的数据减少，且发生在到达或接近数据源时。
> 网络（局域网、城域网、广域网）活性降低。
> 某些备份软件的重复数据删除在客户端，某些在备份服务器端。
> 重复数据删除独立于目标设备。
> 源重复数据删除率可能无法与目的端重复数据删除率相同。

目标重复删除技术或基于目的的重复数据删除技术的共同特征包括：

> 支持即时模式、延迟模式或政策模式以适应不同的需求。
> 可以是备份服务器或存储服务器，设备或网关。
> 对备份/恢复、归档或一般的存储需求进行备份。
> 通过块磁带仿真（虚拟磁带库）接入。

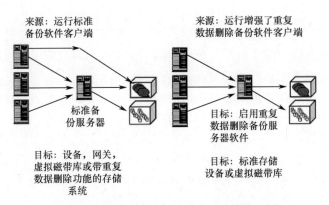

图 8.5　以资源和目标为基础的重复数据删除

> 使用 NFS 或 CIFS 接口进行文件访问。

> 某些技术支持复制到其他设备，包括虚拟磁带库。

> 可选支持磁带路径，包括开放式存储技术（OST）备份 API。

8.5.4　全局与本地重复数据删除

本地重复数据删除命名的原因，是对一个给定的重复数据删除引擎实例，字典已判定哪些内容可以看到。一个重复数据删除引擎实例要么以源为基础，要么以目标为基础，运行模式可为立即或延迟模式。由于重复数据删除引擎（算法或软件功能）只能看到处理的内容，对于那个实例来说视图是局部的。例如，图 8.6 左侧将三个来源分别备份到具有重复数据删除功能的设备、目标存储系统、虚拟磁带库或备份节点中。这意味着数据可以仅根据看到的三个流或备份源而压缩。再举一个例子，如果一个环境中有六台服务器进行备份，如图 8.6 所示，那么左边的重复数据删除引擎不知道右边的服务器及其数据，反之亦然。如果重复数据删除是本地的，那么对于一个拥有多个节点，每个节点为提高性能、可用性和容量扩展都只是单独实施的重复数据删除引擎，每个实例或引擎都有自己的知识基础，同时受限于己方能看到的内容。

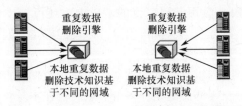

图 8.6　本地（非全局）为基础的重复数据删除

结果是，由于重复数据删除的缩小比例必须依据先前已观测过的数据，造成本地化的字典或知识库会限制给定环境下完整的 DFR 能力，DFR 也会被限制在局部环境中。这还不是重复数据删除与基本的压缩算法的最大不同，可见的 DFR 的优势是有限的。还需提及的是，本地重复数据删除并不意味着数据不能被发送到一个已被删除的目的地。例如，源端重复数据删除技术使一台服务器上的备份解决方案可以有一个本地的知识基础，可以减少通过网络向远程目标设备或云服务发送的数据量。

目的地、云或受管理的服务提供商利用包括目标的重复数据删除在内的某种形式的 DFR，来通过检查多个输入数据流进一步减少数据。同样，一个基于目标的重复数据删除技术搭载的设备可能从物理上，还有可能是备份或数据移动的来源所在的本地站点；它也可以是远程的，但这样一来，任何经由带有基于目标的重复数据删除的网络发送的数据将无法实现 DFR 的优势。

许多重复数据删除功能的解决方案最初建立在以局部范围为基础的知识层面上，因为这些对工程与部署来说比较容易。不论对基于源还是目标为基础的解决方案，重复数据删除的最新趋势都是使多个重复数据删除实例相互通信或与其他一些技术沟通，形成一个共享知识库。虽然制造和协调多个重复数据删除的实例，同时保持性能和数据的完整性十分复杂，但 DFR 能力增强了。通过共享资源或全局数据库、知识库或索引，可以对经由不同的重复数据删除引擎实例的观察结果进行比较，消除额外的冗余。例如，如果六个不同的服务器，如图 8.6 所示，由一对重复数据删除引擎（应用程序、节点、备份节点或其他目标）配置与平衡两端负载，备份相似的文件或数据，具有重复出现的各节点，则重复数据删除同样可以得到提高。

全局重复数据删除并不限于目标；基于源的重复数据删除技术的实现也有能力或潜力，这取决于具体的厂商与他们的技术部署在何处实现信息共享。一个例子是六个不同的服务器备份或存储一个共同的目标数据，这可能是一个目标存储系统、VTL、应用，甚至是一个云提供商服务器。不同来源或客户端可以与目标通信以获取信息的地图或特殊指标用来进行比较，以便在信息发送到目的地之前进一步减少数据。

有多少信息与源节点进行了共享是由特定供应商和特定产品的实现的，所以要与解决方案提供商对其具体性能进行确认。请注意，一个共同的知识基础或字典不仅可帮助 DFR 应用于更广泛的基础上，还可能增加弹性或冗余。知识库绝不能出故障，因此，为保护该信息，以便能够重新还原或减少未重复删除的数据，保护知识库非常重要。

还需注意的是，全局重复数据删除不必拘泥于数据是否被实际放置在共享或公共存储池。另一点需注意的是，多个节点的存在本身，例如，在网格或集群重复数据删除的解决方案中，并不一定意味着该全局重复数据删除正在使用。对于某些情况，多个节点可能看起来拥有全局重复数据删除功能（图 8.7），但它们实际上可能只有本地重复数据删除功能。

除了考虑在哪里（源或目标）、如何（硬件或软件，本地或全局）、何时

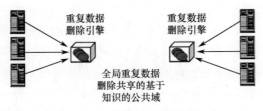

图 8.7　全局重复数据删除

（立即或延迟）实现重复数据删除以外，还要考虑其他方面，包括该技术如何与其他 DFR 技术共同工作（例如，压缩、粒度、数据比较大小的灵活度与复制的支持情况），以及数据的再分层（包括从路径到磁带上）。另一个要考虑的是对不同的拓扑结构、不同的解决方案能否支持。一种特例是多源数据发送到单个目标目的地（多对一）。另一种情况是一个目标位置复制到一个或多个在相同或不同位置上的目的地，包括托管服务商或云提供商。

在寻找重复数据删除解决方案时，要确定解决方案是否考虑了性能、容量和可用性，以及当待恢复数据量增大时数据如何恢复的问题。要考虑的其他项目包括如何将数据重新复制，如通过串联方式进行实时处理或某种形式的时延后处理，以及选择操作模式的能力。例如，重复数据删除的解决方案可能能够在一个特定的获取率下实现实时数据处理，直到达到给定阈值，然后处理状态返回到后处理状态，以便不引起应用程序的数据写入，并导致重复数据删除性能的下降。后处理的缺点是缓冲区的存储量要增加，但它仍然可以使解决方案在数据采集时不会成为瓶颈。

8.6　DFR 和 RAID 配置

独立磁盘冗余阵列（RAID）是一种用来解决数据存储可用性和性能的方案。作为一种技术和工艺，RAID 已存在了 20 年左右，由许多不同类型的硬件和软件实现。RAID 有几种不同的级别，以配合各种性能、可用性、容量和能量消耗水平以及成本。

当预算受到限制时，可能必须进行重新配置以使除已拥有的以收获得更多的有效性。RAID 可能看起来像一个非常低科技的方法，但需要重新评估服务水平协议，包括 RPO/RTO 的期望，以验证它们实际上是被期待而不是被假定的，然后调整技术。当然，改变 RAID 级别可能对某些系统不是很容易；因此需要花费时间来重新评估哪些 RAID 级别能连接到 SLA 的委托中。

不同的 RAID 级别（图 8.8）与各种硬盘的性能容量特点类似，对储能效果有一定影响；然而，性能、可用性、容量和能量（PACE）需要达到平衡以满足应用的服务需求。例如 RAID 1 镜像或 RAID 10 镜像和条带化使用更多的硬盘，因此需要更多功耗，但性能比 RAID 5 更好。RAID 5 在满足写入与更新性能的前提下可以较少的硬盘驱动器与低功耗量实现良好的读取性能。对主要外部存储的有效能源战略包括，选择合适的 RAID 级别，并结合强大的每瓦可实现最高 IOP 的存储控制器，以满足特定的应用服务和性能需求。

除了 RAID 级别以外，RAID 组支持的硬盘驱动器的数量在性能和能量效率上会有所影响。例如，在图 8.8 中，N 是 RAID 组中的磁盘数目；在 RAID 1 或 RAID 10 组中更多的磁盘将提供更高的性能，同时需要具有较大的电力、冷却力、占地空间和能源（PCFE）足迹。另一方面，在 RAID 5 组中，更多的硬盘会将奇偶校验开销传播到更多的硬盘驱动器，提高能源效率和减少硬盘的物理标号；不过，需要警惕长期重建操作中可能发生的二次硬盘驱动器故障。一种折中方法可能是 RAID 6，甚至是新兴的三重奇偶校验，以及分布式的保护方案，特别是加快奇偶校验计算和重建操作的解决方案。

关于 RAID 的一般注意事项和注解包括以下内容：

➢ 更大的 RAID 组可以产生更好的性能，并降低开销。
➢ 有些解决方案会将 RAID 强制设置在特定的叠式或驱动盘式的封装上。
➢ 不论输入是否有效，均匹配数据类型的性能和可用性。
➢ 采用更快的驱动器以提升性能；通过大容量硬盘提升容量。
➢ 重建时间会受到大容量 SAS 和 SATA 驱动器大小的影响。
➢ 在适当 RAID 级别下驱动复原导致的平衡风险暴露。
➢ 用于故障隔离，平衡最佳实践和技术的设计。

	性能	可用性	贫乏的创作	热衷于创作
RAID 0	很好	无	无	$N+0=0\%$
RAID 1	好	很好	最小值	50%
RAID 5	贫乏的创作	好	热衷于创作	(1P/N) 6%
RAID 6	贫乏的创作	较好	热衷于创作	(2P/N) 12.5%

图 8.8　RAID 级别平衡步伐，为应用程序服务水平综述

8.7　节省空间的快照

部分备份或支持 DFR 的数据保护现代化方法包括节省空间的快照。节省空间或空间效率的快照可以用于数据的保护，还可用于制作质量保证、测试、开发、决策支持及其他生产数据的副本。节省空间快照的重要性是减少每次创建副本或快照时产生的额外开销。从第一代快照开始，该功能已部署在各个系统多年，甚至几十年，并在性能和空间效率方面不断提高。

下一代新技术已经实现了在写入技巧中采用更改跟踪和重定向的副本，以

减少存储空间，同时快速复制。空间节省型快照以及传统快照的重要性在于，作为数据保护现代化方法的一部分，改变信息被复制的方式可以减少所需的存储开销，实现精简的数据占用空间。其目的是能够存储和保留更多的数据在一个更小、更经济的足迹上。

8.8　自动精简配置

自动精简配置是一种存储分配和管理技术，它向服务器和应用程序提供了一个抽象或虚拟化的视图：有多少已被分配但实际上在物理层面却依然可见的存储空间。本质上，自动精简配置，如图 8.9 所示，使那些存在于各服务器中已被分配但没有实际使用的存储得以更有效地共享和使用，以最小化在扩容和增加新存储时带来的破坏。

在图 8.9 中，每个服务器都认为它被分配 10TB 空间，但许多服务器都仅使用 10% 或约 1 TB 的存储容量。与其让 5×10 或 50TB 不被利用，不如根据需要，仅配置较少量的物理存储，而其余的多数物理存储可实现精简配置。其结果是减少不使用的存储安装需要，及其所消耗的电力、冷却和占地空间，直到它实际需要。然而，它的不足之处是自动精简配置较适合在稳定的或可预见的环境中工作，在这种环境下，具有较容易理解的增长和活动方式或可获得具有良好工作模式的管理工具。

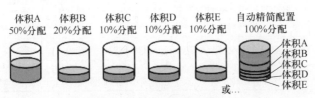

图 8.9　自动精简配置的例子

自动精简配置可看作类似于根据以往经验和流量模式而超额预订机票的航空公司。然而，正像航空公司超额预订机票会导致相关中断及成本增加一样，精简配置也可能会导致比实际可用物理存储多很多的突发需求。自动精简配置可以是一个整体的存储管理解决方案的一部分，但需要与能提供以往情况的管理工具和使用模式的宏观调研相结合。

8.9　普遍的 DFR 问题

存储越来越便宜；为什么不多买点？这是事实，每吉字节或太字节的成本继续下降，能源效率正在不断提高。不过，也有参与管理、维护和保护数据的其他成本。除了这些费用以外，究竟能够有效管理多少吉字节或太字节也比较复杂。数据占用空间减少战略使得可以有效管理更多的吉字节、太字节、甚至拍字节。

为什么不对每个操作使用重复数据删除技术？也许在未来，随着处理器变得更快，算法更稳健，和其他优化技术的出现，重复数据删除可能会变得更加普遍。然而，在短期内，重复数据删除技术将继续发展，并找出用在哪里可以减少数据量。其他类型的数据，包括图像或视频图像，更愿意采用压缩或其他形式的存储方案，所以具有更多的 DFR 工具意味着可以抓住更多机会。

8.10　章节总结

不论什么规模的企业都已遇到，也将遇到这些需要加以解决的数据占用空间的问题。鉴于不同应用和类型的数据及相关的存储介质或层具有不同的性能、可用性、容量、能源、经济等特点，需要多 DFR 工具（表 8.3）。

表 8.3　DFR 方法和技巧

	归档	压缩	重复数据删除
何时使用	数据库、电子邮件、非结构化数据	电子邮件、文件共享、备份或归档	备份、归档、重复和类似的数据
特征	主动式存储设备识别并删除未使用数据的软件	减少要移动（发送）、存储在磁盘或磁带中的数据量	清除观察一段时间后重复的文件或文件内容，以减少数据占用空间
实例	数据库、电子邮件、非结构化的文件解决方案	主机软件、磁盘或磁带（网络路由器）、家用电器	备份与归档目标设备和虚拟磁带库、专用设备
注意事项	搞清楚何时归档和删除哪些数据的知识、数据和应用程序感知的时间和知识	基于软件的解决方案需要主机 CPU 周期，从而影响应用程序的性能	运作良好，在背景模式下备份数据，以避免数据在消解性能上的影响

也就是说，DFR 的重点不止是备份或其他早期部署方案的重复数据删除。对于某些应用来说，降低比是一个重要的关注点，所以需要的是实现这些结果的工具或技术。对于其他一些应用而言，重点是数据减少下的性能，所以要按性能与数据减少的顺序来对工具进行优化。对此，厂商将扩大其目前的能力和技术，以满足不断变化的需求和标准。供应商与多个 DFR 工具结合也将获得比那些只有单一功能的工具更好的效果。

一般可考虑的项目包括：

➤ 在整个环境下查看数据足迹的减少量。

➤ 不同的应用程序和数据需要不同的工具和技术。

➤ 一些数据缩减侧重于空间；另一些技术以空间换取时间。

➤ DFR 工具箱中要有多种工具。

第 9 章　存储服务和系统

存储就像一盒巧克力：你永远不知道你会得到什么

——格雷格·舒尔茨

本章概要
➤ 存储功能可支持信息服务
➤ 云和虚拟化可支持存储和网络功能
➤ 云和虚拟化技术可补充存储功能
➤ 存储解决方案应考虑和比较每吉字节的成本

本章讨论关于支持云计算、虚拟化和物理环境的数据存储系统与解决方案面对的问题、挑战与机遇。本章中讨论的重点与趋势还包括分层存储、性能、可用性、容量、能源和经济效率。归档、备份、数据块和文件、集群、云存储、主存储和二级存储、固态设备（SSD）和 RAID 等内容也将提及。

9.1　入门

数据存储技术指在内部或外部，本地或远程（包括云和管理服务提供商）主机上实现数据、应用程序以及虚拟机的存储和访问。可采用多种类型的存储和热点（图 9.1）来满足不同的使用需要和要求。图 9.1 显示了如何在 SAN、NAS 或云系统、服务器、工作站、笔记本电脑和其他便携设备上实现存储。这些不同类型的存储器具有不同的特性和功能、目的、结构、成本与价格。一些存储解决方案是特制的，而另一些则为商用的开放。某些存储是针对高性能的在线数据，有的则是在主动闲置存档或备份/恢复和数据保护。

常规存储特点包括：
➤ 位于服务器内部或外部、私有的或共享的。
➤ 包括带宽，执行力或 IOPS 和响应时间或延迟方面的性能。
➤ 可用性和可靠性，包括数据保护和冗余组件。
➤ 用于保存在存储介质上数据的容量或空间。
➤ 对给定配置的精力与财政分配。
➤ 在读/写或存储数据方面的其他性能。

不同类型的存储支持各种应用程序或应用场景，如在线存储，或为常用数据提供性能与可用性的一级存储。另一种类型的存储是近线存储，或称二级存储，重点在于以较低的成本获得更大的容量，主要针对较少频繁使用的数据。第三种类型的存储是离线或三级存储，成本很低，主要针对不活动、空闲或休眠状态的数据。这三类存储可以进一步满足特定厂商的产品分类具体使用需求，或在特别条款下继续细分。

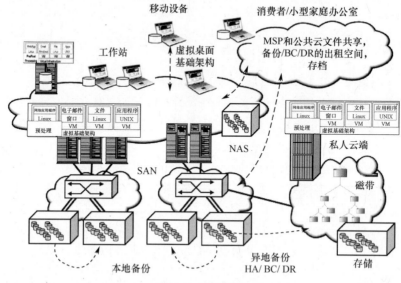

图 9.1　存储热点

为什么不能只有一种类型的存储呢？云能提供这些能力吗？对于某些应用程序或环境下，存储的需求量超出了本地 PDA、平板电脑、笔记本电脑、工作站、服务器、共享的 SAN 或 NAS 的可提供存储值，此时可通过使用一个公共云、私有云或管理服务提供商（MSP）来支持。这项支持 MSP、公共或私有云环境的底层技术实际上可利用不同类型或级别的存储器以满足各种性能、可用性、容量和经济目标。这与不同类型和级别的物理服务器及网络为满足使用需求被赋予了不同的属性相类似。

9.2　分层存储

分层存储通常是指根据磁盘驱动器或介质的类型，由价格区间、结构或其使用目标（在线以文件，电子邮件和数据库为目标；近线以作参考或备份；离线用于归档）决定存储方式。分层存储的目的是为满足给定应用服务的要求而配置不同类型的存储系统和介质，以实现不同程度的性能、可用性、容量、精力或财政（PACE）功能。其他存储介质，如固态硬盘、磁带、光盘及全息存储装置也可用于分层存储。

168

存储分层对不同的人意味着不同的事。对于有些人来说，这表示描述的存储和存储系统绑定于商务、应用或信息传递功能。有些人按照价格区间的多少、解决方案的成本进行存储类别的划分。还有些人考虑的是存储器的大小、容量或功能。另一种思考分层的方法是存储器使用的地点，如在线、近线或离线（分别对应一级、二级或三级存储）。价格区间是对磁盘存储系统进行分层的一种方式，其主要根据不同市场和应用场景决定价格。举例来说，消费者、小型/家庭办公室（SOHO）和低端的小到中等规模的企业（SMB）位于5000美元以下的价格区间，中端到高端的SMB位于50000 ~100000美元的价格区间，小型到大型企业系统位于几十万到几百万美元的高端价格区间。

另一种分层方法是判断其是否处在高性能的活动或高容量的非活动状态或空闲状态。存储分层也常用在不同媒介背景下，例如高性能固态硬盘或15.5K - RPM SAS或光纤通道硬盘驱动器（HDD），更慢的7.2K和10K大容量SAS和SATA驱动器或磁盘。也可将存储分为内部专用、外部共享、联网和使用不同协议与接口的云存取。人们通过强调功能而定义一个新的类别以与竞争对手有所区别（换句话说，如果不能在某一类别或分类中击败某人，那么就创建一个新的分类），这造成了如今的分类方式更加混乱。

另外一种分层存储的度量方式是分层存取，意味着在存储和读出数据的储存输入输出端口、协议或接入方法上进行分类。例如，存储可分为8GB/s和10GB/s高速光纤以太网与老式的1GB/s或4GB/s的廉价、低速以太网以及为了在服务器间共享数据存取而构建的基于高性能10GB/s以太网的iSCSI。分层存取也可视作利用网络文件系统或常规互联网文件系统共享数据的基于文件或NAS的存储器的总和。

不同储存系统类别通常称为分层存储器系统，它们将分层的存储器媒介与分层存取和分层数据保护相结合。例如，分层数据保护在不同磁盘冗余阵列等级上包括本地和可移动镜像，时间点复制和快拍照，以及其他形式的保密和维护数据完整以满足多种服务等级、响应时间目标和响应点目标的需求。总之，分层服务、分层假设、分层网络、分层储存以及分层数据保护需要与商业和应用功能相对应，而与方法或分类无关。

9.3 存储可靠性、实用性、可维护性

数据存储，无论其层次、类型、位置还是包装，其基本目的都是在给定成本、时间、性能水平和可靠性下保存数据。所有的技术，包括存储，会在某个时候由于硬件或软件问题出现故障，比如人为干预或配置错误、失去电力和冷却能力，或其他设施的问题。可控，是指通过技术分配部署，在满足性能、可用性、容量、能源和经济的服务水平目标（SLO）及服务质量（QoS）要求的

方式进行管理。考虑到预算限制和服务需求，需要实现满足需求与接受限制的平衡部署。平衡部署需要考虑适用性和可能的威胁风险情况，第 5 章和第 6 章讨论了以上情况，而第 3 章则针对不同的服务要求有所探讨。

存储的可靠性，可用性和可维护性（RAS）综合考虑以下方面：

- ➢ 减少冗余器件：电源、制冷、控制器、空闲磁盘。
- ➢ 故障保护：自动利用冗余组件。
- ➢ 自我修复：错误纠正、数据的完整性检查、重建和修复。
- ➢ 高可靠性：减少冗余器件、快照响应。
- ➢ 连续性：在可选择点的重启。
- ➢ 灾难恢复：在替代站点重建，恢复，重新启动，恢复。
- ➢ 管理工具：注释、诊断的结论、补救和修复。

储存产品或服务的可靠性、实用性、可维护性由表 9.1 所列的各部分组成。例如，HDD 的可靠性和实用性主要考虑各独立设备的内部组成元件，包括媒介、录音读写头、电动机和电子电路、固件或微代码、坏块替换和导航更新、误差修正设计和其他机械产品包括轴承。HDD 的运作需要电源，其可从机身的一部分或者通过电缆从另一来源提供。那么电源也当算作组间之一。应当将各组件的可靠性、实用性和可维护性同存储设备的安装、电源和制冷、I/O 和网络连通、控制器或适配器和相关的管理工具结合起来。

表 9.1 可靠性、实用性、可维护性组件

重点领域	可靠性，可用性和可维护性如何启用
应用程序和数据	结合快照或其他形式的基于时间的副本（包括备份、日志和便于重新启动或恢复 RTO 内的 RPO 的日志文件）的本地和远程镜像
操作系统和虚拟机/管理程序	自动化的本地和远程故障切换，或可预警、手动或主动实现的故障切换。复制和快照
服务器或物理机	在正常处理过程中用于负载平衡的其他服务器簇，以及冗余的I/O网络路径
网络或 I/O 连接	未互连、融合或搭载公共设施或载体的备用路径。可自动使用冗余组件故障切换软件和路径管理器
个人组件	在发生的故障产生影响之前，使用冗余组件更换或修理故障部件或设备
存储系统	本地副本或在一个集群中幸存的成员。可切换到 HA 或 BC 网站的备选方案。可以从快照备份中恢复的需求方案
电源和冷却	待机不间断电源，如应对控制关断或结转，可待机至备用发电机稳定工作的电池和飞轮，包括可切换到 HA 或 BC 网站的备选方案
网站或设施	切换到待机或可用站点，重新启动、待机或冷站恢复的备选方案，这取决于 HA、BC 和 DR 策略的使用

9.4　校准存储技术与媒体应用需求

鉴于数据存储的种类跨度从常用的主动在线和主数据到离线、不经常活动的存档数据，不同类别的存储媒体如何访问不同价值命题的问题可能会在一个单一的存储解决方案找到。例如，访问高性能常用数据，重点是在给定成本，物理容量足迹下每单位能量的工作量。对在性能方面没有要求的离线或二级数据，重点就从能源效率转到单位花销的最大负载量、单位能量和物理足迹上。

分层存储媒介或设备包括快速高性能光纤通道、SAS、低效率但高容量的SAS和SATA硬盘驱动器。其他的分层存储媒介包括FLASH、基于DRAM的SSD、光盘（CD、DVD、BluRay）和磁带等。表9.2展示了在比较性能、实用性、容量和能源消耗以及相对的成本配置下互相独立的不同存储层体系结构（例如，以高速缓冲存储器中心的或基于帧结构的单片电路；有标准组件的、分散式的或聚集成群的）或分层访问方式（DAS、SAN、NAS或CAS）。

表9.2　相同足迹下不同层次存储的服务特征

	第0层	第1层	第2层	第3层
	非常高的性能和低延迟，小的数据占用空间，非常方便	大量数据足迹的高性能集合，非常方便	在给定可用的足迹下，重点从性能转移到追求单位容量低成本	强调对于不常用或休眠数据最高容量的最低成本
用途	日志，日记，寻呼元数据索引文件，性能整合	常用文件、电子邮件、数据库、视频、虚拟机和VDI主机，音频，Web服务	主目录，文件服务，数据备份，挖掘，分析，备份，BC/DR	存档，主备份副本，在低成本或能量使用下的长期、高容量的数据保存
度量	时间就是金钱，每单位IOPS的费用，每瓦的处理能力，每瓦做更多工作	时间就是金钱，每单位IOPS的费用，每瓦的处理能力，每瓦做更多工作	每高密度容量的低消耗能力，不使用的时候避免能耗	空间就是溢价，在一个给定的足迹或配置每太字节成本，能量节省
例子	高速缓存，高速缓存设备，固态硬盘（闪存，RAM）	企业和中端存储：15KB，2.5英寸；SAS，15KB，3.5英寸FC硬盘驱动器	10KB 和 7.2KB SAS和SATA硬盘驱动器支持2 TB或更多的空间	高容量的SAS，SATA硬盘驱动器和磁带存储系统及虚拟磁带库

表9.2中，固态硬盘和高速缓冲存储器（第0层）提供了良好的每瓦/每单位功率使用带宽和每瓦容量下的IOPS。然而，成本和容量之间需要达到一个折中。比如，1TB以上的实际可用的基于FLASH的SSD能够适应标准的19英寸架中2架单元的高度，消耗125W或0.125kW·h电力，拥有传递每秒数百万兆字节的带宽性能，并且当数据量小时可启用I/O合并。

171

主动存储场景（表 9.2 的分层 1）不需要超低固态硬盘的延迟，但需要高性能和大量负担容量，高能效 15.5KB – RPM2.5 和 3.5 英寸 SAS 硬盘驱动器在每瓦的活动间提供了一个很好的平衡，如每瓦的 IOPS 和带宽，容量——只要驱动器的全部容量用于安置常用数据。休眠数据（表 9.2 中第 2、3 层）和适用于低性能的超大存储容量环境，如更大容量的 2TB 和更大的 2.5/3.5 英寸 SAS 或为更高的存储容量交换 I/O 性能的 SATA 硬盘驱动器为每瓦能源提供了一个好的容量。

另一个要考虑就是存储系统的配置、性能、可用性、容量和 RAID 级别。RAID 级别依据硬盘驱动器的数量或使用的 SSD（闪存或 DDR/ RAM）模块数量决定能源消耗。最终，PACE 的适当平衡应与其他决策和设计标准相权衡，包括供应商和技术偏好等各类问题。

9.4.1　硬盘驱动器

硬盘驱动器的角色正在发生变化；事实上，固态硬盘将帮助保持周围硬盘。正如磁盘有助于保持周围磁带，固态硬盘（DRAM 和 FLASH）会分担 HDD 的压力，使它们能够以更高效、更经济的方式被利用。磁盘驱动器在单位容量的价格持续下降，每吉字节闪存的价格正在以更快的速度下降，这样，使用固态硬盘就是一个平衡各应用层存储性能、可用性、容量和能量的互配技术。硬盘驱动器存在于各个消费产品中，包括数字视频录像机（DVR）、媒体服务器笔记本电脑和台式计算机、服务器和其他计算机，以及小至消费者个体，大到大规模企业级的存储系统。主存储硬盘驱动器的使用范围从基础的存储终端到笔记本电脑，工作站，服务器，专用或共享的通过 USB、SAS、SA-TA、FC、FCoE、iSCSI、NAS、NFS 或 CIFS 文件访问的外部存储。硬盘驱动器被越来越多地用于归档、备份/恢复，以及支持数据保护等存储系统，不论是更换、补充还是磁带共存。

硬盘驱动器作为一项技术已有 50 年历史，并在这段时间已显著演变。这 50 年，该技术持续发展，在降低物理空间、功耗和成本的同时提升实用容量、性能和可用性。直到最近，数据中心存储解决方案的支柱，3.5 英寸高性能企业用硬盘和高容量桌面用硬盘才让位于外形更小的 2.5 英寸高性能企业用硬盘和高容量 SAS 硬盘驱动器。

随着"绿色"存储以及同时解决电源、冷却和地面空间的问题越来越受到重视，将多个较小的硬盘驱动器的数据整合到一个大容量硬盘驱动器，在给定的能量使用密度下提高存储容量的比率成为最新的趋势。对于闲置或不常用的数据，整合存储是解决 PCFE 问题的一种方法，但对于常用数据，使用一个高性能的驱动器同时降低 HDD 的配额也是节能的一种形式。一些 3.5 英寸 HDD 将持续用于超高容量存储，这同几年前 3.5 英寸的硬盘出现后一些 5.25

英寸硬盘驱动器被保留的情况类似。

大容量硬盘每吉字节存储更多的数据，功耗却减少了。然而这降低了性能，尤其在密度方面会产生叠加效应。虽然在每吉字节的基础上比较驱动器很容易，考虑驱动器的使用方式同样也是重要的。需要关注效率，以及有关存储使用方式所带来的功耗。也就是说，对于常用数据的存储，应考虑每瓦能量能够完成多少工作，如每瓦 IOPS、每连续瓦带宽，或者每瓦能量传输的视频流。如果该数据是非常用或闲置数据，在考虑所需的能量来支持一个给定的容量密度的同时也要牢记，同样需要考虑其他一些性能，除非它是为深度访问或时延访问。

多年来，允许硬盘驱动器配合容量不断增长的一种技术是热辅助磁记录（HAMR）技术。HAMR 技术使得每平方英寸储存更多字节的信息，同时增加空气密度或每个设备的可用容量。采用 HAMR 技术，可以通过更精确地把数据位紧密地固定在给定的足迹上获得更高的精度。HAMR 建立在垂直记录等技术上，并持续打破存储与记录的壁垒。

HDD 的另一个功能改善是能够为驱动器提供暂未用来加速 RAID 重建或其他数据保护复制操作的读/写头。由于大多数的硬盘有多个盘片存储数据，读/写头一般位于盘片的两侧。例如，如果一个硬盘驱动器具有两个盘片，可以有多达四个盘面，用于写入和读取数据，每个面都将有一个读/写磁头安装于致动器臂。

9.4.2　混合硬盘驱动器

正如其名称所指，混合硬盘驱动器（HHDD）是闪存的固态硬盘和中等容量的硬盘的组合。它是在成本效益的足迹下性能和容量的结合体。考虑到许多厂商的主要投资在有机结合固态硬盘和高容量磁盘驱动器的相关软硬件研发上，HHDD 还没有在企业中大规模应用，可能也不会被广泛推广。HHDD 可能在需要增强性能同时在有效成本的足迹下维持大容量的二级或近线解决方案中一展用途。现在，HHDD 主要出现在台式机、笔记本电脑和需要大容量与高性能，而不需要高价固态硬盘的工作站中。

一个 HHDD 例子是笔者编写本书时使用的笔记本电脑中的具有 4 GB 闪存和 32 MB DRAM 的 500－GB 7.2K－RPM 2.5 英寸 SATA 希捷混合硬盘。笔者发现该硬盘比起传统的 7.2K RPM 硬盘驱动器在大规模或频繁访问的文件和应用程序上加载更快，而并不受笔者的 64 GB 固态硬盘小容量的限制。在笔者的笔记本电脑安装 HHDD 之前，笔者曾使用一个外置 HHDD 作为备份和数据移动设备，笔者发现吉字节大小的大文件可以与 SSD 一样地快速度转移并且比通过笔者的以 Wi－Fi 为基础的网络和 NAS 快得多。更简单点说，HHDD 的性能可以代替固态硬盘的性能，但是应用程序并不总是需要速度，还需要一个在付得起的价格上很大的存储容量。

9.4.3 可移动硬盘驱动器

几十年来，可移动媒体出现过许多不同的形态，从 20 世纪七八十年代大而笨重的低容量磁盘到 1 MB 的刚性软盘与光盘和 ZIP 驱动器。正如其名称所暗示的，可移动硬盘驱动器（RHDD）是具有升级版封装和连接器以便于携带的硬盘。驱动器的包装因供应商或产品而异，连接器亦是如此，且它可能需要一个对接站或转换电缆连接到服务器或存储系统。

硬盘驱动器设计成可安装型，以备不时之需，也可偶尔断开与它们所连接的服务器或存储系统。RHDD 可以频繁地连接和断开，所以连接器作为包装的一部分应当具有较长寿命或循环周期。RHDD 包装的一部分，是更耐用的表皮或外壳，所以当设备被丢掷时，外壳可以起到抗摔打或静电保护作用，这就像盒式磁带的外壳一样。RHDD 的主要用途是可以轻便地在物理层面传输数据，比如当网络带宽无法使用时，起到物理传输作用或者作为长期的数据副本备份或归档设备。RHDD 或一般的便携式媒体的另一用途，是将大量数据移动到 MSP、云或其他服务提供商等分段或批量执行数据移动的成员之一。一旦大量数据通过便携式媒体移动，后续的更新，包括复制、快照，或传统的备份就可以通过网络连接来处理。

RHDD 相较其他便携式媒体的优点在于它们是基于硬盘驱动器的，所以任何数据都可以实时访问。其结果是，软件或工具可以通知 RHDD 直接进入特定文件或数据的位置进行快速恢复，而不是传递到给定位置上的顺序介质（如磁带）。但 RHDD 不如其他便携媒体（如磁带）的问题在于是较高的 HDD 成本与包装，以及对站点或设备潜在的连接并访问设备的需求。

笔者使用 RHDD 已经好几年了，最初是作为一个可移动的备份介质（几年前笔者利用 MSP 或基于云的备份之前），以补充本地磁盘到磁盘备份。笔者仍然使用 RHDD 存档并作为最重要的主备份，将其加密并传送到异地的安全设施，以补充本地副本和云端备份。笔者还用它来归档不经常备份的数据。本质上，笔者使用的分层数据保护与不同类型的媒体是为减少数据足迹，从而缩短相关时间和成本，同时提升应用程序和数据的恢复能力。

9.4.4 固态器件

固态设备（SSD）是利用动态 RAM（DRAM）、NAND FLASH 或其他基于半导体的存储介质。基于 DRAM 的存储通常用于服务器或工作站的主存储器、存储系统或作为非持久高速缓存的控制器。固态硬盘可以在相机（如 SD 卡）、手机、音乐播放器、PDA，以及笔记本、上网本、笔记本电脑、平板电脑和工作站等中找到。固态硬盘也出现在较大的服务器、设备和从消费者到企业级存储系统中。

若严格比较每吉字节或太字节基础成本，HDD 是更便宜的。然而，如果要比较处理 I/O 的能力和 HDD 的数目、接口、控制器和同级别 IOPS、带宽、交换或有用工作的待实现情况，那么固态硬盘应该更具成本效益。在容量上，DRAM 较之 HDD 的缺点是前者保存数据需要电力。一些早期的固态硬盘是 DRAM 与 HDD 的组合，如此，当系统断电时，备用电源可保证数据被写入磁盘。今天，SSD 的最常见的形式是基于 NAND FLASH 中的各种不同的包装和解决方案。

基于 FLASH 的存储器由于其单位容量的低成本和不需要能量保护介质上的数据已逐步流行起来。而闪存由于其低功耗、低成本及断电时保持数据的能力，已经在低端产业中站稳脚跟，其应用范围从摄像头的 SD 卡或芯片、智能手机到 MP3 播放器和 USB 拇指驱动器。有两种常见类型的 FLASH：单层单元（SLC）和多层单元（MLC）。SLC 闪存每个存储单元存储一个数据位，而 MLC 的每个单元堆叠多个数据比特，以更低的成本实现更高的容量。基于 SLC 的闪存存储器通常用于高档产品，包括企业存储系统。通常情况下，基于 MLC 的 FLASH 用在每个价格点更高容量的解决方案中。SSD 的另一个新兴用途是近期萌生的相变存储器（PCM）技术。需要指出的是，基于 FLASH 的存储器的性能虽然比硬盘速度更快，但是不如基于 DRAM 的记忆体。另一个值得担忧的问题是基于 FLASH 的固态硬盘的工作周期或随时间推移的损坏存储单元个数。随着现代企业级闪存的更新换代，这些工作周期比单纯的消费者或"一次性"级 FLASH 型产品高得多。最新的 FLASH 拥有较长的工作周期，与此同时，存储系统和控制器厂商也不断优化自己的解决方案，以减少磨损或减少寿命。美国国家标准学会（ANSI）认可的组织委员会（JC–64.8）已经建立针对固态硬盘的电子设备工程联合委员会（JEDEC）并发布相关的耐力指标和试验方法。人们根据这些测试和度量方法，提出具有当前实用意义的耐力、工作周期和可靠性指标，用于选择固态硬盘或组件。两个标准：JESD218 固态硬盘需求与耐用性测试标准，以及 JESD219 固态硬盘耐用性工作负载标准均可在 www.jedec.org 找到。

SSD 不仅在使用基于闪存的存储消费类产品上拥有优势，也在日益普及的云计算、虚拟和传统的数据中心中用以解决 I/O 性能瓶颈，提高存储效率。一个已遗留几十年的老问题是如何解决服务器的存储 I/O 性能差距（图9.2）。硬件的成本不断降低，而服务器也在变得更快更小。存储容量和可用性不断增加，物理尺寸和价格下降，但存储容量服务器和存储性能之间仍存在较大差距。其结果是，对于某些应用，为了实现给定性能，需要更多的资源（磁盘、控制器、适配器和处理器），从而导致存储容量过剩。

为了减少多余的存储容量，整合有时不应着眼于性能，而应先从底层、电源和冷却的角度看待高效利用的存储优势。接着，为了解决存储性能瓶颈，存储应当分配跨多个存储系统，并进行重复循环。

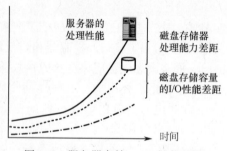

图9.2　服务器存储 I／O 性能差距

　　图9.3 的左边显示了用以满足至少 3600IOPS 应用程序性能需求的连接到存储系统或控制器的 16 个 HDD 硬盘配置。在这个例子中，如果控制器优化或者缓存没有额外优势，系统性能可能还达不到要求。图9.3 所示配置的副产品，则未充分利用存储容量，亦不满足服务质量 SLO。为此，图9.3 展示了一种 I／O 整合方案以解决问题。I／O 整合涉及使用高性能的存储设备，其应当能够超越当前的 IOPS 和 QoS 要求，如固态硬盘。除了满足服务质量或性能要求以外，该存储设备还应满足较少浪费的空间（容量以及电力、冷却和物理空间），同时降低复杂性和成本。

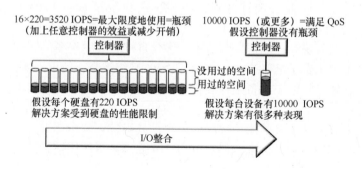

图9.3　存储 I/O 整合

　　与图9.3 类似，图9.4 专注于整合存储空间的能力，而不是性能。图9.3 的重点是在同时考虑每 IOP 或每能源瓦的 IOP 费用的情况下，系统将相对少量的数据传送到低容量、高性能设备下的 I/O 整合情况或系统性能。图9.4 的目标是整合存储设备，将存在未使用的容量和低性能需求的较小容量 HDD 整合到更少、更大的 2 TB（或更大）的 SAS 和 SATA 硬盘驱动器中。

　　SSD 面临的一个挑战是在哪里安置它们，以及如何以透明的方式使用 SSD、识别数据或其他可从该技术中获益的应用程序。另一个可能面临的挑战是从现有位置的固态硬盘移动数据时，如何中断应用程序。使用固态硬盘的方式有很多，包括盘卡或可安装到服务器的模块，如 PCIe 扩展槽。

176

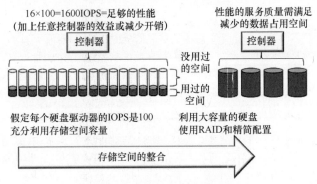

图 9.4　存储空间容量整合

　　在服务器中使用固态硬盘或高速缓存卡的好处是 I/O 和存储性能都可以本地化从而更接近应用。作为主存的延伸，存储也当视作一种固定资产，因此，虽然存储位置更近了，但花销也高了。与基于服务器的 SSD 卡相比，数据的本地化和相对少量的应用程序可以有效提高性能。SSD 卡作为一个增强控制器也出现在存储系统，补充其现有的基于 DRAM 的高速缓存。

　　然而，用卡或基于服务器的固态硬盘，尤其是不存在共享或 I/O 虚拟化（IOV）的基于 PCIe 的解决方案面临着一个挑战，即它们只能作为本地服务器存在，除非群集或服务器到服务器的通信都增加了数据共享。其他可配置固态硬盘的设备包括拥有相同设备外形和 SAS 或 SATA 接口以即插即用现有的服务器适配器、RAID 控制器卡，或存储系统。也可以在缓存 APPLI、磁盘格式大小的设备或设备组合、DRAM、分层或缓存软件中发现 SSD。存储系统多年来一直支持镜像和采用电池的 DRAM 的读写缓存，这其中就包括一些可以划分 SSD 设备存储空间的系统。最近，为了更有效地利用基于 FLASH 的 SSD，人们优化了存储系统，包括增加工作周期、写性能优化、自动分层等。基于解决方案的存储系统使得固态硬盘的缓存、虚拟化和分层功能实现透明访问。

9.4.5　磁带

　　对于一些机构而言，磁带可能早已失去作用，但对于许多企业来说，磁带仍活跃在各处，并承担了新的任务（例如，作为大容量存储长期数据保存，包括存档）。另一些人则认为公用甚至私有云最终将导致磁带的消亡，而这对一些人来说有可能是真的。但总体而言，磁带还没消失，不过，它的作用和用法正在发生变化，它将作为一种技术继续得到加强。磁盘是通过改变它的作用保持磁带存活的。通过使用磁盘和磁带（表 9.3）的组合，备份数据可以转移到基于磁盘的技术上，更有效地分流到磁带，从而提高磁带驱动器和介质利用率，充分利用内置的压缩和加密功能。

表9.3 技术共存：使用什么样的存储技术和技术

	短期数据保护	长期数据保护
保留	小时，天，周	周，月，年
存储媒介	磁盘到磁盘，磁带，本地和远程快照和复制	本地和异地的磁带，云计算（包括提供服务的磁带）
数据占用空间减少，绿色IT，存储优化	归档非活动数据，备份现代化，压缩，重复数据删除，快照，分层存储（磁盘，磁带，云）	磁盘到磁盘到磁带（D2D2T），发送到场外的磁带复制，压缩，验证和加密磁带介质

随着磁盘到磁盘（D2D）的备份持续受到欢迎，尽管不断变化自己的角色，磁带的使用，特别是中到大尺寸的环境下，仍将持续获得依赖。例如，为了提高磁带驱动器的利用，同时减少完成备份所需的设备数，或在给定的时间内的其他数据保护功能，可将D2D解决方案视作磁带的缓冲或高速缓存。通过从快照或复制中执行的D2D备份，数据得到了缓冲，这样当它准备写入到磁带上时，就可调用一个满足配置需求的驱动更有效地导入数据。最终结果是，除开改变媒介和日常维护，磁带驱动器本身可以达到接近100%的利用率。

随着最近发布的线性磁带开放协议（LTO）和其他磁带产品的使用指南，可以肯定地说，这种数据存储介质还有强大的生命力。这些使用指南显示了在单独盒式磁带中安全保护与存储更多数据、支持数据的持续增长的趋势。磁带继续着其在使用、分配以及技术方面的发展。表9.4显示了磁带，特别是LTO的可继续发展与规划路线图，以及在同等外观与性能提升条件下，本地与压缩数据存储空间容量的改进情况。

表9.4 LTO（线性磁带开放）路线图展示磁带的未来演进

LTO	年份	容量 本地	性能 本地	容量 压缩	性能 压缩	功能[①]
1	2001	100GB	20MB/s	200GB	40MB/s	2∶1压缩
2	2003	200GB	40MB/s	400GB	80MB/s	2∶1压缩
3	2005	400GB	80MB/s	800GB	160MB/s	2∶1压缩，W
4	2007	800GB	MB/s	1.6TB	240MB/s	2∶1压缩，W，E
5	2010	1.5TB	140MB/s	3TB	280MB/s	2∶1压缩，W，E，P
6	TBA	3.2TB	210MB/s	8TB	525MB/s	2.5∶1压缩，W，E，P
7	TBA	6.4TB	315MB/s	16TB	788MB/s	2.5∶1压缩，W，E，P
8	TBA	12.8TB	472MB/s	32TB	1180MB/s	2.5∶1压缩，W，E，P
① W＝蠕虫，E＝加密，P＝分区						

对于应用程序和只需要最低能量消耗，以及对响应时间或应用程序没有需求的存储环境，如离线存储，磁带相比于基于HDD的在线和近线存储系统仍然是一个很好的选择。对于另一些人来说，磁带可能会继续存在，但其位置可能会转移到云。一些云和MSP正试图通过提供后端磁带的能力向某些企业或

极端保守组织传递"云很安全"的信息。

9.4.6 不同的存储媒介混合使用效果更好

技术对准,即找准存储介质的适用类型和为了满足手头的任务应用服务要求的设备,是实现优化和高效的 IT 环境必不可少的。对于 I/O 高度密集型的常用数据,图 9.5 显示了用于高 I/O 活动数据的高性能固态硬盘(闪存或 RAM)第 0 层和快速 15.5K SAS 或光纤通道一级之间的平衡,以此作为技术对准的例子。对于不常用应用程序或不活跃的数据,如基于磁盘的备份,我们的目标是以最低成本存储尽可能多的数据,那么速度较慢的高容量 SATA 存储系统是一个不错的选择。对于长期的大容量存储,每周或每月存储都要进行大型备份,同时满足归档或其他保留的需求,此时,磁带可达到性能、可用容量以及每个占用空间能耗的良好结合。

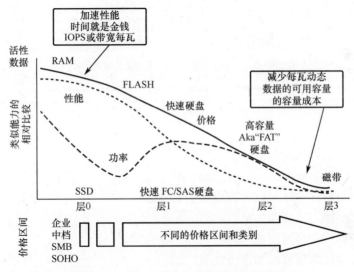

图 9.5 PACE 在服务与花费需求间的平衡

对于一个优化的数据存储环境,选择正确的技术、工具和最佳实践技术十分重要。为了获得最大的可靠性,常规的维护应在所有磁介质中进行,包括磁盘和磁带。日常维护包括定期活跃的数据或媒体的完整性检查,要检测出潜在错误以防其变成问题。对于基于磁盘的在线初级、二级和 D2D 解决方案,媒质维护包括主动驱动器的完整性检查或开机磁盘升降速与后台 RAID 奇偶校验的检查。

需要注意的事项:

➤ 拥有成本(TCO)的总花费和投资回报(ROI)因素。
➤ 审核并定期测试所有的数据保护介质、流程和程序。
➤ 坚持供应商推荐的介质处理技术。
➤ 把集成媒体和数据迁移计划作为数据保留策略的一部分。

> 针对当前任务对准适用技术。

9.5　存储服务和功能

存储和数据管理功能（图9.6），存在于许多不同的地方并根据厂商或产品的销售解决方案以不同方式打包。本地的储存功能可以在一个储存系统、设备、网关或虚拟化装置中得以实现，也可以通过网络交换机、云网关和服务器上运行的软件得以运用。通过应用在本章及其他章节中所讨论的各种技术和模块，云服务也可提供存储功能。储存功能可以嵌入硬件、固件、软件的结合体，而其他功能则能够在服务器上运行的软件，或包含在解决方案中的设备里找到。

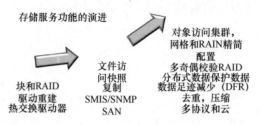

图9.6　存储系统功能演化

存储服务和功能包括：
> 块、文件和对象的访问。
> 自动精简分配和动态分配动态配置或分配。
> 多租户、分区、LUN 或卷映射和屏蔽。
> 安全性、认证和加密。
> 自愈性、高可用性、磁盘列阵、快照和复制。
> 自动化数据移动和存储分层。
> 智能电源管理（IPM）或磁盘降速。
> 应用集成和 API 支持。
> 数据占用空间减少（压缩和重复数据删除）。
> 虚拟化和云访问。

9.5.1　冗余组件

冗余组件包括电源、冷却风扇、控制器或存储处理器节点、高速缓冲存储器和存储设备。这些部件在解决方案正在运行中或因维修维护停机时可以热插拔。请记住可用性和可靠性是所有部分的总和，这意味着，每个单独固件可能有 99.999 或 99.9999 的可用性，但总体方案的弹性取决于所有的部件有效合理地配置在一起。

　　存储控制器或处理器节点可以是主动/主动或主动/被动的关系。当两者是主动/主动的关系时，两个控制器和存储节点都在运行，都在有效地工作，在一个故障的情况下另一个能够替代它运作。根据特定的产品或供应商所能实现的条件，两个控制器可能是活跃的，然而，一个LUN、卷或文件系统可能每次只能通过一个控制器被激活。例如，如果有两个文件系统或两个LUN，其中之一能够活跃于每一个控制器上，但两个不能同时被激活。在出现故障时，两个逻辑单元和文件系统都能够将任务转换至运行正常的那一个继续完成工作。有一些储存方法有能力让文件系统或逻辑单元通过二者在读写模式或只读模式下被访问存取。

　　主动/被动的模式，即当一个控制器在工作时另一个处于待机状态，其中之一故障时，另一个控制器则接受未完成的工作。人们经常对它们的性能不如双控制器产生疑问。他们惊讶地发现，一个逻辑单元、volume或文件系统只能在单一的控制器上运行，而另一个节点或控制器处于待机闲置状态或支持其他文件系统。

　　另一个冗余组件是有备用电源的镜像DRAM写缓存存储器。由于DRAM的不稳定性，需要某些形式的备用电源机制，如控制器上的和缓存板上的电池、大容量或外部的UPS的电池，以帮助储存数据直至它们被写入硬盘驱动器。一些缓存设计使用内置电池保存数据长数小时或数天直到驱动器能够通电。另一些缓存设计依靠UPS来维持驱动器的电力以保证缓存被写入硬盘。为什么不用闪存储存器来替代DRAM来消除不够持久的储存问题？DRAM比起FLASH，在被写入和修改时能够更快捷，无须考虑任务周期。闪存，目前作为缓存数据的离台设备，相较一个需要更多电能的传统旋转驱动器，闪存拥有更快的数据写入、离台与清除速度。缓存和可用性的相关在于，如果没有缓存性能，运用程序或信息服务则可能被关闭无法使用，同样，如果没有可用性，缓存性能也无法发挥。

　　除了支持热插拔的磁盘驱动器可在HDD或SSD发生故障时代替它们工作以外，许多存储系统也支持动态或热备件设备。根据存储系统的尺寸和用户配置，可能会有一个专用备用设备或多个全局通用备用设备。需要多少备用设备，取决于如何权衡设备成本和无设备导致停工损失的关系。该主机备用驱动器被存储系统用来重建或改造从RAID或其他方式获得的幸存数据。

　　有多个驱动器意味着能够防止多个设备故障。当然，更多的驱动器意味着更高的成本，所以需要确定这个"保险政策"的风险和回报。考虑一下这些热备用设备是在通用还是专用。如果它们是全局通用的，在故障时则能够用来保护任何时间上优先的RAID卷或在预警时主动备份。除了全局通用或专用热备用设备以外，一些解决方法需要在出故障时能自动恢复，或返回至原始驱动状态，而原始驱动通常一旦修改就被替换掉了。是否要快速更换回被替换的驱动状态，是否要返回到正常运转的配置，取决于个人偏好。系统自行运作会对针对不同的使用者采取不同的方式，一些使用者不在乎备用驱动在哪里，而另一些使用者想恢复到一个根据他们亲身实践经历得知的更良好的状态。

9.5.2　RAID 和实用性数据

　　独立磁盘冗余阵列（RAID）是用来处理数据和存储可用性和性能一种方法。作为一种技术和工艺，RAID 发展了大约 20 年，在硬件和软件中有多种不同类型的应用。根据不同的性能、可用性、容量、能耗水平和成本，RAID 有几个不一样的等级。

RAID（广泛）配置和使用于：
> 工作站、服务器和其他计算机。
> 存储系统，网关和电器。
> 安装在服务器或设备上的 RAID 适配卡。
> 应用程序、文件或卷管理器以及操作系统。
> 采用标准的处理器，以降低软件成本。
> 使用定制的 ASIC，以提高硬件的性能。

RAID 功能和各解决方案间的差异包括：
> 支持镜像集中两个或多个驱动器。
> 镜像或复制到不相似的或不同的目标设备。
> 将各种大小的硬盘组合成一个 RAID 组的能力。
> 在 RAID 各级别间透明地迁移或转换。
> 可变块大小，或在同一时间每个驱动器上写的数据量。
> 在 RAID 组中的支持驱动器或驱动器架的数量。
> 在相同或不同的货架式寄存器上穿过驱动器的宽条带大小。
> 后台奇偶校验擦洗和数据完整性检查。
> 并发驱动器重建数目。
> 使用定制的 ASIC 或关闭负载处理器硬件加速。
> 支持数据完整性格式（DIF）和设备无关的 RAID。
> 在线和同时使用中的 RAID 容量扩充。

　　不同 RAID 级别（表9.5）将影响存储能量的有效性，类似于不同容量的硬盘性能特性不同，然而，性能、可用性、容量和能源的平衡需要提到要满足应用服务的需求。例如，RAID1 镜像或 RAID10 镜像和宽条带化使用更多的硬盘，因此，能源将产生比 RAID 5 更好的性能。

表 9.5　RAID 水平和特征

级别	特征	应用程序
0	磁盘数据带状交错增加效能	数据即使无法访问也能保存至被恢复
1	以消耗容量为代价，镜像的数据交错于两个或更多磁盘以提供更好的性能和可能性	I/O 密集型，OLTP，电子邮件，数据库，写密集型，需要 HA
0 + 1 1 + 0	数据条带加镜像或条带镜像提供了可用性和性能组合（$n + n$）	I/O 密集型应用需要的性能和可用性
3	条纹加专用的奇偶校验磁盘，$n + 1$（n 为数据磁盘的数量）	运行大型连续的单列应用程序的性能良好
4	与 RAID3 相似，再加上块级奇偶校验保护（$n + 1$）	使用读取和写入缓存非常适合文件服务环境
5	使用 $n + 1$ 个磁盘旋转奇偶校验条带化保护	适合读取包括 Web 或文件，如果没有写缓存，写入性能受到影响
6	磁盘条带化使用 $n + 2$ 双奇偶校验。在一个较大容量的硬盘重建降低了数据泄露	需要更好的可用性比 RAID5 提供大的数据容量密集型应用程序

RAID 5 拥有良好的读取性能和使用较少的硬盘驱动器，减少了以损害写入和更新性能为代价的能源消耗。主要外部储存的能源策略包括选择适用的 RAID 等级和驱动类型，结合强大的储存控制器来传送每瓦最高可用的 IOP 以满足特定运用程序和性能的需求。

除了 RAID 级别以外，一个 RAID 群组支持的硬盘驱动器数量也影响性能和能源效率。对于任何 RAID 级别，n 是磁盘在一个 RAID 组的数量。例如，一个 RAID 1 的 $n + n$，其中 n 为 5，将是 5 + 5（基本镜像）或 5 + 5 + 5（三面镜）或 5 + 5 + 5 + 5（为四面镜）。一个 RAID 5，$n = 5$，将是（5 + 1）个，六个驱动器，其中之一是用于奇偶校验。比起 RAID 5，RAID 1 对于非可用容量的保护花费更高。然而，RAID 1 也有更多的可用驱动器来提供保障，提供各种驱动故障下不丢失数据的能力，这种能力还要依靠配置和供应商。当然，这里也是有开销的，因为那些 RAID1 的额外驱动器是没有可用容量的，它们也不是免费的总是要有人购买它们，为它们供电。但是，对于 RAID 1，如果停机对于某些应用程序和子集不是一个选择，那么提供那个级别可用性的价格也抵销了停机的损失。

从 RAID1 到 RAID0 是另一个极端，完全没有提供数据可用性和数据保护。相反，目的是使用所有可用的驱动器的性能。我有时会问是否有人实际使用 RAID 0，为什么他们会这样做。有一些机构使用 RAID 0 的目的是提高采用不同保护方案进行改变、更新记录或写入其他储存的读取数据的性能。这种做法是为了平衡性能和给定的应用程序及数据功能在停机时可能遇到的风险。在那些使用 RAID 0 的情况下，它们配置好自己的环境，所以当中断或驱动器故障发生时，数据仍能访问，不会发生数据丢失的情况。当然，对于依赖 RAID 0 的数据，在故障发生时看起来是丢失了，直到它们从其他储存器中恢复。如果无法承受停机或因其他地方无备份而丢失数据的风险，就不要使用 RAID 0。

RAID 0 和 RAID 1 之间是普遍配置的 RAID 5，为许多应用程序提供低开销的保护、良好的容量和性能。RAID5 将奇偶校验的费用平摊在更多的硬盘上，提高了能源效率，减少 HDD 的物理数量，然而，它需要平衡在延长重建运作时突发的 HDD 故障。为了提升存活性，减少双驱动发生故障的影响，可以使用 RAID 6 或 NetAPP、RAID－DP（RAID 双重奇偶校验。如果需要更多的保障，可以尝试解决方案中提供的三重奇偶校验。值得注意的是，对于更大的 RAID 装置（如组合起来的驱动数量），奇偶校验费用降低而驱动故障风险上升。

"完美的"平衡部分源于设计，部分源于 RAID 等级，部分源于产品本身。RAID 需要平衡的是读写存储性能、保护性能的开销和风险。增加其复杂性的是，如何实现 RAID，证实需要什么形式的硬盘辅助。使用 RAID 5 的好处是更低的防护费用，但要承担剩下单一的驱动器故障的风险直到前一个重建完成。RAID6，通过增加额外的奇偶校验驱动器，延伸了这种优势，相当于相同的磁盘数量增加了容量的费用用于提升存活性。或者，可以使用双重、三重、四重镜像，防护费用增加了但风险降低了。

RAID 保留着其相关性持续发展，开发运用于新的市场部门和新的场景，数据保护也在持续发展。其中讨论的更普遍的挑战之一是一个磁盘驱动器故障后需要多少时间才能重建，尤其是未来 2TB 和更大的磁盘驱动器问世以后。如果不出意料，一个有更大存储量的磁盘重建和复制都需要更长的时间；更多的磁盘驱动也增加了故障的概率。在 20 世纪 90 年代末和 21 世纪初出现了类似的担忧，对于 9 GB，18 GB 的出现和随后 36 GB 和 72 GB 的驱动器的问世。RAID 已经有所改善（图 9.7），重建算法以及其他存储系统软件或固件功能增强，其中包处理器升级或 IO 总线性能的提升。

大多数供应商，特别是已经在市场上提供产品长达 10 年或更久的供应商，都不会去讨论那段时期他们做了哪些改善提升。不是所有的存储系统都相似，即使它们使用相同的基础的处理器、IO 总线、适配器或磁盘驱动器。一些供应商已经在他们的重建时间取得显著改善，每一代的软件或固件能够更快应对故障重建。然而，对于其他供应商，每一次循环出现更大容量磁盘驱动器带来的只是重建时间的增加。例如，一些厂商重建一个 1TB 或更大的磁盘驱动所需的时间和 10 年前建一个 9GB 驱动器的时间相似或更少。这种进步是好的，如果 10 年前花了一天重建一个 9GB 的驱动器，今天重建一个 1 TB 或 2 TB 或更大驱动器同样只要一天,那么同样的时间就可以处理更多数据,说明仍有可以提升的空间。如果磁盘驱动器重建时间是一个问题,问供应商或解决方案供应商他们在做什么,以及他们在过去的几年里为提高它们的性能做了什么。我们应当寻找重建和重组性能持续提升,以及硬盘重建错误率下降的迹象。

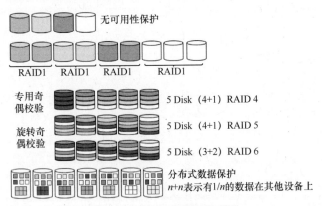

图 9.7　RAID 与数据保护概览

除了传统的 RAID 级别以及它们的变化以外,附加数据可用性保护计划正在实施中(见图 9.7 的底部)。例如,驱动器端数据的条带化不是通过一般或旋转的奇偶性校检进行,而是用变化的 $N+N$ 保护,将一个驱动器上 $1/N$ 的数据复制到另一个驱动器。例如,如果有 7 个 2 TB 硬盘,假设没有热备份,总容量为 $(7 \times 2)/2 = 7$ TB 减去任何系统开销跟踪或映射表。例如,IBM XIV 拥有 180 个 2TB 硬盘与 12 个分置在 15 个不同模块、每个模块一个热备份的驱动器。其可用容量为 $\{[(180 - 15) \times 2$ TB$] \times 0.96\}/2 = 79.2$TB。对于前面的例子,如果这 15 个备用驱动器中没有使用,则该系统中 4% 的开销也将从实用配置中消除。相比之下,一个 180 驱动 RAID 1 的 $N+N$ 或 90 + 90 将产生约 90TB 可用容量,这取决于具体的供应商。相比较于 RAID 5 或其他奇偶校验方案,分布式数据保护模式主张在多个驱动器传播数据,以减少发生故障的驱动器的影响,同时加快重建大容量磁盘驱动器。

传统意义上,大多数供应商的控制器、存储系统或软件数据写入到磁盘 512 字节的块,然而,一些供应商已经使用 520 字节或 528 字节的块。额外的 8~16 字节不包含数据,只能通过 RAID 和支持额外数据完整性或者元数据的存储控制器看到。根据不同的可实施性,元数据可能包括可以帮助重建一个 RAID 设置的信息,如果在磁盘上(COD)映射表的内容丢失或毁坏。最近,许多供应商开始集体支持 DIF,DIF 可以囊括被写入磁盘数据的完整信息的额外字节。需要明确的是,应用程序、操作系统、服务器和 SAN 或网络设备没有看到或注意到改变,除非它们能够使用 DIF。相反,这些资源依然使用 512 字节的块或内存页,与额外的包装字节一次写入磁盘。DIF 的好处在于,在驱动和储存系统等级上，增加了一个额外数据完整性的层在基础坏块替换或 CRC 检测上。随着时间的推移，供应商可能会随 I/O 路径进一步落实 DIF 从服务器到存储的应用程序。

数据块的另一个变化是从 512 字节的块移动到 4096 字节或 2 字节的块。这是一个缓慢的变化，随着文件逐渐变大，大容量储存系统和文件系统的利用率也得以提高，最终从操作系统延伸发展到存储设备。

9.5.3 提高数据可用性和保护

图 9.8 显示了基本的数据和存储系统的可用性功能，以及它们是如何互补的。在图 9.8 中的两个存储系统，称为系统 A 和系统 B，既可以是本地的，也可能一个是本地和另一个是远程。采用复合多层的保护性和可用性来防范各种威胁，如表 9.1 所列。例如，在 CRC 内的硬盘驱动杠杆（SSD、HDD、HHDD 或 RHDD），坏块替换其他可用性和完整性功能，与如 SMART 的通知功能结合。除了数据的完整性和自愈修复能力以外，在驱动器本身，多个驱动器使用不同的 RAID 级别配置，以满足性能、可用性、容量和能源价格方面的要求。B 在这个例子中，RAID 5 在系统 A 和 B 中都显示为系统 5＋1。系统 A 还具有一个热备用磁盘驱动器，而系统 B 没有。在 RAID 保护允许储存系统和应用程序在驱动器故障时使用它来维持运行，保持数据可访问。

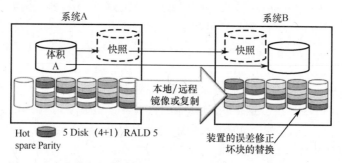

图 9.8 多重数据保护和高可用性技术的工作更好地结合在一起

为了增加保护，系统 A 被复制到系统 B，改变也能实时被复制。为了防止系统 A 到系统 B 复制过程中资料损坏和文件意外删除，看得到，每间隔一段时间的数据会使用快照保存下来。为了加强保护，快照也会从系统 A 复制到系统 B。看不到的是冗余的网络或存于系统 A 和系统 B 间的 I/O 连接。这些快照可以发生在存储系统级别，或者源于外部设备或主机服务器上运行的软件。另外，快照可以与管理程序、操作系统和应用程序结合以获得完整全面的数据保护。

完整全面数据保护的重要性在于确保在一个应用程序的缓存里或内存里的

所有数据被记入磁盘。对于任何怀旧的人，可能还记得，系统配置相似于图 9.8 是在 20 世纪 90 年代中期被 RAID 顾问委员会（RAB）归类为 DTDS +（灾难容错磁盘子系统加）作为发展超越基本的 RAID 的一部分（如果不熟悉 DTDS +，只需谷歌搜索 DTDS + disk storage 即可。）

在图 9.8 中没有显示的是，系统 A 和系统 B 中有多少控制器、内存处理器或节点。例如，系统 A 和系统 B 都可能只有一个单一的控制器，结合分布式主动/主动系统作为解决方案。系统 A 如果故障，系统 B 会承接过工作任务，与传统小范围的主动/主动储存系统功能相似。图 9.8 的另一个变量是系统 A 和系统 B 的储存系统可能有两个或者多个控制器，所以一个本地控制器故障不需要将任务转到远程。这是一个遏制故障的例子，通过隔离和自我修复，或干涉这种失效备援，直至任务从系统 A 转到系统 B 被正式决定。与控制器和储存节点相关却没有显示出来的是缓存一致性，如它名字暗示的一样，确保系统 A 中的任何更新缓存被复制到系统 B 中保留了数据的连续完整。

图 9.8 中的其他变化是系统 A 的多站点镜像或复制数据。程序等待数据放到安全的目标点可能是同时发生的。不同步也是另一个选择，有些应用程序会先得到确认再记录下数据。然而，这可能导致性能瓶颈，当使用慢或长距或高延时性的网络时。折中的方法是，同步提供确认，确认数据被写入，异步则用于长距离低价的网络。图 9.8 的另一种变化是更优先将系统 B 作为和系统 A 相同或不同类型的储存解决方案，而不是将系统 A 在客户端或者 MSP 云端存储。

请记住，这不是技术是否会失败的问题，而是何时、何地为什么的问题。可以从实践和信息资源管理立场做的就是减少风险。也请记住，许多灾难是人为干预或没有排除错误造成的。数据保护和可用性的程度可以由具体应用和业务需求来决定。

9.5.4 自动存储层和数据移动

数据迁移、移动和自动化的存储分层（作为术语）有时可以互换使用，但它们也可以指不同的事物。例如，数据迁移可以包括信息从一个储存系统到另一个相同或不同地点的储存系统，用于支持技术升级、产品替换更新、系统合并等。系统间的数据运动也可以用于建立一个 BC 站点，作为最初同步努力的一部分，可以用于移动数据到云端或 MSP 服务器。数据的移动可以发生在整个存储系统、文件系统、文件、卷或子 LUN（也称为块级）的基础。这不是先进的企业级解决方案，但如果曾经安装一个新的硬盘驱动器或存储系统附带能够移动文件的工具或软件，就是使用了系统间移动数据的一种方式。

另一种类型的数据迁移，也称为存储分层，指在一个储存系统内为了调整、为了负载平衡、为了容量最优化而移动数据。取决于特定的实现，一些系统间的数据迁移可能需要应用程序从更新中暂停，应用程序在信息移动过程中仅为只读模式，而另一些解决方案在数据迁移时可以保持读写模式。数据运动的间隔依据各个供应商有所不同，他们的设计原则不同，针对客户对象不同，想要解决的挑战也不同。数据移动功能可通过主机的卷管理器和文件系统来完成，或者在供应商或第三方软件的服务器或设备上运行，包括通过虚拟化平台中，包括存储系统在内。

支持系统内的数据迁移的存储系统有不同的目标，包括完全自动、手动或自动与手动控制和审批。当某些存储系统的整个 LUN、卷、文件、基础块活跃时，其内部分层将数据从慢存储提升到更快的缓存上。例如，NetApp，用其虚拟存储分层的方法，促进了数据从较慢的存储介质到数据为 4 KB 块的更快缓存，当被冷却或放缓活性时，数据访问则迁回数据所在的磁盘。相比较于前面提到的 HHDD，使用具有持续性的 FLASH 存储器进行缓存，这个方法利用了"放置数据改变访问途径"的概念，通过使用 FLASH 存储器来进行缓存，更大程度上促进硬盘的性能和数据存储能力。日立的动态分层方法是使用另一种自动化的页面分层，数据为 42MB 的块向下移动。日立系统内的做法是，数据开始在 DRAM 缓存，通过闪存的 SSD，从 15.5K SAS 到较慢的 10 K 或 7.2 K 更大容量的 SAS 或 SATA 硬盘驱动器。随着数据不断升温，或变得活跃，数据通过存储池备份到运用程序。日立还支持他们的不同产品间、系统间的迁移或者使用第三方虚拟化设备或软件，它能够在不同厂商的产品之间移动。EMC 作为全自动储存分成计划的一部分，具有系统内和系统间的移动及迁移能力，在不同程度上与大多数其他的存储厂商一样。

寻找和考虑有关的数据移动和迁移的目标包括：

➤ 数据迁移或移动软件工具中在哪里运行？
➤ 数据迁移、存储系统、文件或块的粒度是什么？
➤ 在数据移动的过程中可以读写吗？
➤ 在迁移过程中，对其他应用程序的影响是什么？
➤ 对于系统内的迁移，移动的存储大小（文件或块）是什么？
➤ 对于系统内的迁移和分层，管理是什么？
➤ 该解决方案用于支持升级和刷新或分层？
➤ 对于子文件或块的迁移，数据块移动的大小是什么？
➤ 哪些工具用来帮助实现可视化热点和冷点的分层？

在系统内的基础上做大量的数据移动，额外的处理性能是必要的，并且需要内部的带宽来支持这些行动。自动分层可能有助于降低单位容量存储成本，但随着服务或冲击质量的扩展而存在潜在的风险。

9.5.5 性能优化

性能是完成活动或任务的能力的代名词，范围从低或不经常活动到高性能。

对于存储系统，性能是指多少或者多快的数据可以读出或写入到存储系统。

存储主要性能指标包括：

➤ 响应时间或延迟，是衡量工作速度或访问的数据标准。

➤ 队列深度或需要完成的积压的工作。

➤ 每单位时间的活动，如 IOPS、交易、数据包或帧。

➤ 数据传输时，I/O 大小，以字节或块为单位。

➤ 每次移动时，吞吐量或数据带宽量（例如，第二）。

➤ 随机或顺序，读取和写入。

➤ 错误和重传或超时。

➤ 高速缓存命中和有效性与缓存利用率。

对于某些应用程序或信息服务，性能是以带宽或计算吞吐量衡量的，吞吐量是给定时间（通常为 1s）内有多少字节、千字节、兆字节或千兆字节的数据。其他应用程序或服务测量性能通过在给定的时间内做了多少工作衡量，如 IOPS、交易、帧、分组、消息或文件中读取或每秒写入量。典型地依赖于以给定速率移动大量数据的应用或 IRM 功能操作，如大容量影音文件或备份/恢复，将会导致高吞吐量与低 IOP 或活力值。

相反，需要少量读写请求的应用程序，如数据库、电子邮件收发、小的图像文件、VDI 的对象访问，或网页的项目，通常会看到具有更高的活性的 IOPS、网页、邮件或文件的形式是以秒为单位处理的，但吞吐量较低。这意味着对于 I/O 大小的需求上升，吞吐量和转化率上升，但活力值下降。I/O 的需求越小，活力值越高但吞吐量下降。我提出这个的原因是，我听到人们评论说他们没有得到广告中的宽带，或者评论说他们不需要太快的储存系统，因为他们的吞吐量不高。当我问他们以 IOPS，、读取量、I/O 大小作为评判标准，他们的活力值如何时，他们给的数值很高，并对其感到惊讶。例如，如果存在 10 个服务器，每个是每秒 10 MB，约 100MB（线速规范）对于一个 1 千兆以太网能力可能看起来并不像很多，但是同样的服务器可能每秒会支持 600 个 16K 的 I/O，性能的重点从吞吐量转移到活动和响应时间或延迟。

提高 I/O 性能的工艺和技术包括：

➤ 应用程序和数据库调整及优化。

➤ 存档，以减少无效的数据占用空间量。

➤ 工具用于监控性能和 I/O 活动。

➤ 快速的网络和服务器保障快速存储。

➤ 控制器优化，以支持快速接口和存储。

➤ 在服务器上缓存使用 DRAM 或 FLASH。

➤ 高速缓存的有效性优化算法（增强实用性与使用率）。

➤ SSD 和快速 15.5K SAS 硬盘驱动器中的服务器、设备或存储系统。

➢ RAID 级别，以满足性能、可用性和容量需求。

9.5.6 统一的，多协议和存储功能

在过去几年中，能够同时完成块和文件为基础的储存的多功能系统越来越流行。这些系统无须选择而能获得更灵活的功能，从而简化了信息获取过程。NAS 解决方案已经发展到同时支持 NFS 和 CIFS 及其他 TCP - 基础的协议，包括 HTTP 和 FTP。由于易用性和内置数据管理能力，以 NAS 或文件分析为基础的储存依然很普遍。然而，一些应用程序，像是 Microsoft Exchange 或数据库，或者需要使用 SAS、iSCSI 或光纤通道达成基于块的储存，或者需要为基于块的储存提供配置指导功能。

多协议存储产品支持以下功能：
➢ 无须专家指导即可获取和安装。
➢ 被具有不同技能的专业人士使用。
➢ 针对不同的应用需求重置。
➢ 扩展和升级，以提高未来的容量需求。

图 9.9 显示了存储系统、网关或设备的变化可以提供多种功能，支持各种接口和协议。由系统、软件栈、网关或装置所支持的协议、连接和功能依据特定供应商的供给而不同。大多数的解决方案提供结合块和文件的储存，同时也增加支持各种基于不同对象的访问。一些解决方案同时提供多个块协议，而另一些则在以太网连接上支持块、文件和对象。除了各种前端或服务器和应用程序所面临的支持以外，解决方案还常常利用多个后端接口、协议和分层存储媒介。

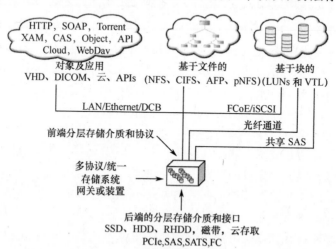

图 9.9 多协议和功能统一存储的例子

对于低端的服务器信息块，分支机构、工作小组、上班族和消费者，多种

协议和统一的储存方案的好处在于许多普遍的性能和功能能够更加便于获取、安装和使用，与多功能打印机、复印机、传真和扫描仪相类似。

对于大的环境，多协议和多功能的价值定位是其灵活性和适应不同使用情境的能力，使储存系统有更多个性，即支持多种不同媒介和功能的接口及协议的能力，让储存系统变得功能多样化。一个多功能的储存系统可被配置用来提供有良好稳定性和性能的在线基本储存，除了作为备选目标以外，还可以作为低花费高容量的储存。在另一些情境中，一个多功能设备可以先设置一个单一的功能，而随后可以根据个性功能需求重新设置它。

判断是否需要多协议储存主要看使用环境和需求。如果全部的需要只是FC、FCoE、SAS、iSCSI 或者 NAS，那么一个多协议设备只会增加不必要的开销，且未必适用。

如果觉得自己可能需要使用多协议功能，并且不需要为它额外开销，那么获取它吧。如果并没有在性能、额外管理软件费或功能或可用性上受到什么损害，而且有能力，为什么不配置一个统一储存系统呢？寻找能够满足现在和未来对储存、性能和可用性需求的产品吧，或是一个可以和其他储存系统共存共同管理的产品。

9.5.7 智能电源管理，"绿色"存储

笔者很惊讶，在 IT 行业中那些仅仅是减少了碳排放却将自己和绿色 IT 联系在一起的人越来越多——客户、供应商、媒体人员，甚至是一些分析师。事实上，绿色 IT，在解决碳轨迹上真正要面对的是通过提高效率和企业经济利益最优化，实现环保的目标。从近期的战略角度看，绿色 IT 是关于提升生产力，在困难的经济时期确保交易可持续性。从长远战略性角度，绿色 IT 是关于可持续发展，关于同时提升顶层和低层经济，关于重新配置竞争性优势的IT 资源。

存在一种普遍的误解：要实现绿色、优化，就应该在实践中提高存储能力同时避免能源消耗。优化绿色存储不适合那些希望提高工作效率、增强服务质量、缩短响应时间，或提高性能的环境，这只是虚拟的情况。现实情况是有最优化模型在控制产量、环境效益和经济效益。

有两种基本方法（除了不作为）可以提高能源效率：第一种方法是避免能源的使用，类似于遵从一个合理的使用模型，但此方法将影响工作量；另一种方法是利用等量的能量完成更多的工作，提高能源利用效率，或者用更少的能源做同样的工作。能源效率的差距是在给定能量条件下完成的工作量和存储信息量。换句话说，能量效率差距越大越好，如在第二种情况下，是使用更少的能源做更多的工作、存储更多的信息。

一些形式的储存系统在它们不使用时可以关机，如离线储存设备、备份和

归档的媒介。磁带和移动硬盘当它们不使用时不需要耗能，可以用来储存静态信息。并不是所有的应用程序、数据或者工作负载都能够合并或切断电源，当然，可能是因为性能、可用性、容量、安全性、兼容性、政治经济等多方面原因。对于那些不能合并的应用，办法是，以高效节能的方式支持它们，使用更快、性能更好的资源（服务器，储存和网络）来提高产量和效率。

绿色、高效率且有效果的存储方法和技术包括：

- 数据占位面积减少，其中包括归档、压缩和重复数据删除。
- I/O 整合，使用更少、更快的存储设备。
- 空间整合，使用较少、大容量存储设备。
- 现代化的备份和数据保护。
- 使用适用介质进行数据活动的存储分层。
- 智能电源管理（IPM）。

9.5.8 管理工具

储存管理是信息资源管理的一部分，侧重于资源的获取、配置、分配、检测，确保有效使用。用于管理储存的工具可以基于操作系统或监督应用程序，或者集中依靠方案解决的供应商和第三方。一些工具和储存系统解决方案紧密相连，而另一些能够和不同供应商的技术合作，并有不一样的获取、认证和维护费用。储存管理工具，在使用一个多用途的应用程序服务器的情况下，可能会偏离专用的管理应用程序或控制设备，或可能通过网络浏览接口被访问。接口包括 GUI、CLI 和网络浏览器如包括 SNMP，SNIA SMIS 和 CDMI 等形式的 API。

存储管理工具包括：

- 产品专用的设备和元素管理器。
- 系统和存储资源管理（SRM）。
- 系统和存储资源分析（SRA）。
- 数据保护管理器（DPM）。
- 端至端（E2E）和联合框架。

存储管理功能包括：

- 应用程序集成，如 VMware vSphere API 支持。
- 安全性、备份/恢复和数据保护。
- 自动化和策略管理。
- 搜索和发现。
- 文件系统和卷管理。
- 故障排除和诊断。
- 更改跟踪和配置管理。

> 供应和配置。
> 冷热（主动或闲置）文件和存储鉴定。
> 调整和存储分层。
> 数据移动和迁移。
> 性能和容量规划。
> 通知、报告和统计。
> 路径管理和故障转移。

9.6　存储系统结构

存储解决方案的重点是存储系统的体系结构或包装。解决方案包括从小型、入门级多功能系统到大型企业级系统之间有许多不同的变化。系统差异包括通常在上层的价格波段出现的高端缓存为中心或以单片框架为基础的系统、中档模块化和集群存储系统。这些差异已成为结合了接口、协议等的独立主应用程序，然而，在过去，不同储存系统的构架被区分得很清晰，类似于各种服务器的传统分界线。

除了支持开放系统和大型机服务器本身以外，高端缓存为中心的存储系统，顾名思义，有非常大量的高速缓存以提高性能并支持高级功能。有些系统支持超过 1000 个硬盘驱动器，包括超快基于 FLASH 的 SSD 设备、快速的 SAS 硬盘驱动器（取代光纤通道驱动器），以及较低的成本、高容量的 SAS 及 SA-TA 硬盘驱动器。在某些情况下，较小的中端存储系统可以与功率消耗更低的缓存为中心的系统的性能相比，大的存储系统的一个优点是可以减少存储系统的数量来管理大规模环境。

中档和模块化存储系统涵盖了从价格标价 6 和价格标价 7 的企业级解决方案到价格标价 1 的低端小型企业解决方案。顾名思义，该价格涉及包括存储等技术如何基于成本进行表征或分类。中档和模块化存储系统的特点是一个或两个存储控制器（也称为节点）、存储处理器，部分缓存可以镜像到对等控制器上（有两个控制器存在）。双控制器可以是主动/被动，用一个控制器执行有用的工作，另一个在控制器发生故障事件时备用。

中档和模块化控制器与缓存量相关，通常有能力支持高性能、快速的硬盘驱动器和慢的大容量的硬盘，有能力在一个盒子内实现分层存储。该控制器依赖的缓存比高速缓存为中心的解决方案要少，但某些情况下，利用快速的处理器和 RAID 算法的系统可以与更大、更昂贵的高速缓存为中心的系统的性能相媲美。

正如大多数的存储系统一样，决定性能的往往不是硬盘驱动器的总数量，而是 I/O 连接和分层访问的数量，如 iSCSI、SAS 、4GFC、8GFC、16GFC 或

10Gb 以太网和 FCoE 端口，处理器的类型和速度，或高速缓冲存储的量。性能区别是厂商如何结合各种组件来创造一个确保给定性能情况下尽可能维持低消耗的解决方案。为了避免性能上出现意外，要注意性能补偿，主要是硬件驱动器的速度和流量、端口的速度和数量、处理器和记忆卡。资源如何部署和存储管理软件，如何使这些资源避免瓶颈很重要。对于某些集群 NAS 和存储系统，更多的节点需要用来弥补开销和处理不同应用工作负载和性能特点时发生的性能拥堵。其他需要考虑的项目和特征包括支持业界标准的接口、协议和技术。

9.6.1 服务器作为存储，存储作为服务器

"开放式存储"指存储作为开放系统或使用开放技术的存储系统。充分利用开放技术的存储系统，相较单一的组装方案，具有灵活选择存储软件栈以及根据个人意愿选择运行硬件平台的优势。此外，还可以买到看似专有，实则内部利用开放技术的组装方案。一种常见的方法是使用在通用服务器上安装开源软件或供应商基于硬件的专用软件。最常见的案例包括 ZFS 或打包成组装解决方案一部分的 Microsoft Windows 存储服务器软件使用开放技术的存储系统（表9.6）、网关和设备包括专有软件和安装于开放或拥有工业标准硬件上的存储管理工具，如基于 x86 的 PC 服务器或运行管理工具，或是 IBM 公司旗下采用 DS8000 企业制度的 p 系列。开放式存储的另一个变化是该解决方案是利用开源软件在开放硬件上运行，而不是在专有硬件的专有软件上运行。在某些情况下，这些存储系统或设备会采用"白盒"、开放系统、商用服务器等，如超微或英特尔的产品，而不是如戴尔、惠普或 IBM 等知名品牌。另一些解决方案会采用内部专用 SAS、SATA 以及/或固态磁盘驱动器。其他解决方案，不论是 JBOD（简单磁盘捆绑）封装还是完整的存储系统，都可能包括内外部的组合或全部为外部存储的组合。JBOD 磁盘封装的子集来源包括几大供应商，如 Dot Hill、JMR、Newisys、Xiotech 公司、Xyratex（该公司还开发 RAID 和存储控制器）、适配器以及由原始设备制造商（OEM）制造并被其他供应商采购并转售的完整解决方案。

表 9.6 存储解决方案用于开放技术的案例

存储类型	例子
主块存储	戴尔公司（Compellent 的），惠普（左手），IBM DS8000 （pSeries 服务器）和第十四条，甲骨文 7000，第二云服务器
数据仓库，业务分析和"大数据"	EMC 的 Greenplum，惠普 Vertica 的，IBM 的 Netezz 公司，甲骨文中间件云服务器，Teradata
多协议数据块和文件共享	戴尔 NX（微软），惠普 X 系列（HP IBRIX 或 PolyServ 公司或 Microsoft），甲骨文 7000（ZFS），昆腾 StorNext

存储类型	例子
横向扩展 NAS，批量和云存储	戴尔（Exanet 的），EMC ATMOS，惠普 X 系列（HP IBRIX 或 PolyServe 公司，IBM SONAS，甲骨文 7000（ZFS），赛门铁克
备份/恢复，虚拟磁带库和数据保护设备	EMC Datadomain 和 Avamar，富士通，IBM 的 ProtecTIER，NEC，昆腾 DXi，飞康，Sepaton 的，Symantec
存档和保留对象的设备	戴尔，EMC 的 Centera，日立 HCP，惠普，IBM 国际会计准则中，NetApp（StorageGrid 又称 Bycast），NEC，量子

除了表 9.6 中所列的存储系统以外，其他开放技术的常见相关存储用户，尤其是搭载于硬件平台的用户包括云网关和其他专业设备。当云接入网关或设备（数据通信领域进行云存在点（cPOP）的传输〕时，本地存储可用于高速缓存、缓冲、临时工作区、接收快照、备份，或是被移动到云之前的数据。基于云的存储系统（不论是共有还是私有的）通常利用开放平台相结合的办法实现专有和开放的融合。表 9.6 展示了一些云解决方案、服务，以及服务提供商的扩展技术。另一个开放平台的应用实例是将不同厂商的 x86 架构服务器平台与预先集成的 Citrix、Microsoft 或 VMware 的虚拟化管理程序相结合的扩展栈与解决方案。

9.6.2 集群和网格存储

集群和网格存储，也称为外扩或规格以外的系统，可以是块状、文件格式或基于对象的，可以实现在线一级、二级备份和存档的不同功能。各种规模的企业均可以从其支持存储的多样性、可用性，容量和功能的延展、灵活与集群中获益。从性能的角度来看，有些存储针对微小随机并发执行或顺序操作文件，如 JPEG 文件、Web 页和元数据查找等，进行优化。一些针对视频、图像或其他复杂的大型数据并行顺序访问的系统进行优化，而另一些解决方案则支持混合工作负载。有些解决方案从最小容量出发扩展性能，而另一些则对大量密集的存储空间进行了优化。也就是说，一个集群或网格存储解决方案的存在不应该自动推断容量是与可用性或性能等量的。

集群意味着具体情况要具体分析，特别是当集群存储结合了 NAS 或基于文件的存储。例如，在实际应用中，集群 NAS 可以推断一个集群文件系统是否只是多个 NAS 文件服务器、NAS 机头、控制器或配置存储可用性与故障转移的处理器的集合。也就是说，NFS 或 CIFS 文件系统可能只会启用一个节点上的时间，并在故障切换时，文件系统从一台 NAS 硬件设备（例如，NAS 机头或文件服务器）转移到另一个。另一方面，集群文件系统可实现 NFS、CIFS 或其他文件系统是在多个节点（NAS 机头、控制器等）上同时进行。并发访问可能只是小的随机读取和写入，例如，支持一个受欢迎的网站或文件服务应用程序，也可能是并行读取或写入到一个大的顺序文件中。

集群存储解决方案可以通过块（iSCSI、FC 或 FCoE）、文件（NFS、pNFS、或 CIFS）、对象、HTTP、API 或专有的方法来访问。对将现有的软件工具备份与实现兼容，一些集群存储解决方案提供了虚拟磁带仿真（VTL）与基于文件访问的 NFS，另一些解决方案则致力于支持对象或内容寻址存储（CAS）模式。一般来说，集群存储与使用群集式服务器类似，都提供了规模超越单一传统系统规模的极限性能，扩展可用、规模和能力，并使增长以模块化的方式，提升了性能和智能功能以及容量。在较小的环境，集群存储使模块具有按需扩展的能力，以满足特定的性能或容量需求。对于较大的环境，集群存储使增长超出了单个存储系统的限制，以满足性能、容量和可用性的需求。

可应用到集群、批处理、网格和"大数据"存储应用解决方案的应用包括：

非结构化数据文件 。

➤ 数据仓库，数据挖掘，商业分析。
➤ 协作，包括电子邮件、SharePoint 和通信系统。
➤ 首页目录和文件共享。
➤ 基于 Web 和云或托管服务提供商。
➤ 备份/恢复和归档。
➤ 富媒体、托管和社交网络网站。
➤ 媒体和娱乐创作，动画渲染和后期处理。
➤ 金融服务和电信，呼叫详细账单。
➤ 项目为导向的开发、仿真和能源勘探。
➤ 查找或引用数据。
➤ 欺诈检测和电子监控。
➤ 生命科学、化学研究，以及计算机辅助设计。

集群存储解决方案不止为满足支持大型程序顺序并行或并发文件访问的基本要求。集群存储系统也可以支持在线高度并发或基于其他应用的小文件随机访问。这些可扩展的、灵活的集群文件服务器，充分利用了常见的开发服务器、网络和存储技术，因而非常适合于新的和新兴的应用，包括大容量存储在线非结构化数据、云服务，以及多媒体，以满足它们对在极端条件下的性能（IOPS 或带宽）、低潜伏时间、存储容量以及在较低的成本下的灵活性的需求。

人们通常只对与集群存储相关的带宽密集型和并行访问的性能特点；而那些为数据库、电子邮件、服务、主目录的通用文件服务，家庭导向和元数据查找（图 9.10）提供相关支持的小型随机 IOPS 突破口则鲜有人闻。需要注意的是，集群存储系统，尤其是集群 NAS，是可以不包括一个集群文件系统的。

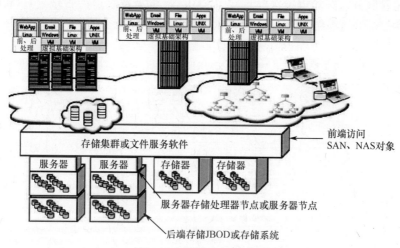

图 9.10　集群和网格存储

可扩展和活动群集文件服务器和存储系统为向下提升硬件平台的潜在处理能力提供了可能。例如，可以在高密度行业标准服务器或刀片中心上部署基于软件的，不依赖于专有硬件的集群存储系统，同时利用第三方的内部或外部存储。

对网格、集群、大数据和外扩存储的考量包括以下内容：

➢ 内存、处理器和 I/O 设备是否可以改变？
➢ 许多小型或大型文件是否对有大型文件系统有所支持？
➢ 什么是小的、随机的、并发的 IOPS 的性能？
➢ 什么是单线程的、并行或串行的 I/O 性能？
➢ 在相同的群集实例中如何启用性能？
➢ 是否可以将文件系统和文件从所有节点中同时读取和写入？
➢ I/O 请求，包括元数据查找，是否发送到一个单一的节点？
➢ 节点和存储会增加时性能如何变化？
➢ 增加新存储或替换现有存储会带来怎样的颠覆性变化？
➢ 需要的只有专有硬件，还是可以使用符合行业标准的组件？
➢ 是否存在形如负责均衡的数据管理功能？
➢ 支持哪些接口和协议选项？

9.6.3　云存储

云存储（图 9.11）可以是公共的或私人的，可以是一个架构、单点产品或关于硬件、软件、网络和服务的解决方案。有些云存储服务或解决方案针对特定的使用案例，如文件共享、备份/恢复、归档、BC/DR，或照片、视频、音频等车用多媒体。其他云服务产品对视频监控和安全、数据库或电子邮件和Web托管服务、医疗电子医疗记录（EMR），或者数字资产管理（DAM），包括图片归档通信系统（PACS）等进行优化。

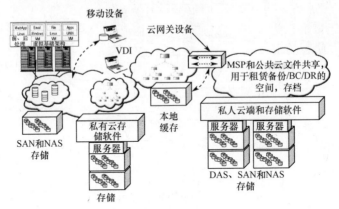

图9.11　云存储案例

如何访问云存储将因服务或产品的类型而异。一些服务和解决方案通过本地或接入网关、应用或软件驱动程序模块提供NAS基于文件的接口。除了NAS以外，通过云端设备或网关访问，云服务也呈现不同的协议和个性(图9.11)。云接入网关、设备或软件工具，除了提供接入以外，还包括复制，管理单元镜头、带宽优化、安全、计量、报告等其他功能。云服务利用不同的方法来支持它们的解决方案，有一些使用传统的服务器、存储和网络产品结合自己或供应商提供的文件系统及相关的管理工具。一些云服务提供商，如谷歌，广泛利用定制的软件和硬件，而其他厂商则使用了更混合的方法。更多关于公共和私有云存储解决方案，产品、服务、体系结构和包装的内容详见第12章。

9.7　存储虚拟化和虚拟存储

有许多不同形式的存储虚拟化，包括聚集化、虚拟池、仿真和提供不同物理资源透明度的物理存储层。存储虚拟化可存在于不同的位置，包括服务器软件产业基地、网络、组织机构、使用设备、路由器、刀片服务器、软件开关或交换导向器。存储虚拟化功能也可应用于应用服务器、操作系统、基于网络的设备、交换机、路由器，以及存储系统中。

9.7.1　容量管理与全局命名空间

存储虚拟化的一种常见形式是卷管理器，其将物理存储从应用程序和文件系统剥离出来。除了提供不同类型、类别和供应商的存储技术以外，卷管理器也可用于支持聚合、性能优化、基础设施和资源管理（IRM）功能。例如，卷管理器可以将多个类型的存储聚合成大的逻辑卷组，再细分成更小的应用于文件系统的逻辑卷。

除了用于聚合物理存储以外，卷管理器也可用于 RAID 镜像或基于可用性与系统性能的条带化。卷管理器还提供了一个抽象层，以满足为维护与升级而添加或删除的不同类型的物理存储，而不影响应用程序或文件系统。卷管理器支持的 IRM 拥有存储分配、配置和诸如快照与复制的数据保护操作等功能；所有这些功能在各专项供应商中各有不同的实现方式。文件系统，包括集群和分布式系统，可以建在顶部或与卷管理器一起使用，以支持性能、可用性和容量扩展。

全局命名空间通过呈现一个总体性的虚拟化提供了另一种形式的门控和各种文件系统的抽象视图。全局命名空间可以跨越多个不同的文件系统，提供了一个易于使用的界面或管理访问视图的非结构化文件数据。用 Windows CIFS 的微软网域名称系统（DNS）或用于 NFS 的网络信息服务（NIS）支持全局命名空间。

9.7.2 可视化和存储服务

虚拟存储和存储虚拟化的目标为实现敏捷性、灵活性、柔韧性以及数据和资源的流动性以简化 IRM。一些存储虚拟化解决方案，专注于合并或池化，类似于第一次浪潮服务器和桌面虚拟化。虚拟化的下一个大目标将不只是整合。这意味着虚拟化将从整合、汇集或 LUN 聚集扩展到提升敏捷性、灵活性、数据或系统运行、技术更新以及其他常见的耗时 IRM 任务的透明度。

不同的存储虚拟化服务可在不同的地点实施，以支持各项任务。存储虚拟化功能包括对块存储与文件存储的虚拟池或聚合，针对现有 IT 硬件和软件资源的共存与互异进行的虚拟磁带库、全局或虚拟文件系统，用于技术升级、维护数据的透明数据迁移，以及对高可用性、业务连续性和灾难恢复的相关支持。

存储虚拟化功能包括：
- ➢ 池或存储容量和聚合。
- ➢ 透明度或相关技术的剥离。
- ➢ 敏捷度和均衡负载与存储分层的灵活性。
- ➢ 自动数据迁移或为升级与合并所做的迁移。
- ➢ 异构快照和在本地或在广义基站下的复制。
- ➢ 轻薄与动态配置的存储层。

对 LUN、文件系统、卷池和相关管理层的聚合与池化都是为了提高容量利用率和投资保护，包括对不同的层次、类别和不同供应商的存储价格区间支持异构数据的管理。考虑到整合存储、IT 资源及其可持续技术成熟度的主要关注点，聚合与池化解决方案可视作存储虚拟化的成熟部署。

尽管聚合与池化越来越受欢迎，目前大多数的存储虚拟化解决方案仍是抽取。抽取和技术的透明化包括设备仿真、互操作、共存、向后兼容性、过渡到新技术、透明的数据移动、迁移，以及对 HA、BC 和 DR 的支持。其他类型的抽取与透明化包括异构数据复制或镜像（本地和远程）、快照、备份、数据归档、保全、依从，以及应用程序自主化等形式。

　　虚拟磁带库提供底层物理磁盘驱动器的抽取，同时模拟磁带机、磁带处理器和磁带盒。这样，虚拟磁带库就可采用基于磁盘的技术，通过协调现有的备份、归档、数据保护软件和程序提高性能。虚拟磁带库可在单机，也可用于对可用性、故障转移以及扩展性能和容量的群集配置。相关接口包括用于磁带仿真的模块和基于文件备份的 NAS。虚拟磁带库还支持压缩、重复数据、删除、加密、复制和分层存储。

　　存储虚拟化的注意事项包括：

> 　有哪些不同的应用要求和需要？
> 　它可以用于合并或促进 IT 资源管理吗？
> 　还有什么其他的技术是目前实行或未来计划的？
> 　什么是缩放描述（性能、容量、可用性）的需要？
> 　将被厂商锁定的点是否会进行移动或增加成本？
> 　可替代或适用的方法有哪些？
> 　如何规划解决方案使其保持稳定？

　　可以简单建立一个 VTL 商业案例或磁盘库以支持技术转换及与现有软件和程序的共存。同样，对数据的透明迁移，以促进技术升级、更换、重新配置以及日常维护和支持的情况可以维持业务增长。例如，如果把数据从旧存储系统迁移到新技术上的同时保持数据的可用性和应用程序的访问，定义这个过程所需的时间为一个还原量，那么存储资源的技术就有更长的生存时间，因此减少了由于转化率和迁移时造成的技术不完全利用而消耗的单位时间。此外，可以导入更新的节能技术，同时更快速地删除老旧的低节能技术。

　　这并不是说就没有存储池化或聚合的商业案例，而是说存储虚拟化技术和解决方案可应用于其他领域。服务器虚拟化从这是当前市场和产业阶段的单一角色，转向支持迁移、维护和扩展，特别是对那些不利于整合，如需要更高的性能、容量或可用性的应用程序和工作负载，而从服务器虚拟化扩展至单独的数据或消费者与之相比并无太大不同。

　　还有一种情况是，将数据移动或迁移到存储成本较低的层次上，以满足线上和参考数据的需求。数据迁移也可用于将数据移动到近线或离线存储的记录。成本较低的存储也可以用于为 HA、BC 和 DR 提供数据复制或作为常规数据的备份。数据复制和移动可以使用基于主机的软件，包括卷管理器、迁移工具、网络或基于光纤的数据移动器以及存储系统来完成。

　　存储虚拟化的另一种形式是虚拟存储服务器（图 9.12）或存储分区，使一个单一的全功能存储系统作为多个独立的存储系统或文件服务器出现在各应用程序和服务器中。虚拟存储服务器或分区的首要重点是能够隔离、模拟和抽取共享存储服务器上的 LUN、卷或文件系统。例如，在一个共有的或整合的存储服务器上共享不同的应用，同时防止应用程序、客户或用户之间的数据共享。

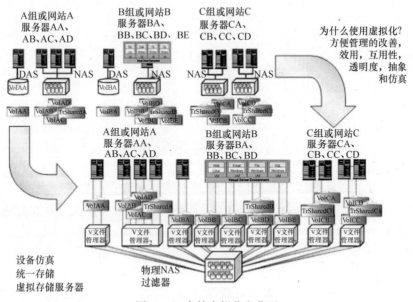

图 9.12　存储虚拟化和分区

　　一些存储虚拟化解决方案主要基于在设备、网络交换机或硬件系统上运行的软件，它们的侧重点在于模拟或向中高端存储系统提供竞争力。为此，需要在设备端、交换机或硬件系统中使用较低成本、较少功能的存储系统，而在高端存储产品领域为客户提供先进的数据和存储管理功能。

9.7.3　存储虚拟化的位置

　　存储虚拟化可以在几个不同的位置来实现（图 9.13），包括服务器内、设备、网络设备及存储系统中。人们对什么是决定解决方案虚拟与否持有不同的想法。有人认为存储虚拟化必须支持不同厂商的产品，而另一方则着眼于在单一厂商的产品功能。正确的方法取决于对技术喜好或零售商的想法，事实上，他们将殊途同归。

　　存储虚拟化的最优类型和发挥功能的最佳场所取决于个人偏好。最好的解决办法和途径是那些能够满足灵活性、敏捷性和弹性，与所处环境共存与互补，同时适应需求的方案。答案可能融合了多种方法，只要适合就好。

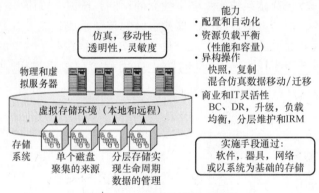

图 9.13　存储虚拟化的多面性

9.8　常见的存储问题

什么是最好的存储？谁最适合特定应用程序或信息服务的需求，满足SLO、SLA 与生产效率，从经济学角度，具有在相同或更少的空间存储更多数据能力的，是最好的存储。一般来说，没有坏的存储，有的只是糟糕的实施、部署，或技术的使用。

为什么拥有更多的服务器、内存、端口或存储并不总是更好的？理想情况下，一个独立于内部结构、硬件或软件瓶颈的存储解决方案应该能够利用更多的服务器、内存、端口和控制器节点。然而，并非所有的解决方案都能实现类似功能；有些方案拥有更精致的算法、软件、固件、微码，无负载芯片或ASIC。一些方案依靠现成的容量商用硬件降低成本，因此不能从额外资源中获益。其结果是，仅仅增加磁盘、端口存储器、高速缓存或处理器是无法提供更高可用性的。相反，所有器件共同协作，在适当的工作量或活动水平下支持所需应用程序，才是最重要的。

云计算和虚拟服务器需要云计算和虚拟化存储吗？如果云或虚拟服务器处在公共云，如 Amazon 或机架空间，则可能要访问可用的云计算和虚拟存储。如果虚拟服务器在其中一台服务器上运行，则可以直接使用传统的共享存储。

虚拟服务器需要网络存储吗？虚拟服务器需要共享存储；可以自主选择共享存储的类型，如块存储、文件存储、NAS、iSCSI、SAS、FC 或 FCoE。

采用云存储后，物理存储是否失去意义了？最好的云存储解决方案，可以安全、经济地部署，无须使用底层的物理存储，这项技术将是具有跨时代与真正革命性的产业。到那时，物理存储将在云存储的基础上，在本地或远程地保持一定的形状或形式。如何以及在何处存储和使用云计算，如何扩充现有环境将是可能改变的内容。

9.9　章节总结

存储设备、系统和满足各种需求的解决方案种类繁多，各有不同的性能、可用性、容量、能量和经济特性。

通常应当考虑：

➤ 连接反应减缓或高延迟控制器的 SSD 可能导致瓶颈。

➤ 快速的服务器需要快速的 I/O 路径、网络和存储系统。

➤ 考量低成本短期用途的 RAID 配置。

➤ 从性能、可用性、容量和能源需求方面对齐分层存储。

➤ 将保持响应时间或延迟视作焦点，透过现象观察 IOPS 和带宽的本质。

➤ 云和虚拟服务器需要的物理存储。

➤ 开发一个基于在线或离线数据的降低占用空间策略。

➤ 能源效率可实现分层存储的不同需求。

➤ 比较闲置和工作条件的存储情况。

➤ 存储效率指标包括 IOPS 和活跃数据每瓦带宽。

➤ 对不活跃的数据，衡量每体积和成本瓦的存储容量。

存储系统、设备和云服务解决方案的供应商包括苹果、思科、戴尔、Data Direct、Dot hill、EMG、飞康、富士通、惠普、IBM、Infotrend、英特尔、艾美加、Kaminaro、金士顿、美光、NEC、NetApp、美国网件、敏捷、Nexsan 公司、甲骨文、陆上、Panasas、Pivot3、PMC、无极、昆腾、Rackspace 公司、三星、SanDisk 公司的 Sand Force、希捷、STEC、Storsimple、Solidfire、超微、赛门铁克、群晖、TMS、东芝、西部数据、Xiotech 公司、Xyratex 公司和思拓等。

第 10 章　服务器虚拟化

摆脱了硬件的软件将是革命性的。

——格雷格·舒尔茨

本章概要
- ➤ 物理服务器与虚拟服务器之间的区别
- ➤ 服务器、存储和网络虚拟化的多个方面
- ➤ 利用虚拟化，超越整合的机会

本章讨论涉及云和存储网络环境中的虚拟服务器的问题、挑战与机会。本章将重点讨论分层服务器、虚拟机（VM）、物理机（PM）及虚拟桌面基础架构（VDI）。

10.1　开始

虚拟机的启用和交付必须以其搭载的物理机或服务器为基础。某些应用程序和信息服务将继续利用标准服务器或物理机，而其他则迁移到虚拟机进行托管，可以是现场托管、通过云进行托管或是通过管理服务供应商（MSP）进行托管。鉴于潜在服务器的重要性，请花一点时间来研究物理机的发展趋势。随着新式服务器和处理芯片技术的不断更新换代，使在一个更小的足迹内拥有更多的处理能力或计算能力成为可能，如图 10.1 所示。

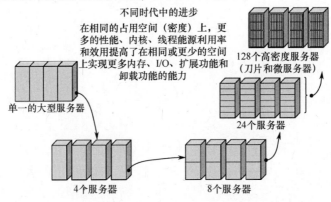

图 10.1　点和服务器的演进：在相同空间内做更多事情

204

足迹越小越省电，也越能在更小的物理空间内减少计算操作。然而，虽然在给定的物理足迹上拥有更多的处理能力，但搭载于底层空间、机柜或机架单位（U）上的总功耗和冷却需求却必须得到提升以满足更多的计算需求。

对于某些环境，减小尺寸同时提高性能和降低服务器成本，可以提高空间利用率或节约能源。对于正在成长、增加更多苛刻要求的应用与需要处理更多数据的环境，电力、冷却或底层空间的任何节约都用于扩展以支持和维持业务增长。例如，在图 10.1 中，物理尺寸的缩减和处理能力的提升将降低操作成本并回收某些组织的空间。对于成长中的企业，密集型技术的拓展引起空间的大量消耗，进而导致设施负担加重，也需要更多的电力和冷却消耗。展望未来，随着服务器变得更快，需要在满足本身工作的同时，进一步降低电力消耗和冷却。

10.2　虚拟服务器

将虚拟化和云技术搭载不同 IT 资源的主要目的是为了提高整体效率，同时提高应用程序服务交付（性能、可用性、响应性和安全性），以在更经济及友好环境方式下维持业务增长。换句话说，大多数组织没有多余的时间或预算来部署虚拟化或其他与环保相关的技术和技巧。虚拟化技术整合服务器和存储资源用在许多环境中以提高资源利用率和控制成本。例如，使用 VMware 将应用程序和操作系统的影像从未充分利用的物理服务器合成到虚拟机或多台服务器以降低冗余，提高可用性（HA）。

对稳定性进行缩放意味着性能的提升且对应用程序的可用性、容量、额外的管理复杂性或成本没有负面影响。也就是说，稳定扩展意味着，随着容量的增加，性能和可用性不受到影响，同时工作量或应用程序的功能有所增加。这包括消除单点故障，支持故障隔离和抑制及自愈；支持小型和大型 I/O 的混合性能，以及在不增加成本或复杂度的前提下，具有其他功能或能力的技术解决方案。

10.3　内部虚拟服务器和虚拟机

虚拟化并不是服务器的新技术。虚拟化技术，从专业层面上讲，已经伴随着 PC 机仿真、逻辑分区（LPAR）、虚拟机管理程序、虚拟内存和虚拟设备存在了数十年。之所以称之为新，是因为该技术将成熟和虚拟化的稳健性作为一种技术，包括对基于 x86 的虚拟机管理程序和其他专有的硬件解决方案的广泛支持。x86 系统不是唯一支持虚拟机管理程序和虚拟化的系统；其他的解决方案包括 IBM 的 pSeries（如 AIX 和 RS/6000）和 IBM zSeries 主机。笔者之所以提及非 x86 操作系统的服务器虚拟化，是因为不时有供应商和用户告诉笔者大型机和其他环境并不支持虚拟化。笔者对此毫不奇怪，因为有些用户通常是行业新人，因此并不知道其他平台，特别是一些专业团体已经应用虚拟化多年。

虚拟化在一般和特殊服务器中的功能包括：

- ➢ 敏捷——动态适应常见 IRM 任务和 BC/DR 的灵活性。
- ➢ 仿真——与现有的技术和程序共存。
- ➢ 抽象——物理资源管理的透明度。
- ➢ 多用户分割——应用程序、用户或其他实体的分割。
- ➢ 聚合——应用程序、操作系统或服务器的整合。
- ➢ 调配——使用预定义的模板对新服务器进行快速部署。

服务器的虚拟化可以在硬件中实现或由硬件辅助，作为操作系统的一个组成部分，或者作为运行在一个现有操作系统上的应用程序，其可由不搭载任何底层软件系统的裸机实现。图 10.2 左边显示一对 PM 及其共享存储可支持的多个虚拟机与多个基于 Windows 或 Linux 的客户。图 10.2 右侧显示该系统复制部分或全部虚拟机的 HA、BC 或 DR。

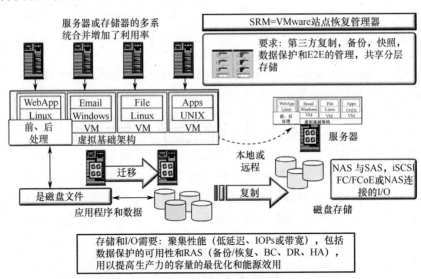

图 10.2　虚拟和物理服务器

对于出让或被聚合的服务器与应用，有不同的方法进行整合。如，一个服务器的操作系统和应用程序可以作为客户迁移至虚拟化基础架构中的虚拟机上，如思杰、微软、甲骨文或 VMware。虚拟机可以存在和运行在虚拟化的基础架构上，例如，虚拟机管理程序可运行在给定的裸机硬件体系结构上，或作为另一个操作系统的客户应用程序。根据实现方式的不同，不同类型的操作系统均可以存在于虚拟机上，如 Linux、UNIX 和微软 Windows 同时存在于一台服务器与各自的客户 VM 上。对于 x86 服务器虚拟化环境，最流行的客户是微软 Windows 的变体。在 IBM zSeries 大型主机系统的虚拟机管理程序中，除了传统的 zOS 或 ZVM 传统操作系统环境以外，最常见的客户是基于 Linux 的虚拟机。

虚拟机是通过在存储器中的一系列数据结构或对象进行表示，并以文件形式存储于磁盘上的一个虚拟实体（图 10.3）。服务器虚拟化基础架构的厂商使用不同的格式来存储虚拟机，包括对虚拟机本身、配置、客户机操作系统、应用程序和相关数据信息的存储。以 VMware 为例，在当虚拟机被创建时，同时创建的还有一个 VMware 虚拟磁盘（VMDK）文件、一个微软虚拟硬盘（VHD）或一个 DMTF 开放虚拟化格式（OVF），其包含了有关虚拟机的信息、客户操作系统的影像及相关的应用程序和数据。一个 VMDK 或 VHD 可以通过已知的物理到虚拟（P2V）方法将一台物理服务器创建到虚拟机上。P2V 将物理服务器操作系统的安装配置、引导文件、驱动程序、其他信息及安装程序等的源图像创建和映射到 VMDK 或 VHD 上。有许多商业的和免费的工具可帮助实现 P2V 转换，及在不同的管理程序中实现虚拟到物理（V2P）迁移或虚拟到虚拟（V2V）迁移。

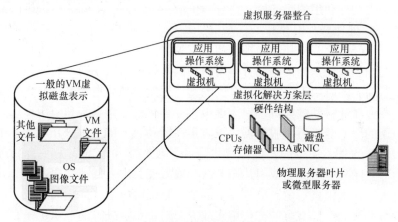

图 10.3　虚拟服务器和虚拟磁盘的代表

虚拟机管理程序一般创建多个虚拟服务器，每个服务器配备一个虚拟的 CPU 或者处理器，而完整的寄存器、程序计数器、处理器状态字和其他物件实现于硬件指令集架构中。理论上，当底层硬件资源共享达到可以实施全面仿真时，客户操作系统及其应用程序能够透明地运行。但在 IT 行业，现实通常不是这样，问题可能出在虚拟机管理程序和虚拟化基础架构、硬件固件版本、操作系统类型和版本及特定应用的对特定版本底层操作系统或服务器的依赖性上。检查虚拟化、服务器、操作系统以及应用程序供应商对具体配置和兼容性图表的支持情况是非常重要的。

一个基于管理程序的虚拟机呈现给客户操作系统的似乎是一个 CPU、内存、I/O 功能（包括局域网网络和存储、键盘、视频和鼠标设备）。虚拟机管理程序包括虚拟网卡、HBA 和虚拟局域网交换机，所有程序均在内存中执行。虚拟局域网交换机所使用的虚拟网卡在同一台物理服务器上运行时，让虚拟机使用的 IP 通过内存进行通信，而不是通过传统的物理网卡和网络。另一种不同形式的基于 hypervisor 的虚拟化技术，具有客户机操作系统，或许也拥有经过修改的应用程序，以提高性能优势。该方法的优势是虚拟化的性能，劣势则是，并不是所有的操作系统和应用程序都可以定制自己的软件来支持不同的虚拟机管理程序。

流行的管理程序，包括来自微软、VMware 和 Citrix/Xen，提供基于 x86 的硬件指令集的仿真与实现。对于其他供应商，这就取决于具体的产品是否支持其他硬件的指令集和环境。例如，IBM 的 zSeries 主机支持对现有的传统大型机操作系统、应用程序和 Linux 提供逻辑分区和虚拟机。在 IBM zSeries 主机下，Linux 可以利用 zVM 作为 VM 的客户，或作为原生的 Linux（这取决于 Linux 的实现）获得支撑。与之相比较的是，IBM 大型操作系统下的端口与仿真可在基于 x86 的系统下实现开发、研究、营销及培训等用途。

对于未充分利用的服务器，整合的价值在于在许多不同的虚拟机上共享服务器的 CPU 处理器、内存和 I/O 功能，每一个功能就好像它是一个独特的服务器，以降低电力、冷却和物理空间和相关的专用服务器的硬件成本。其影响是通过利用虚拟化基础架构托管多个增加的虚拟机的服务器，而其他剩余的服务器则重新调配以用于包括增长在内的其他用途。某种技术可将白天忙碌晚上空闲的服务器迁移到虚拟机。白天虚拟机、客户机操作系统和应用程序迁移到一个专用的服务器或刀片服务器，以满足性能和 QoS 的要求。在晚上、下班时间或暂时性的非活动时段，虚拟机可以和其他 VM 一起并入另一台物理服务器，从而关闭某些服务器或刀片服务器，或者使其进入低功耗模式。

把太多的虚拟机指定到服务器上的缺点是资源争用、性能瓶颈及不稳定性产生的负面影响，并有可能产生单点故障。对于单点故障的一个例子是八台服务器整合到一台服务器，如果该服务器出现故障，它的影响将体现在八台虚拟机和它们的客户机操作系统、应用程序和用户上。因此，性能、可用性、容量和能源消耗与服务器配置需要达到一个平衡。

图 10.4 的例子是正在同一个操作系统上运行的不同容域或较大服务器的分区上移动的应用。在这种情况下，操作系统允许应用程序和用户能够彼此同时执行或分离相同的实例，这取决于不同版本操作系统或实例的实现方式。

根据不同的硬件和软件配置，底层硬件资源如 CPU 处理器、内存、磁盘或网络和 I/O 适配器可以共享或专用于不同的分区。在图 10.4 中，单个操作系统实例显示在三个不同的区域，有不同的应用程序正在运行，并相互隔离。

208

出于性能和 QoS 的目的，内存分配和共享跨越不同的分区。在这个例子中，该服务器是一个 4 路处理器，具有四个离散的 CPU 内核，两个分配给最左边的分区或容器，另两个分配给中间和最右边的容器。

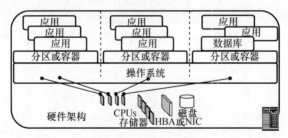

图 10.4　服务器和操作系统的容器和分区的例子

根据实施方式的不同，管理程序可以支持的仿真硬件指令集运行于不同的客户操作系统。操作系统、基于处理器的硬件、部件、容域等通常只支持相同的操作系统。基于容器的操作系统，特别是正在使用操作系统的同一个实例，很容易遭受操作系统的漏洞和错误，从而影响整个操作系统和所有应用程序。基于容器方法的另一个考虑是要对相同的操作系统版本，安装服务软件包和修补程序。

服务器虚拟化技术的另一种实例（图 10.5）是作为操作系统运行应用程序的虚拟机。一个应用程序的虚拟机提供虚拟机的具体描述或实例，以支持给定应用或环境，如 Java。只要硬件和服务器拥有 Java 运行环境（JRE）和 Java 虚拟机（JVM），用 Java 或用支持 JRE 和 JVM 语言及环境下运行的应用都可以移植到这些环境中。例如，JRE 和 JVM 可以存在于一台笔记本电脑上运行的 Windows 上，在 UNIX 或 Linux 服务器上，在 IBM 主机上或在 PDA 设备或手机上。一个应用程序的虚拟机和运行环境的另一个例子是 Adobe 公司的 FLASH 软件，其中基于 FLASH 的应用程序被写入到 FLASH 型服务器（不要与 FLASH 的 SSD 存储混淆）上运行。

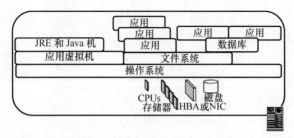

图 10.5　应用程序的虚拟机实例

在一般情况下，更多的内存是更好的，但是，存储器的速度也很重要。不同版本和虚拟化解决方案的实现支持各种内存配置和限制。请与具体厂商协商支持配置和内存要求的兼容性列表。同时检查供应商为 32 位和 64 位处理器、单核、双核、四核或八核处理器支持的配置，以及 I/O 卡和驱动程序的网络和存储设备的配置。

请注意，虽然服务器整合可以降低硬件和运营相关的成本、电力及冷却，但应用程序和操作系统软件许可和维护的成本可能不会改变，除非这些也得到改善。从短期来看物理整合解决了功耗、散热及相关的硬件成本，但从长期来看，额外节约的成本可通过解决未充分利用的操作系统映像和应用软件的足迹来获得。另一个潜在的成本节约和资源最大化的利益可能来自处理未充分利用的操作系统映像和其他正版软件。硬件的节约常被视作虚拟化和整合的一大益处，但鉴于维护正版软件映像的成本和管理的复杂性，最大限度地发挥这些资源足迹的道路也在于此。

其他 VM 考虑的因素包括特定的硬件支持，如 Intel VT、32 位或 64 位机的性能以及管理工具。管理工具包括度量和测量、会计、跟踪、容量规划、服务、管理及计费。虚拟机管理程序还支持 API 和管理插件的工具，如整合了应用程序和客户 VSS 写入器的 Hyper – V。VMware vSphere 的 API 用于数据保护（VADP）和阵列整合（VAAI），其中后者具备卸载兼容存储系统的功能。对 VMware vSphere 的 API 而言，VADP 提供了一个框架，使第三方或独立软件供应商（ISV）能够更轻松地开发解决方案来保护虚拟服务器环境。一个例子是变化块追踪（CBT），其中 vSphere 为活跃的虚拟机保留了一个表示更新的内表或映射的数据块。采用 CBT 后，就不再需要通过读取一个文件系统来确定哪些数据块、对象或文件已被修改，而可以让应用程序或软件工具访问 CBT 表来快速确定哪些需要被复制。其结果是更快的备份。微软的 Hyper – V 利用底层的 Windows VSS 功能与应用集成，以加强包括备份在内的数据保护。

vSphere API 的另一个例子是 VAAI，它能从虚拟机卸载一些功能，以支持特定兼容性的存储系统。VAAI 功能包括共享存储卷或 LUN 上的粒状 SCSI 锁管理、硬件辅助虚拟机复制、虚拟机的移动数据迁移等。

对于不支持 VAAI 的存储系统，这些功能（零复制、移动、SCSI 增强锁等）是由在物理服务器上运行的虚拟机管理程序实现的。另一个用于帮助将多个繁忙虚拟机地址存储于一个共同的 PM 中的 vSphere 功能是存储 I/O 控制（SIOC），其可以对专有方案进行负载均衡。需要高 I/O 性能的虚拟机可以通过 SIOC 进行相应的调整，以避免瓶颈的发生。

VM 考虑的是使用裸设备映射（RDM）或虚拟机文件系统（VMFS）存储，它可以是块共享的 SAS、iSCSI、FC、FCoE、NAS 或 NFS。RDM 设备文件包含元数据、有关原始 LUN 或设备的其他信息及支持 VMotion、实时迁移、管理单元镜头和其他应用程序等的可选信息。RDM 可以减少 VMFS 带来的开销，这与传统应用程序（如数据库）通过绕过文件来直接执行 I/O 的策略相似。

这正像不同操作系统下的传统文件系统，在经历了代代更新后，其性能的提升使文件系统必须满足直接的或不基于文件系统的 I/O 要求，同时利用文件系统的功能，包括快照和增强备份。

RDM 设备，可能需要某些应用软件或与 IRM 有关的工具。请与特定虚拟机管理程序供应商联系，了解具体哪些功能可在/不在文件系统下工作，以及存储接口的具体情况（块或文件）。

10.4　虚拟桌面基础架构

虚拟桌面基础架构（VDI）补充了虚拟和物理服务器，提供与虚拟机类似的价值主张。这些价值主张包括在台式机或工作站简化管理和减少硬件、软件和支持服务的数量，并将其转移到中央或合并服务器上。其优点包括简化软件管理（安装、升级及维修）、数据保护及安全性。VDI 的另一个优势与 VM 类似，是在同一时间运行各种版本的特定客户操作系统的能力，类似于服务器虚拟化。除了不同版本的 Windows 以外，其他客户，如 Linux，也可以共存。例如，为了简化软件流程，VDI 不是将映像滚动到物理桌面，而是复制被安装的应用程序，如果必要，还可以单独配置，并提供给 VDI 客户端。从云的角度来看，VDI 也称为服务桌面（DaaS）。VDI 厂商包括思杰、微软和 VMware 及戴尔、富士通、惠普、IBM 和 Wyse 等各种平台或客户端的供应商。

VDI 客户端可以是免装置的，其基本上可视为一个显示器，如一个 iPad、Droid 或其他智能手机或平板电脑。另一种类型 VDI 客户端的计算和扩展功能较弱，可选配 HDD，由于无须运动部件或专门安装的软件映像，因而对维护的需求较少，是一种低成本设备。正常的工作站、台式机和笔记本电脑也可用来作为高配客户端，它们可为移动终端提供更多的功能以使其从此类设备的增强功能中获益。通过将应用程序和与它们相关联的数据文件发送到中央服务器，根据具体配置的不同，本地存储需求被减少或消除。然而，这意味着，随着应用程序部分或全部运行在服务器上，需要平衡本地存储与 I/O 的工作站或台式机之间增加的网络流量。通过网络到服务器的 I/O 操作将取代到本地硬盘、HHDD 或 SSD 的 I/O 操作。

图 10.6 显示了支持非桌面虚拟机的弹性 VDI 环境。除了支持低端和零 VDI 客户端以外，该环境也支持配置端到端管理工具的移动桌面。共享存储中以 VHD、VMDK 或 OVF 形式存储的 VM 映像也被复制到另一个位置。此外，一些 VM 和 VDI 也可通过云得到保护并进行访问。

根据 VDI 的部署情况，例如当前若为显示模式，则通过网络的 I/O 流量较少，比起各工作站的引导过程，图像显示是最主要的活动。另一方面，如果客

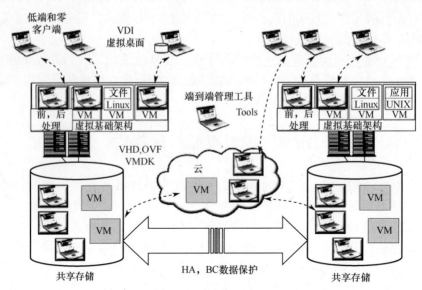

图 10.6　虚拟化桌面结构

户机正在运行的应用程序在它的本地存储器，若数据请求发送到服务器，则在网络上会产生 I/O 流量。这取决于不同类型的应用，但一般来说，大部分工作站不会在运行初期即产生大量的 IOPS。在启动过程中或启动时，活动可能会有突然的峰值，但不会太明显，这具体取决于具体配置和网络状况。

如果在许多客户端启动的同时，电源故障、维修、升级或其他事件可能会导致启动风暴，并导致服务器存储 I/O 和网络瓶颈。例如，如果一个客户端无论在正常运行状态、忙时还是系统启动时都需要 30 IOPS，大多数服务器和网络是可以支持的。如果客户端的数量从 1 升到 100，IOPS 也将从 30 增到 3000，远远超过单个服务器硬盘能力，这时就需要一个更快的存储系统。进一步考虑，若有 1000 个需要 30 IOPS 的客户端，其结果是 30000 IOPS 的 I/O 性能。IOPS 可以读或写，并在不同的时间内有所不同，如启动过程中读取操作更多，而更新过程中则写入更多。虽然这个简单的例子中不包含缓存等优化技术，但是它表明在异常情况下保持性能及运行 VDI 评估与规划中正常运行周期的重要性，应该了解典型的存储 I/O 和网络在正常、开机和峰值处理期间的特性，以决定基础设施规模的大小。

VDI 还可以通过集中备份/存储、数据保护和病毒防护等功能实现简化。VDI 在应用可行性需求、判定客户操作系统版本在虚拟机管理程序或虚拟机解决方案下的修订等方面考虑服务器、存储、I/O、网络资源的性能及容量。这包括验证 32 位和 64 位模式、加密或认证密钥、生物安全访问控制、支持视频图形驱动程序功能的 USB 设备及管理工具。管理工具包括捕获视频屏幕播放、

212

支持培训或故障排除、暂停或中止运行 VDI 的能力和资源监控或计量工具。VDI 还需考虑由虚拟机管理程序和相关的服务器端在将软件更新到客户应用程序时的授权问题。

10.5 云和虚拟化服务器

虚拟服务器和云（公共和私有）是相辅相成的，可以互相依赖或独立应用。例如，虚拟机可以存在，而无须访问公共云或私有云资源，云可以访问和使用非虚拟化服务器。而云和虚拟化可以是相互独立的，像许多技术一样，可以很好地结合在一起。VM 和 VDI 可以退出当前的 PM 或远程 HA、BC 或 DR 系统。VM 和 VDI 也可以通过公共云和私有云托管的 BC 和 DR 进行日常使用访问。许多公共服务，包括亚马逊、桉树、GoGrid、微软和 Rackspace 公司都拥有虚拟机。虚拟机和格式（VMDK、VHD、OVF）的类型随着服务、功能、性能、可用性、内存、I/O 和每小时使用容量的不同而有所不同。使用支持虚拟机云服务的好处是利用其弹性或灵活性，以满足特定的项目活动，如开发、测试、研究或周期性活动。某些环境可以将所有的虚拟机移动到服务提供商，另一些环境则可能利用它们来补充自己的资源。

例如，在写本书时，微软 Azure 计算实例定价是配置为 1.0GHz 的 CPU、768 MB 内存、20 GB 的存储空间、低 I/O 能力的超小虚拟机大约是 0.05 美元/h。对于一个配置为 2×1.6GHz 的 CPU、3.5 GB 内存、490 GB 的存储空间、高 I/O 性能的中等规模虚拟机，成本大约是 0.24 美元/h。一个配置为 8×1.6GHz 的 CPU、14 GB 内存、2 TB 的存储容量、高性能的大型虚拟机，成本约为 0.96 美元/h。这只是一个例子，具体价格和配置会随时间、服务提供商、SLA 和其他软件的使用或租用的费用而变化。

10.6 所有的服务器或桌面是否可以进行虚拟化

主要问题不应放在是否所有服务器、工作站、台式机还是能够或应该被虚拟化。相反，是否一切都应该合并？虽然虚拟化确实能整合，但它不止这一个方面。聚集已成为众所周知的，一个流行的的方法，用以巩固未充分利用的 IT 资源，包括服务器、存储和网络。整合的好处，包括通过消除未充分利用的服务器或存储来降低电力、冷却要求、占地空间和管理活动或重复使用和重新利用以取得盈余，以支持新的应用服务功能，提高服务器效率。

出于各种各样的原因，包括性能、政治、财政和服务水平或安全问题，不是所有的服务器或其他 IT 资源，包括存储和网络，都可以进行整合。例如，一个应用程序可能需要在一个较低 PU 利用率的服务器上运行，以满足性能和响应时间的目标或支持工作量的周期性变化。另一个例子是，出于安全和隐私方面的考虑，某些应用程序、数据或使用者的服务器可能需要相互隔离。

政治、经济、法律或监管规定还需要考虑巩固问题。例如，服务器和应用程序可以由不同的部门或群体拥有，因此受到单独的管理和维护。同样，出于某些目的，监管或法律规定可能会规定某些系统远离其他通用或主流应用程序、服务器和存储。另一个原因是应用程序的分离可能是为将开发、测试、质量保证、后台等功能从生产或在线应用程序和系统中隔离出来，并支持业务连续性、灾难恢复和安全性。

对于不愿意整合的应用程序和数据，不同虚拟化的使用是为了提高物理资源的透明度，以支持新的和现有的软件工具、服务器、存储和网络技术，例如，使新的、更节能的服务器或存储性能得到改善，以搭配现有的资源和应用。

虚拟化的另一种形式是模拟或透明的具体实例，以支持集成和互操作性与新技术，同时保留现有的技术投资，而不是破坏软件程序和政策。常见的例子是虚拟磁带库存储技术，其将现有磁带驱动器与基于磁盘技术的磁带库相结合。虚拟磁带和磁盘库的价值主张是与现有备份软件和程序共存，同时引入新技术。

10.7 超越虚拟化整合：实现 IT 灵活性

虚拟化透明度的另一个方面是在运行或活跃的生产环境中移入移出新技术，以促进技术升级和更新。虚拟化的另一个使用范例是调整物理资源以适应不断变化的应用需求，如周期性计划内或计划外的工作增加量。通过虚拟化透明度也使例行的计划内和计划外的维护功能可在无须中断应用程序和用户 IT 服务的条件下执行。

透明化或从物理资源到应用的具体虚拟化形式，也可以用来帮助实现能源节约和通过采纳更快更新更高效的技术解决其他环保问题。透明度也可用于实施分层服务器和存储设备，以在特定的时间点利用正确的技术和资源。

业务连续性和灾难恢复则是另一回事，内部实时的高成本效益模式、管理服务供应商或其某种组合都可以应用虚拟化透明度。例如，从传统上来讲，BC 或灾难恢复计划需要利用在辅助站点的服务器硬件。这个模型的一个挑战是，一旦有需求，服务和服务器就必须可用。对于有计划的测试，这可能不是一个问题，但在发生灾难的情况下先来先服务的情况可能会由于在同一组有限的物理服务器上有太多用户，而发生争夺存储和网络资源竞争的情况。

图 10.7 展示了虚拟化整合扩大的范围及其焦点。需要注意的是，图 10.7 没有显示虚拟化整合或聚集的减少或去加重，而是一个整体范围的不断扩大。

214

换句话说，服务器、存储、工作站和台式机之间的虚拟化只会继续增多以达到整合或合并的目的。当然，也将有不断扩大的重点，包括那些不适合的、已合并的或不在高密度聚合场景的应用。

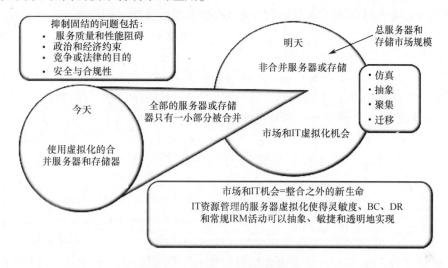

图 10.7   扩大重点和虚拟化的范围

另一个把 SQL Server 数据库安置在虚拟机上的原因是，在工作时间这个黄金时段，PM 致力于该应用程序，但是在下班时间，其他的虚拟机可以移动到PM。例如，快速 PM 可用于执行夜间批处理或其他一些非调用 IRM 任务，如备份或数据库维护等 PM 应用。其结果是 PM 本身可更有效地工作，同时使较快的资源提供给一个对时间敏感的应用，从而实现效率和有效性。换句话说，需要将应用于专有大型机系统的高效方法，运用到 x86 服务器中。这并不是说能在 PM 放置多少虚拟机，而是怎么更有效地利用 PM 以支持信息服务。

如果一个供应商、增值分销商（VAR）或一个服务提供商询问其潜在客户是否希望虚拟化自己的服务器、台式机或存储，而客户回答不希望或只想实现很有限的一部分，原因是什么。请仔细聆听那些对性能、服务质量、安全、整合或第三方软件条款的意见。使用那些相同的字眼以解决客户的需求，提供更多的解决方案选项。例如，如果客户关心性能，则介绍怎样可以同时部署更快的服务器，更多的内存来解决应用程序需要巩固的地方。然后介绍高速服务器需要如何快速记忆、快速存储及高速网络，以提高生产力，以及对 HA 和BC，虚拟化技术可以怎样结合起来。不仅仅是简单地试图整合销售，可以销售一整套解决方案，以满足客户不同的需要并提高效率，最终从可提供相同整合方案的竞争对手中脱颖而出。

类似于服务器，虚拟桌面同样适用于某些工作站或笔记本电脑可以替换为简装设备的应用场景。然而，由于这里的重点是有利的敏捷性、灵活性和降低

215

成本的 IRM，工作站或桌面虚拟化可用于零客户端。例如，当用户需要便携式的、访问本地数据的轻便设备和虚拟台式机时，一个工作组或者笔记本电脑并不是理想的选择。相反，考虑一个已安装在 PM 上的虚拟机管理程序或虚拟机，以方便 IRM 活动，包括软件安装、更新、HA 和 BC。

一个常见的解决方案是在工作站上重新加载或重建软件映像（例如，重新映像）。它不是在发送端重新成像或派人来修理和重新映像，而是在无形中修复设备和软件。通过安装在 PM 上的管理程序或工作站上的主客户 VM，使快速刷新或重新映像的 VM 维护程序成为可能。利用恢复唯一设置及最近修改的 VM 克隆技术，而不是重新加载或重新成像。

10.8　常见的虚拟化问题

用于虚拟化的 SRM 和用于存储的 SRM 之间有什么区别？在服务器虚拟化的背景下，特别是以 VMware vSphere、SRM 为代表的站点恢复管理器，其可作为 HA、BC 和 DR 的构架和管理工具。从存储、服务器和系统的角度上来说，SRM 通常代表系统、存储或服务器资源管理，其重点是收集信息、监控和管理资源（性能、可用性、容量、能源效率、服务质量）。

是否虚拟化可以消除厂商锁定？是也不是。一方面，虚拟化提供了透明度，并具有可使用不同的硬件或支持各种操作系统的灵活性。另一方面，厂商锁定可以转移到虚拟化技术或与之相关的管理工具。

为什么要虚拟化的东西，如果你不能消除硬件？为例行 IRM 任务提供敏捷性、灵活性和透明度，包括负载平衡和除 HA、BC 和 DR 之外的升级操作。

做虚拟服务器需要虚拟化存储？不，虚拟服务器需要共享存储，但是，它们可以从虚拟存储功能中获益。

何谓"聚集可引起恶化"？整合所有的鸡蛋到一个篮子可能引入单点故障。换句话说，把太多的虚拟机整合到一个 PM，可能引入聚合性能瓶颈。

虚拟服务器不支持或不能运行第三方软件供应商的应用程序，能做些什么？可以与应用程序提供商合作，以了解其对虚拟机的限制。例如，提供者可能对同一个 PM 上其他 VM 影响的性能或服务质量较为关注。在这种情况下，做一个测试、模拟或从理论上验证展示应用程序可以在虚拟机上使用，或是其他虚拟机的数量对解决方案的实现没有影响。

另一种情况可能是，他们需要访问的可能是一个不支持或不能共享的特殊 USB 或 PCI 适配器设备。在 PCI 适配器的情况下，本书将在第 11 章中探讨与解决方案供应商合力实现一些共享 PCIe 多址（MR）I/O 虚拟化（IOV）的情况。也可以与虚拟机管理程序供应商，如 Citrix、微软或 VMware 合作，因为他们可能已经有与第三方应用程序提供商、服务器供应商及 VAR 共事的工作经验。底线是，找出值得关注的是什么，是否以及如何加以解决，并帮助第三方找到虚拟环境的解决方案。

10.9　章节总结

实现虚拟化的方式很多，从整合未充分利用的系统到实现敏捷性和灵活性，以绩效为导向的应用程序。并非所有的应用程序或系统都可以整合，但大多数可以被虚拟化。除了软件许可和工具以外，虚拟和云服务器还需要物理CPU、内存、I/O和存储的支持。

一般的注意事项包括以下内容：

> 并非所有应用程序都能得以巩固。
> 许多应用程序可以被虚拟化，请注重服务质量。
> 平衡一个PM下运行的虚拟机数以满足SLOs。
> 整合时要小心，以避免引入瓶颈。
> 研究如何进行虚拟化以提高生产力。
> 探索支持能源效率和效益的技术。
> 了解有关虚拟化的数据保护问题。
> 考虑为非综合服务器启用HA、BC和DR的虚拟化。

服务器和工作站的硬件和软件，以及相关服务的供应商，包括亚马逊、AMD、思科、思杰/Xen、戴尔、Desktone、富士通、惠普、IBM、英特尔、微软、NEC、甲骨文、Racemi、Rackspace公司、红帽、海微、超微、Solarwinds、慧智及VMware。

第 11 章　连接：与服务器和存储设备互联

服务器和存储设备连接好了吗？

——格雷格·舒尔茨

本章概要

➢ 什么类型的网络最适合云计算和服务器虚拟化
➢ 如何根据时间、地点和原因使用合适的拓扑
➢ I/O 和网络的重要性
➢ 如何分层访问以解决各种挑战
➢ I/O、融合数据和存储网络的基础知识

本章讨论支持云、虚拟和物理环境的 I/O 和网络技术所面临的问题、挑战与机遇。本章所涉及的关键主题和专门术语包括 LAN、SAN、MAN 和 WAN，以及相关的网络协议、接口、工具和管理技术。

11.1　入门指南

也许读者常听人说"网络已连接好了"，可是服务器、存储设备、应用程序、数据和公有（或私有）云服务真的连接好了吗？它们连接到用户了吗？这连接是灵活的、可扩展的、稳健的和富有成效的，还是刚好可连，具有单点故障，或者存在连接障碍等问题呢？

大量数据正在不断生成、复制和长期保存，导致数据存储和基础架构资源管理（IRM）的重要性不断提升。网络和 I/O 连通技术允许访问各种资源以及在各种资源之间互相访问，这些资源包括云、虚拟和物理服务器和存储设备，以及局域或广域网所支持的信息服务。针对不同的应用和功能，有许多不同类型的网络和协议，其应用范围包括语音、数据通信、视频、计算和统一的通信解决方案等。

网络连接通常使用多种通信技术，包括有线（铜或光纤）和无线技术（WiFi、WiMax 技术、微波、自由空间光通信、卫星通信或地表辐射等）。网络和 I/O 连接则包括：基于内部服务器的连接，如处理器区域网路（PAN），包括外围组件互连（PCI）；外部连接，包括局域网（LAN）、存储区域网络（SAN）、城域网城域网（MAN）、广域网（WAN）和普通老

218

式电话系统（POTS）。

为了支持云、虚拟和物理数据存储功能的网络，传统的 I/O 和存储连接，包括 LAN 或数据通信，正在走向融合，并且相互之间高度依赖。因此有必要采用融合的方式对它们进行探讨。

通常，I/O 和网络可由连接距离、性能、互操作性、可用性、连通性和功能性等特征所描述。例如：

> 距离——从支持几米连接的 PCI 到支持几千米连接的广域网。
> 性能——带宽或吞吐量、活动性（IOPS 或帧）、延迟。
> 互操作性——媒介、传输类型和所支持的设备。
> 可用性——连接技术的可靠性和稳健性。
> 连接性——可支持的设备数。
> 功能——所支持的应用类型、上层协议（ULPS）、服务质量（QoS）和特征。

云、虚拟和传统的信息服务传达依赖于物理资源，包括服务器、存储和网络以及软件和服务。图 11.1 显示了云在网络、服务器和存储中的普遍特质（在过去的几十年里，为了抽象描述其底层的复杂性，网络和 IT 系统的其他方面都被形象地描述为云）。

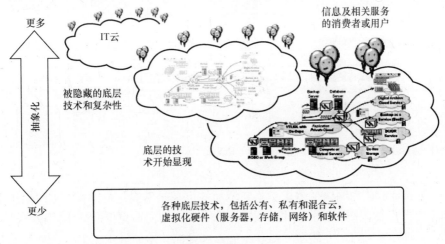

图 11.1　云为基础的抽象复杂的一种手段

在图 11.1 的左侧，信息相关服务的用户或消费者通过云访问它们。云掩盖了底层技术和复杂性，提供了一种抽象描述。这些底层技术和复杂性将透过云在图的中部逐渐显现。在图 11.1 的右边显示了各种具体的底层技术，包括网络、分层、不同的地点以及从物理到虚拟和云的各种资源。

11.2　网络挑战

通常，处理器或服务器越快，当它等待较慢的 I/O 操作时，越容易导致性能瓶颈。因此，更快的服务器需要性能更好的 I/O 连接和网络。"性能更好"意味着更低的延迟、更高的 IOPS 和更高的带宽，以满足各种应用配置和各种操作类型。

所有类型的物理和虚拟计算机都必须通过键盘、视频显示器和鼠标等 I/O设备与用户交互，并通过网络访问其他计算机和基于 Web 的服务（图 11.2）。I/O 和网络的另一个功能是存储和恢复在本地及远程不断增长的数据。I/O 也是连接计算机与存储设备的重要部分。

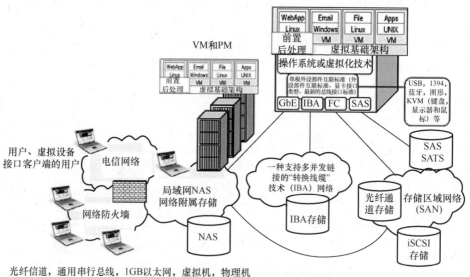

图 11.2　数据中心的 I/O 和网络

人们对 I/O 和网络的需求是不断增加的也是永不满足的。I/O 和网络正变得越来越快，越来越可靠，并且能够支持在短时间内以更低的成本传输更长距离和移动更多的数据。然而，随着服务器和存储技术的进步，需要在更短的时间和更低的成本内移动或访问更多的数据及传输更远的距离，这又给不断增加的网络和 I/O 的需求带来了新的挑战。同时，在用户和最近的高速低延迟网络之间的最后一公里接入问题也是网络和 I/O 所面临的巨大挑战。

与服务器和存储设备之间的相互需求类似，公有云、托管服务供应商（MSP）或其他远程服务的互相依赖，也需要有可用和可访问的网络才可实现。另一个几十年来同样围绕着每一个新兴技术的挑战是如何克服内部组织障碍以实现技术上的融合。组织上的障碍，包括谁拥有了网络和相关的交换机、路由器、网关和适配器，以及它是否是一个存储或数据基础设施。在后续章节中，将讨论更多关于人与组织所面临的挑战，以及可以采取什么措施来消除这些障碍从而实现真正的融合网络。

对 I/O 和网络功能的需求驱动还包括 WebEx 在线会议使用量的不断增加，动画、多媒体图形、视频和音频等使用量的增加，从而导致网络传输信息量的激增。对时间敏感的基于 IP 的电话服务、网络电视和即时消息（IM），以及短信和电子邮件的使用，也对现有的网络带来持续的压力。另外一个需求驱动是在线服务提供商，如用于互联网访问的 MSP、电子邮件、Web 托管、文件共享、存储在线数码照片、数据备份、业务连续性（BC）、灾难恢复（DR）的增长和归档以及通用的在线 Web 或基于云的存储服务。

互联网和 MSP 的普及，以及基于云的服务，也对局域、广域和全球网络的能力提出不断增长的需求。服务范围从在线电子邮件和网站托管到存储假日视频和照片。软件或存储即服务（SaaS），正在代替传统的购买或租赁软件并安装在个人设备上，与基础服务设施（IaaS）或服务平台（PaaS）等交付模式一起，成为一种流行的应用访问方式。

11.3 I/O 和网络的位与字节、编解码

在第 2 章中，讨论了基于二进制和十进制的差别。例如，一个 500 GB 的磁盘驱动器用来分别显示十进制或二进制编码时，块和字节数有多大差别。这同样也适用于网络。在网络中，应注意所给出的速度或性能容量是被表示为位还是字节。其他因素（和有可能引起混淆的地方）包括线路速率（Gbaud）和链路速度。它们是可根据编码和低级别的帧或数据包的大小变化的。例如，1个使用 1GB、2GB、4GB 或 8 Gb 光纤通道的万兆以太网和使用 8b/10b 编码方案的串行 SCSI（SAS）连接。这意味着，在最低的物理层，8 位数据被放置到 10bit 的长度中用于传输，其中多余的 2bit 是为进行完整性检查。

在使用 8b/10b 编码的 8 Gb 链路中，每 10bit 就有 2bit 的多余开销。为了确定实际的数据吞吐量带宽或 IOPS 数，帧或每秒的数据包被构造成链路速度、编码和传输速率的函数。例如，1Gb 光纤通道具有 1.0625 – Gb/s 的速度。所以 8 Gb 光纤通道或 8 GFC 为 $8 \times 1.0625 = 8.5$ Gb/s。然而，请记住该编码开销（例如，10bit 中带有 8bit 的数据）的影响，即在 8 – GFC 链路上的可用带宽是每秒 6.8 Gb/s 或 850 MB（6.8 GB/8 位）。10 GbE 和 16 GFC 使用 64b/66b 编码，这意味着，每 64 位的数据，只有 2 位用于数据完整性检查，即有更少的开销。

因此，要保证高速网络的有效性，它们也必须有较低的开销，以减少额外的数据使用量，并在生产性工作和数据中使用这一容量。这涉及在第 8 章和第

9 章的讨论，其中的重点是更高水准的数据足迹减少量（DFR）。为了支持云和虚拟计算环境，数据网络需要变得更快更高效，以避免支付每秒更多的非生产性开销。例如，在一个 10 千兆以太网或 FCoE 的链接中，64b/66b 编码能使用所有带宽的 96.96%（约 9.7Gb/s）。而如果是用 8b/10b 编码，只有 80% 的带宽用于传输有用的数据。对于网络环境或应用，这意味着更好的吞吐量，对要求短时响应或延迟的应用，这意味着更多的 IOPS、帧或每秒传输的数据包。这一编码方式的小变化却给高数据环境带来巨大的收益。

11.4　I/O 和网络基础

为了应对挑战和需求，网络和 I/O 需要以负担得起的方式支持高性能、灵活性和可靠性。根据应用和使用需求的不同，以及服务器和存储设备的不同类型，有许多不同的协议和网络传输方式。网络和 I/O 接口也因价格、性能以及局域和广域需求的不同用途而有所不同。

I/O 和网络组件包括：

➢ 主机总线适配器（HBA）和主机通道适配器（HCA）。
➢ 网络接口卡/芯片（NICS、聚合网络适配器）。
➢ 开关（嵌入式、刀片、边缘或访问型）和网络交换机。
➢ 路由器和网关的协议转换，距离和分割。
➢ 远程数据访问、移动的距离和带宽优化。
➢ 托管服务提供商和带宽服务提供商。
➢ 诊断和监测工具，包括分析仪和监听器。
➢ 机柜、机架、布线和线缆管理，以及光收发器。
➢ 管理软件工具和驱动程序。

基于块的存储访问涉及一个服务器请求或写数据到存储设备并指定开始、停止或进行处理，通常在存储的块为单位的字节范围内进行。存储分为 512 字节、1024 字节、2048 字节或更大的块。数据访问的另一种形式是基于文件的，其中数据是通过请求和访问文件的方式实现访问。最终，写入存储设备的所有数据通过基于块的访问处理，因为它是所有数据移动和存储的基础。

大多数应用程序和用户提供了文件系统或某种类型的基于文件操作的卷管理器进行交互。文件请求由一个文件系统和卷管理器或文件服务器或与块连接的存储构成，以块为单位解决和处理文件。常见的基于文件的访问协议，包括网络文件系统（NFS）、并行 NFS（pNFS）和 Windows 通用 Internet 格式（CIFS），也称为 SAMBA。基于对象和消息的服务或信息访问通常也用于访问网站、电子邮件和其他应用。

表 11.1 比较了支持不同应用需求的各种网络和存储 I/O 接口及协议。传输

控制协议（TCP）和网际协议（IP）是支持局域网和广域网应用访问和数据移动的核心协议。如果虚拟网络真的存在，那就是 TCP/IP 协议，至少从非物理网络传输的角度来看。TCP/IP 广泛应用于当前网络中，并且为了满足各种价格和性能要求，在各局域网和广域网之间是透明的，因此其也可考虑用于虚拟网络。

表 11.1　OSI 堆栈和网络定位

OSI 层	描述	光纤通道 SAN 层	吉比特以太网	IP 网
7	应用	文件系统	FTP、Telnet	FTP、Telnet
6	表现	SCSI 指令	HTTP、NFS	HTTP、NFS
5	会话	FCP、IP、FICON	CIFS、iSCSI	CIFS、iSCSI
4	传输			TCP、UDP
		FC－4 ULP	TCP/IP、UDP	IP
3	网络	FC－3 服务		LAN/WAN
2	数据链路	FC－2 结构 流控	MAC 用户	MAN
1	物理	FC－1 解码，链路 FC－0 物理	物理	物理

11.5　服务器（物理，虚拟和云）主题

在 IP 界，有一种说法是，最好的 I/O，无论是本地的还是远程的，应该是一个不需要产生的 I/O。对任何形状和任意大小的计算机，I/O 都是其基本的活动，使其可以读取和写入数据到内存（包括外部存储），以及与其他计算机、网络设备和基于互联网的服务进行通信。其带来的挑战是，由此一定会产生某种形式的连接，以及等待读取和写入发生而产生的相关软件和时间的延迟。最靠近 CPU 或主处理器的 I/O 操作应该是最快和最频繁产生的，以访问主存储器，包括随机存取存储器（RAM），以及 CPU 到存储器的内部互连操作（图 11.3）。

I/O 和网络连接与内存和存储有类似的特性：最近操作的主处理器拥有最快的 I/O 连接，但是，它也将是最昂贵的、最受距离限制，并且需要特殊的组成部分。当稍远离主处理器时，I/O 仍比较快，此时其距离不以英寸，而是以英尺或米测量，但具有更好的灵活性和成本效益。一个例子是 PCIe 总线和 I/O 的互连，这比处理器到内存的互连要慢，但能够支持各种附件设备适配器，具有很好的成本效益。

远离主 CPU 或处理器后，各种网络和 I/O 适配器可以连接到 PCIe、PCIX 或 PCI 以满足各种设备的向后兼容性、距离、速度、设备类型和成本要求。

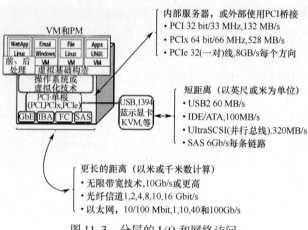

图 11.3 分层的 I/O 和网络访问

11.5.1 外围组件互连（PCI）

PCI Express（PCIe）总线更快、更高效，可支持更多的数据移入和移出服务器并快速访问外部网络及存储。PCIe 是一个规定 CPU 与内存之间通信以及与外界通信的 I/O 和网络设备外设所使用芯片组的标准（图11.4）。例如，一个具有 40GbE 的以太网网卡或适配器的服务器需要 5 Gb/s 通信的 PCIe 端口。许多服务器仍然在从 1GbE 以太网迁移到 10GbE 兆以太网的过程中。笔者提到 40GbE，是因为随着越来越多的虚拟机整合到项目和应用程序上，为了获得更高的带宽或每秒活动（IOPS，帧或包）性能需求，需要更多的 10GbE 适配器，除非 40GbE 适配器的价格达到可以承受的范围。一旦以带宽/吞吐量为基础或以每个接口支持更多的活动带来更低的延迟为基础，其性能提升必将面对如上情况。

图 11.4 显示了一个 PCI 实施的例子，包括各种组件，如桥、适配器插槽和适配器类型。PCI 的最新版本，由 PCI 特别兴趣小组（PCISIG）定义，称为 PCIe。其通过桥接前几代产品，包括 PCIX 和 PCI，将以往的原始 PCIe 总线接到 PCIX 机，实现了向后兼容性。除了各代产品之间的速度和总线宽度的差别以外，PCI 适配器也具有多种形式和应用。PCI 的一些例子包括 PCIX 和基于 PCIe 的实现，如以太网、光纤通道、以太网光纤通道、InfiniBand、SAS、SATA、SCSI、通用串行总线、1394 以及许多专门的设备，如用于模拟数数据采集、视频监控以及其他数据收集等的设备。

传统 PCI 使用并行总线为基础，而 PCIe 则利用多个串行单向的点到点链接，也称为单行线。传统的 PCI 的总线宽度可从 32 位到 64 位改变，而结合的 PCIe 版本的宽度则随单行道数和信号传输速率确定。PCIe 接口可以有 1、2、4、8、16 或 32 通道数据移动，这取决于适配器格式和形式因子。例如，PCI 和 PCIX 可以达到高达 528Mb/s 与 64 位的 66MHz 的信号传输速率。

224

表 11.2 显示了各代 PCIe 的性能特点。PCIe 3 代已实现有效性能翻番，但实际的底层传输速度却不像以往那样加倍。相反，通过改进从 8b/10b 切换到 128b/130b 编码方案和其他优化组合，性能在链路速度上提高了约 60%，在效率上提高了约 40%。

表 11.2　各代 PCIe

	PCIe 1 代	PCIe 2 代	PCIe 3 代
每秒传输数/GB	2.5	5	8
编码方案	8b/10b	8b/10b	128b/130b
每秒每通道的数据速率	250MB	500MB	1GB
32 单行道数	8GB	16GB	32GB

11.5.2　适配器、网卡和 CNA

网络接口卡（或芯片），也称为 NIC、主机总线适配器（HBA）、主机通道适配器（HCA）、存储 NIC（SNIC）、融合网络适配器（CNA）、夹层和子卡，是访问外部 I/O 和网络资源的一种技术，如图 11.4 所示。物理服务器或物理机（PMS）利用物理适配器执行 I/O 和网络功能，包括访问本地或远程基础上的其他设备。虚拟服务器或虚拟机通常访问一个虚拟适配器，该适配器又通过虚拟机管理程序或抽象层调用物理适配器或 NIC。适配器从内部总线，如典型的 PCIe，连接到外部接口，包括 USB、SAS、光纤通道、InfiniBand、以太网和 FCoE，如图 11.4 所示。

这些主机适配器的特性包括：

➢ 存储接口的类型（光纤通道、千兆以太网、InfiniBand、SSA、ATA/SATA）。

➢ 协议类型（FCP、FICON、SCSI、iSCSI、RDMA）。

➢ 端口速度（1GB、2GB、4GB、8GB、10GB、16GB）。

➢ 接口媒体（XAUI、GBIC、SFP、铜、电器）。

➢ 每个适配器端口数（单路、双路、四路）。

➢ 支持不同光学器件或收发器的缓存信息点。

➢ 变量缓冲区和帧大小（用于 IP 巨型帧）的性能。

➢ 对于虚拟机和预防性维护的远程引导支持。

➢ 物理适配器和设备的热插拔支持。

➢ 将服务器从 TCP 通信中卸载的 TCP 分载引擎（TOE）。

➢ 虚拟机管理程序和操作系统驱动程序支持。

适配器的物理封装随着它们能提供的功能不同而变化。例如，PCIe 适配器随物理尺寸、支持的端口类型、协议或接口的数量、缓冲剂和关断的负载能

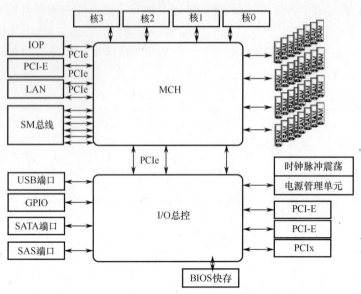

图 11.4 PCI 对内部服务器和接入外网的重要性

力的不同而变化。某些适配器，如夹层卡，专用于小而密的足迹刀片服务器，而其他则支持多个端口，以最大限度地提高 PCIe 扩展端口的功能。从以往经验上看，适配器一直是单功用的，这样 InfiniBand HCA 不可能变成光纤通道 HBA，光纤通道 HBA 不可能变成以太网网卡，而以太网网卡不可能成为 SAS 适配器，但它们都可以插到 PCIe 总线。

随着 CNA 所改变的是可以在单适配器上配置多个端口，以在同一个物理端口支持包括 TCP/IP 的传统以太网 LAN 流量和采用 DCB 的 FCoE。有些 CNA 适配器还支持更改光纤通道端口以适应以太网和 FCoE 端口重新部署的目的。这种灵活性使得人们可以购买适配器并根据用途或需要改变其配置，以增加其使用寿命，并提供更高的投资回报率（ROI）。某些适配器是可移动的 PCIe 扩展插槽，或作为刀片服务器夹层卡，有的则是固定在主板、服务器或存储系统控制器主电路板上。套用某些厂商的营销术语，这是一个 CLOM，或主板上的融合 LAN。

服务器不是使用 HBA 的唯一资源。某些存储系统只需使用现成的适配器接到存储操作系统的驱动，而另一些则利用夹层或柔性连接改变输出接口。其他存储系统有专门的结构附件（FA）或控制卡主机端端口，用于连接到服务器、SAN 和存储设备后端端口。

除非对弹性没有需求，双重或多重的 HBA 应始终连接和作用到冗余结构上。除了提供冗余性和永续性以外，多个适配器和 I/O 路径可以通过维护不同的组件支持故障转移来提高可用性。作为操作系统、卷管理器和文件系统的一部分，或通过包括存储厂商等第三方实现的路径管理软件能够保证适配器自动故障切换的高可用性（HA）。除了 HA 的故障转移以外，路径管理可以提供负载平衡跨端口和指标管理。路径管理器还可添加额外的功能，包括加密、压缩和云访问等。

11.6 I/O 与网络设备

除了服务器和存储系统的访问端口上的适配器或网卡，其他网络设备还包括交换机、导引器、网桥、路由器、网关和设备，以及测试、诊断和管理工具，这些都是通过线缆（铜缆或光纤）或者无线组件实现连接。

交换机是在第二层为网络存储设备执行交换功能的设备。不同于在端口之间共享带宽的集线器，交换机提供了端口之间的专用带宽。交换机和导引器可作为独立或单一设备的架构，可成对创建多个单一设备的 SAN 岛，或连接在一起组成一个新架构。架构或网络用于增加可用设备的物理端口数量，以支持不同的拓扑结构和各种应用环境。交换机和导引器端口也可以隔离本地流量到特定的网段，就像传统的网络交换机隔离网络流量一样。存储网络交换设备的范围可以从简单的 4 端口设备到数百个端口的大型多协议设备。光纤通道交换机提供了相同的功能，它提供了各种子网段，或循环中可扩展的带宽标准的网络交换机。汇聚交换机将传统的光纤通道 SAN 与包含 FCoE 的 LAN 支持结合起来，成为一个单一的平台。

网络导引器是一个高度可扩展的、完全冗余的交换机，支持具有多个接口和协议的刀片，包括光纤通道、以太网和以太网光纤通道、FICON 和大范围桥接或其他接入功能。导引器根据端口的大小而不同，可用于替代或补充的小型交换架构。架构设备，包括导引器和交换机，可连网成各种拓扑结构，以创造数百个非常大的弹性存储网络的数千个端口。交换机间链路（ISL）用来连接交换机和导引器，以创建一个结构或 SAN 。一个 ISL 在每台交换机或导引器上都具有一个连接该 ISL 的端口。为了实现冗余，交换机间链路需成对配置。

在各种拓扑结构下，核心交换机以单台设备或几台交换机互连的方式，置于网络的中心。核心交换机通常是一个体积较大的设备，与许多网络、支路或 ISL 连接，并向存储或其他目标设备提供边缘或接入开关。在某些情况下，一台核心交换机可作为大型边缘或接入交换机和导引器，这时它可以使一个较小的物理设备，提供对存储或其他目标的其他交换机之间的汇聚点。

边缘或接入交换机，也称为机架（TOR）的顶部，队列之中（MOR），或队列之末（EOR），其大小不等，提供许多服务器连接到网络核心存储系统或其他设备的汇聚点。从历史上看，边缘或接入交换机为降低成本和将多个慢速服务器连接到高速 ISL 或更大的核心交换机干线上，已经将体积缩至很小。例如，10 个单独的服务器可以分别只需要大约 1Gbe 的带宽或同等的 IOPS、数据包，或每秒的帧性能。

在前面的每个场景中，每个服务器拥有 1 个 GbE 端口（两个用于冗余）可能从成本的角度来看是有意义的。如果这 10 台服务器使用的是虚拟机管理程序，如 Citrix/Xen，微软的 Hyper – V 或 VMware 的 vSphere，合并或汇总的性能需求将占据整个 10GbE 端口。配备刀片系统和 TOR 后，这些交换机可以在扁平网络中连接到更大的核心设备，与存储设备或其他设备连接。因此，合并或汇总服务器、应用程序或其他工作负荷时，应注意可能导致的性能瓶颈或性能降低。

其他类型的网络设备，还包括网关、网桥、路由器及附属装置。这些设备可以在不同类型的网络处理接口、协议、数据转换，以及其他基于本地和广域的功能之间建立桥接。部分网关、网桥、路由器及附属装置包括：

> SAN 和 LAN 在城域网和广域网设备。
> 带宽和协议或应用优化。
> 协议转换和路由，包括 FC 到 FCoE。
> 安全性，包括防火墙和加密设备。
> 文件系统和其他内容缓存设备。
> 从云到现实的工具，网关和软件。
> 存储服务和虚拟化平台。

11.7　融合和统一网络

图 11.5 显示了使用虚拟 HBA 和 NIC 连接到交换机或 I/O 管理器，进而连接到基于以太网的 LAN 和光纤通道 SAN，以实现网络和存储访问的一个例子。融合网络的例子包括采用增强型以太网、光纤通道和采用 InfiniBand 传输的以太网虚拟 HBA 及 NIC 的以太网光纤通道，以及采用 PCIe IOV 的内部服务器。

图 11.5 重点在展示 I/O 和网络的融合是如何渗透到实物产品、产品和接口中的。从产品的角度来看，适配器和交换机可通过它们各自的传统接口（以太网和光纤通道）及协议（为 LAN 设定的 TCP/IP 和光纤通道与用于 SAN 的 FICON）支持 LAN 与 SAN 流量。协议和接口融合的例子包括支持 TCP/IP 协议下的 SCSI 命令（如 iSCSI）、光纤 IP 通道（FCIP）以保证距离和光纤以太网通道（FCoE）的设置。表 11.2 显示了传统的存储和数据网络环境的特点。

表 11.3 显示了存储和网络的价值和特点，以帮助了解为什么事情已完成或以不同的方式完成。从 LAN 的角度来看，为什么事情在存储端以某种形式完成，或从存储的角度来看，为什么网络专业人员以不同的方式完成事情可以帮助识别可被融合的技术范畴。

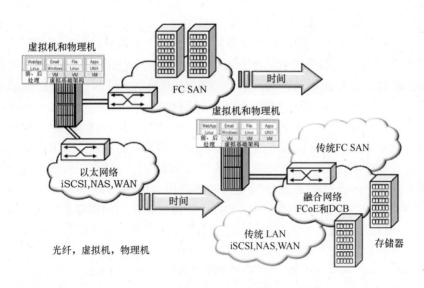

图 11.5　统一或融合网络的例子

表 11.3　存储和网络特征

	服务器和存储 I/O 通道	数据和语音网络
配置	DAS 和 SAN 的平板或点对点铜线或光纤	LAN，MAN 和 WAN 的多个层次，可扁平，或点对点的铜，光纤或无线
媒介	使用串行接口，如 SAS 和 FC 的模块（SCSI 开放系统）	Ethernet/802.x，SONET/SDH，MPLS，WDM/DWDM
上层协议	开放系统的 SCSI 命令集，维护 IBM 大型机的主要记数数据	主要是 TCP/IP 和 TCP/UDP
特征	确定性，无损性，低延迟，服务器卸载，数据中心存储	消费者到数据中心，成本低，广泛采用，互操作性
标准	ANSI T10 和 T11	IEEE
交易理由	SCSITA，FCIA，SNIA	以太网联盟
适配器和网卡	PMC，LSI，Emulex，Qlogic，Mellanox	博通，英特尔，Qlogic，Emulex，博科
交换机	Cisco，Brocade，Qlogic，Mellanox	Cisco，Brocade，Qlogic，HP 3COM，Huawai，IBM/Blade，Juniper，Alcatel

11.7.1　PCI-SIG I/O 虚拟化

传统 PCI 一直局限于一个主处理器或内部计算机中，但新一代 PCI 快车（PCIe）可支持 PCI 特别兴趣小组（PCI）的 I/O 虚拟化（IOV），从而使 PCI 总线扩展至几米的距离。相较于局域网络、存储互连以及其他 I/O 连接技术而言，几米是一个很短的距离，但相对于几英寸上的限制，扩展 PCIe 加强了 I/O

229

和共享网络互连的改进。

服务器与外部设备进行 I/O 功能的核心是连接或桥接到较旧的 PCI 接口或其他接口的 PCIe 总线联合体。PCI SIG IOV（图 11.7）包含一个将 PCI 联合体和附件连接到一个独立 PCI 机箱中的 PCIe 桥。其他组件和设施，包括地址转换服务（ATS）、单根 IOV（SR-IOV）和多根 IOV（MR-IOV）。ATS 可以优化 I/O 设备和服务器的 I/O 内存管理。最初，SR-IOV 实现多个客户操作系统同时访问一个 I/O 设备，而不必依赖于虚拟机管理程序的虚拟 HBA 或 NIC 的功能。其好处是在物理上相对独立封装的适配器卡，可以与一台独立的物理服务器共享，而不会产生通过虚拟化软件基础设施的任何潜在的 I/O 开销。接着，MR-IOV 实现了 PCIe 或 SR-IOV 设备通过在不同的物理上分离的服务器和 PCIe 适配器外壳上共用 PCIe 架构的访问功能。其好处是提高了物理适配器跨多个服务器和操作系统的共享能力。

图 11.6 显示了一个 PCIe 交换环境的实例，这里两个物理上独立的服务器或刀片服务器连接到了一个外部 PCIe 外壳或卡槽，以进一步连接到 PCIe、PCIX 或 PCI 设备。高性能的短距离电缆通过一个 PCIe 桥接端口将服务器 PCI 联合体连接到机箱上外围设备的 PCIe 桥接端口上，而不是将适配卡插入到每个物理服务器上。在该示例中，无论是 SR-IOV 还是 MR-IOV 都可以采用，这取决于特定的 PCI 固件、服务器硬件、操作系统、设备及相关的驱动程序和管理软件。

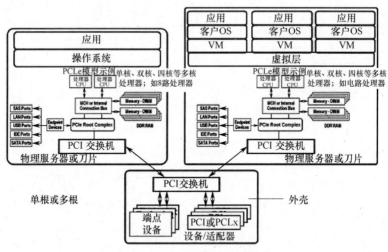

图 11.6　PCI-SIG I/O 虚拟化

一个有关 SR-IOV 的例子是，每个服务器都可以访问外部卡槽一定数量的专用适配器，如 InfiniBand、光纤通道、以太网、FCoE 或 HBA 卡。SR-IOV 不允许不同的物理服务器共享适配器卡。在 SR-IOV 的基础上，MR-IOV 可以安全透明地使多个物理服务器访问和共享 HBA、NIC 等 PCI 设备。PCI IOV 的主要好处是提高了适配器或夹层卡等 PCI 设备的利用率,并且满足插槽数量和物理尺寸或形状受限的服务器的性能及可用性。

11.7.2　融合网络

I/O 和通用数据网络的不断融合,简化了管理,降低了复杂性,并提供了 IT 的灵活性,提高了资源使用率。融合网络和虚拟化 I/O 用于拥有 PCIe 增强功能的服务器内部环境,或者与以太网、光纤通道和 InfiniBand 相连的外部环境。甚至在本章前面所讨论的 SAS 和 SATA,也都是融合的一种形式,这样 SATA 设备就可以连接到 SAS 控制器,并与 SAS 设备共存,以降低复杂性、布线和管理成本。图 11.7 显示了几十年来各种网络和 I/O 传输与协议融合的过程。从供应商专有的接口和协议到开放行业标准都在发生这样的进化。例如,SCSI 既是一种平行布线方案,也是一种协议命令集。

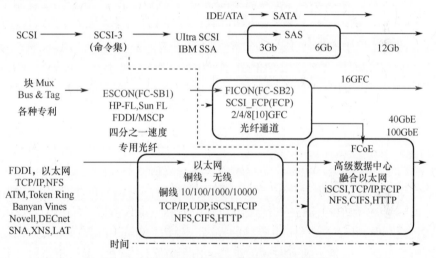

图 11.7　网络和 I/O 融合的路径及发展趋势

SCSI 命令集已经以 iSCSI 的形式在 SAS、光纤通道、InfiniBand(SRP)和 IP 地址上实现。局域网网络已经从不同的供应商特定网络协议和接口进化到标准化的 TCP/IP 及以太网。即使是正规的接口和协议,如 IBM 大型机的 FI-CON(从 ESCON 演变而来),在恰当的光纤布线下,如今协议混杂模式与开放系统 SCSI_FCP 也可以共存于光纤通道中。

以太网支持多个并发的上层协议(ULPS)(图 11.8),如 TCP/IP、TCP/UDP、规范化 LAT 和 XNS 等,这与光纤通道支持如用于 IBM 结构的 FICON 等多路 ULPS 和 FCP 开放系统的方式类似。在过去的 10 年里,网络和存储 I/O 接口已经细化到一个行业标准,提供了灵活性、互操作性和可变成本的功能

231

选项。

规范主机互连，如总线和标记（MUX 块），已经被 ESCON 和 1/4 高速光纤通道（小于 25 Mb/s）的规范衍生品所代替。后来，ESCON 被 FICON 所替代。FICON 利用开放的光纤通道组件的通用性，使 FICON 与开放系统光纤通道 FCP 实现了流量共存协议混杂模式。同样，并行 SCSI 演变到 UltraSCSI，并且从物理并行电铜电缆分离出 SCSI 命令集，以满足于 SCSI 上的 IP（iSCSI）、SCSI 光纤通道（FCP）、SCSI 上的 InfiniBand（SRP）、串行连接 SCSI（SAS）以及其他技术。传统的网络，包括 FDDI 和令牌环，已经被许多不同的 802.x 以太网衍生品所代替。聚合的持续演进是利用增强型以太网的低层 MAC（媒体访问控制）的功能。提高服务质量以改善延迟和无损通信，使得光纤通道和 ULPS 共存于一个与包括 TCP/IP 的其他以太网的对等基础上。

展望未来，一个汇聚增强型以太网支持的 FCoE 存在的前提之一是可以在传输基于 TCP/IP 流量的以太网上同时传输包括 FCP 和 FICON 的光纤通道流量。这不同于目前的做法，光纤通道流量可以使用 FCIP 长距离远程复制被映射到 IP 地址。采用 FCoE，在 TCP/IP 层以及任何相关的延迟或开销可被去除，但该方法只适用于本地使用。几个常见的问题是，为什么不使用 iSCSI？为什么需要 FCoE？为什么不使用 TCP/IP 作为融合网络？对于某些环境，成本低、易用性以及良好的性能是主要要求，iSCSI 或 NAS 访问存储是一个不错的办法。然而，对于那些需要非常低的延迟或非常不错的性能，以及拥有额外弹性的环境，光纤通道仍然是一个可行的选择。对于需要 FICON 大型机环境中，iSCSI 并不是一种选择，因为 iSCSI 仅能实现 IP 的 SCSI，而不适用于所有通路。

从市场角度而言，包括应用程序的访问、数据移动等功能都采用以太网的通用网络，因此，将聚合迁移至以太网是大势所趋。最新的增强以太网超过 10 GB、40 GB 和 100 GB 的性能改进包括服务和重点人群以及端口暂停、无损数据传输和低延时的数据移动质量的提高。最初，FCoE 和增强型以太网是优质的解决方案，但是，随着时间的推移，由于方案的采用，定价将下降，这与前几代以太网的情况相同。

由负责监督网络和以太网标准的互联网工程任务组（IETF），以及负责监督光纤通道标准的 ANSI T11 共同带来的改进最终带来了一个融合增强型以太网。以太网光纤通道（FCoE）可使存储网络获得低延迟，并且可基于以太网的广泛应用及其相关知识获得无损数据传输的确定性能。通过将光纤通道映射到以太网，即将光纤通道流量封装到以太网帧中，光纤通道，包括 SCSI_ FCP 和 IBM 结构的 FICON（FC－SB2），可共存于增强型以太网和其他基于以太网的数据传输中，包括 TCP/IP 协议。

IOV 的 InfiniBand 解决方案是作为替代以太网解决方案存在的。本质上，InfiniBand 的方法是相似的，如果不相同，就要将包括 FCoE 的以太网方案和与作为网络传输的 InfiniBand 之间的差异融合。将 InfiniBand HCA 的特殊固件安装到服务器上，即可从物理适配器中看到光纤通道 HBA 和以太网 NIC。Infini-Band 的 HCA 也连接到交换机，而后者同样也连接光纤通道 SAN 或以太网 LAN 网络。

11.8　本地网络（DAS、SAN 和 LAN）

数据存储系统，与计算机服务器一样，将继续在功能性、灵活性、性能、可用容量、能效和配置选项方面不断发展。随着开放系统计算的到来，其将会朝着标准化、I/O 聚合与存储接口协议的方向继续发展。服务器则可采用不同的块存储选项包括共享的外部 DAS、SAN 网络（iSCSI、光纤通道、以太网光纤通道（FCoE）、InfiniBand（SRP 或 iSCSI）和 SAS）或 NAS，如 NFS 和 Windows CIFS 文件共享。在某些情况下，存储会利用公共或私有云和 MSPS 迁移。

11.8.1　网络存储的作用

在过去的 10 年中，网络存储、SAN 和 NAS（文件共享）已经变得越来越普遍，但直连外部和专用内部存储仍拥有稳固的安装基础。随着环境和应用需求的多样性，选取富有弹性的、灵活的和可扩展的服务器，存储和 I/O 基础设施十分重要。此外，应当记住，DAS 并不一定意味着专用内部存储，它也可以在点到点拓扑配置下采用 SAS、iSCSI、Infiniband 或光纤通道的外部共享直接访问存储。分层访问对给定的任务提供最适用的工具，保证在成本、性能、可用性、共存、功能和适用的应用服务需求。这要求包括不同速度的光纤信道、iSCSI、InfiniBand、NAS、SAS 等共同达到访问所需的服务水平。图 11.8 展示了不同的存储、I/O 网络协议和接口如何共存以满足各种应用要求和需要的一个例子。

请看图 11.8，几个常见的问题是，为什么这么多不同的网络需要传输？为什么不把一切搬移到以太网和 TCP/IP？在本章的后面，将讨论融合的网络架构，以展示不同数量和类型的协议及接口是如何不断融合的。就目前来看，答案很简单，不同的接口和传输是用来满足不同的需求，从而能够用最适用的工具或技术完成手头的任务。

TCP/IP 正处在从 IPv4 演进到 IPv6，并从 32 位地址转换到 128 位的过渡阶段，目的是为提升网络地址的可用数量。TCP 卸载引擎（TOE）适配器或网卡可提升性能，同时卸载必须执行 TCP/ IP 操作的服务器。TOE 的办法是断开负载的 TCP 网络操作，而不是使用服务器的 CPU 资源。尽管 TOE 在从服务器卸载计算机负载以支持快速网络方面代价过高，但它带来的服务器性能改进和更快的以太网网速已使 TOE 专用于高性能的服务器或存储设备。

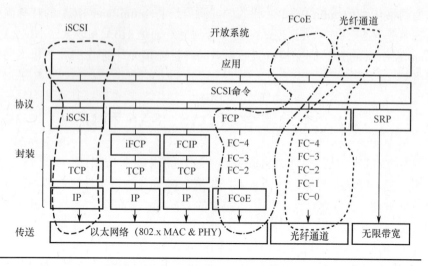

图.11.8 定位的 I/O 协议，接口和传输

TCP/IP 协议通常部署在网络的传输层，范围从无线/WiMax 技术、以太网到 InfiniBand 广域光纤网络。今天，TCP/IP 可用于应用程序的一般性访问和服务器到服务器的通信，包括群集跳变和数据移动。TCP/IP 协议也越来越多地用于数据存储访问和运动，包括基于 iSCSI 块的访问、NAS 对文件的访问和数据共享，以及使用 FCIP 远程镜像和复制。相关的附加应用程序、服务和充分利用 TCP/IP 的协议可参阅本书最后的术语表。

11.8.2 以太网 （802.1）

以太网，是一种在消费者和不同的应用的企业环境中广泛使用的工业标准网络接口和传输方式。以太网的普及可以归功于它的互操作性和承受能力，这有助于使其能继续发展成一个无处不在的网络标准。在过去的几十年里，以太网的出现已经取代了各种专有的组网方案，同时将速度从每秒 10 兆位提升到 10 千兆位，进而发展到 40 千兆位和 100 千兆位。以太网可部署在不同的物理介质包括光纤和铜电力电缆。以太网版本包括 10 Mb/s、100 Mb/s（快速）、1000 Mb/s（1GbE）和 10000 Mb/s（10 GbE）及新兴的 40 GbE 和 100 千兆以太网。10 GB、40 GB 和 100Gb 的以太网可以替代 SONET/SDH，应用于利用专有暗光纤和可选 DWDM 技术的城域网组网环境中。

除了不同的速度、布线介质和拓扑结构以外，以太网具有其他一些优点，包括链路聚合、流量控制、服务、虚拟 LAN（VLAN）的质量和安全性。其他功能包括为以太网供电的电器提供电能、支持低功耗设备、简化布线和管理。以太网不仅为计算机和应用程序提供局域网访问，也用于城域网和广域网的服务及支持存储应用。

234

作为一个融合技术推动者，以太网仍受到一些几十年来残存的 FUD（恐惧、不确定和怀疑），但是，这些都将远去。例如，有人对以太网以存储为中心的理解可能停留在十多年前网络采用 10/100 载波侦听多路访问串通检测（CSMA／CD）和 1 个 GbE 上的铜线网络的时代。现实情况是，以太网已经走过了漫长的道路，现在运行在铜线和光纤网络的主路速度已高达 40GbE 或 100千兆，以太网也已用于 WiFi 网络。基于 802.1 数据中心桥接（DCB）增强功能，包括 P802.1Qbb（优先级流量控制，PFC）、P802.1Qaz 增强传输选择 -ETS）、DCB 能力交换协议（DCBX）等技术的应用，可提供更多存储和 LAN整合的平台也在不断发展之中。

另一个对以太网过去的关注是担心环路发生了冗余和桥接链路。生成树协议（STP）、IEE 802.1D，可在物理路径存在冗余时产生一个无环路的逻辑拓扑结构。STP 使以太网具有未被活动数据使用的冗余链接时，可自动启动这些冗余链接实现故障转移。STP 的一个挑战是，它不是光纤通道，无法利用冗余链路使用光纤最短路径优先（FSPF）以提高性能，它的待机链路是不可动用的资源。作为 IETF RFC 5556 融合网络环境的一部分，为了提高资源的使用或网络上的支出，多路链接的透明互连（TRILL）正用于多个以太网交换机链路中，特别是对于非 FCoE 流量。

在过去，一些存储专业人士共同关注的一个问题是被丢弃的数据包和性能，以及对 TCP/IP 的误解。以太网不仅包含了 DCB 和增强型以太网、以数据为中心的以太网（DCE）和融合增强型以太网（CEE），还增加了传统的存储接口特性，以解决有关确定性能和无损数据传输的担忧。今天的以太网同十几年前，甚至更长时间相比完全不同。事实上，一些网络和存储专业人员可能没有意识到，在最低的水平（例如，编码和物理传输），以太网和光纤通道具有几个共同的属性，包括使用普通电缆和收发器（不采用波分复用或 FCoE 则无法同时使用）和编码方案。

11.8.3 光纤通道（FC）

连接技术支持开放系统、主机服务器到存储和存储到存储，以及某些情况下服务器到服务器的 I/O 操作的多个并发的上层协议（ULPS）。FC ULPS 包括FC－SB2（通常称为 FICON）和 SCSI 的光纤通道协议（又名 FCP），也就是常说的光纤通道。FC 的实现操作已经从 1Gb/s 上升到共享环路的 1GB（1GFC），到 1GFC、2GFC、4GFC，再到现在的 8GFC。目前中继线和交换机间链路（ISL）主要采用 10GFC 以支持缩放交换机之间的骨干网和结构。光纤通道行业协会（FCIA）正在布局 16GFC 和 32GFC 以及其他增强功能。

支持的拓扑包括点对点（无交换机），连接到较大交换机的接入交换机核心边缘，或直连到核心。核心边缘也可以看作入扇或出扇，其中多个服务器会聚和入扇到共享存储系统中，或从存储系统出扇。从服务器的角度出扇涉及一组能连接许多存储设备的服务器。各种其他的拓扑结构也是可能的，包括在本地或远程的基础上进行切换。

光纤通道的价值体现或优势是在当前 8 Gb/s 或是未来有可能的 16Gb/s 的速度下，在更远距离（利用长距离光纤可达 10km）下规划性能、可用性、容量或连接。光纤通道的一个挑战是它的成本和复杂性。较大的环境能吸收成本和复杂性，因为缩放仅是一小部分，但它在较小的环境中仍是一个挑战。大多数的 FC 部署利用光纤与电气连接，主要用于服务器、存储和网络设备的背板。根据距离的启用功能，包括光学和流量控制的缓冲区、适配器、交换机和电缆，光纤通道的距离可以从几米到超过 100km。

随着光纤通道以太网（FCoE）的出现，可以期望在现有光纤通道的安装基础上，将新的增强型以太网用于 FCoE、iSCSI、NAS，Infiniband 或停留在专用光纤通道。如果目前正在使用 FC 开放系统或 FICON 的大型机或协议混杂模式（PIM）（FCP 和 FICON 兼容），且没有打算使用 iSCSI 或 NAS 将开放系统存储迁移到基于 IP 的存储，那么可以使用 FCoE 或接近 8 GB 的光纤通道（8 GFC）。I/O 和网络基础设施需要时间部署在较大的环境中，因此需要时间来切换出来，更不要说投资保护硬件、人员技能和工具。有些组织会更快地移动到 FCoE，有些需要更长的时间，有些不会像采用了 16 GFC 或也许是 32 GFC 的 FC 那样离开很久。其他人可能会跳转到 iSCSI。有些人可能会加强性能和进一步缩小尺寸，有些人可能会继续使用 NAS，而其他人将采用混合环境。

11.8.4 光纤以太网（FCoE）

以太网是通用网络流行的选择。IP 将继续作为跨越距离、NAS 或与同一个以太网共存的低成本 iSCSI 块访问选项的一个很好的解决方案。把以太网融合或统一到网络中，是一种在不同的存储、网络接口、商品网络、经验、技能和性能等确定的情况下的行为妥协。

在可预见的将来，FCoE 将更针对当地环境，而不用于长途传输。不像将 SCSI 指令集映射到 TCP/IP 上的 iSCSI，或将光纤通道和 ULPS 映射到 TCP/IP 以进行远距离数据传输，保证远程复制和远程备份的 FCIP，FCoE 直接运行在以太网上，而无须运行在 TCP/IP 之上以保证数据中心环境下的低延迟。对于长距离的情况，如启用光纤通道或 FICON 远程镜像，支持 BC、DR、HA 的复制或备份，或需要低延迟通信的集群，可使用 FCIP、DWDM、SONET/SDH、时分复用（TDM）、城域网或广域网网络的解决方案和服务。对于 IP 网络，DWDM、SONET/SDH、城域以太网和 IPoDWDM 都可以使用。

采用 FCoE 后，融合网络可有多种选择。收敛和路径的程度将取决于时机、喜好和预算等其他标准以及厂商的存储产品和支持。与其他工艺和技术相同，解决方案也应满足特殊需要和解决具体的重点，而不增加额外的复杂性。

由于 FCoE 将需要一个不同的、更昂贵的融合增强型以太网（CEE），iSCSI 可以继续利用低成本的经济价值主张以扩大其应用范围。对于现有的使用光纤通道和 FICON 的开放系统和 IBM 大型机环境，下一个升级选项是从 4GFC 到 8GFC，并重新评估近 3 年内 16 GFC 和 FCoE 在生态系统的地位。对于那些大量投资光纤通道的开放系统环境，可在 4GFC 升至 8 GFC 时删减一些由于转向 iSCSI 和 NAS 而略去的应用。

对于没有投入巨资的光纤通道，跳转到 10GbE 的 iSCSI 环境会更吸引人。对于那些承诺搭建多圈 8Gb 光纤通道的网络，它们需要在 3～4 年的时间内决定是留在传统的光纤通道（假设 16GFC 准备就绪），还是跳转到 10Gb 或新兴的 40Gb FCoE，还是跳转到 iSCSI 或某种组合上。表 11.4 给出了各种 FCoE 的虚拟和融合的网络术语。

表 11.4　虚拟和融合存储网络术语

术语	描述
CAN	融合网络适配器
E_ Port	用于互连或 ISL 的扩展或开关到开关的端口
F_ Port	FC 开关上的结构端口
FCF	FC 转送
FIP	FCoE 初始化协议
FSFP	结构最短路径优先
ISL	交换机间链路
N_ Port	服务器到存储的 FC 端口
N_ PVID	N_ Port 的虚拟 ID
Trill	多路透明互连
ULP	上层协议
VE_ Port	虚拟 E_ Port
VF_ Port	虚拟 F_ Port
VLAN	虚拟 LAN
VN_ Port	虚拟 N_ Port
VPORT	虚拟端口
VSAN	虚拟 SAN

图 11.9 显示了在不使用波分复用技术时传统的独立光纤电缆（见图底部）的使用。为了与其他流量和协议，包括 TCP/IP 协议共存，利用 FCoE 将光纤通道映射到一个增强低延迟、无损耗与服务质量（QoS）的以太网。

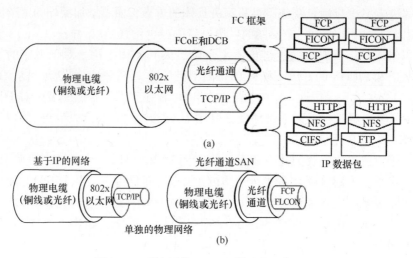

图 11.9　融合网络（a）和单独的网络（b）

需要注意的是，FCoE 的应用对象是数据中心，而长距离将继续依靠 FCIP（映射到 IP 的光纤信道），短距离则应用基于 WDM 的城域网。例如，在图 11.10 中，除非使用密集波分复用（DWDM）多路光纤网络，使用有线的传统模式布线为每个网络分配独立的物理铜线或光纤电缆。采用 FCoE，融合网络演进的下一阶段将是在同一个以太网的点上保证增强型以太网，同时支持FCoE 和其他基于以太网的网络。

11.8.5　InfiniBand（IBA）

InfiniBand 是一个统一的互连，可用于存储和网络 I/O，以及进程间通信。IBA 主要用于数据中心内的应用程序，也可用于将服务器连接到存储设备、存储到局域网，以及服务器到服务器。InfiniBand 也可作为后端用在某些存储系统或运行 TCP/IP 和 RDMA 的中间互连，或一些其他协议内部。作为一个统一的互连，IBA 能够用作多个逻辑适配器的单个适配器。IBA 使信道延伸到服务器以外大约 100m（未来可能实现更远的距离），而当前总线距离都以英寸为单位计量。IBA 利用内存到内存（DMA）传输产生较少的费用来提高存储，网络等其他活动。

有些英特尔服务器核心芯片组支持物理延伸到外部连接的本机集成 PCIeInfiniBand 端口，但大多数部署依赖于外部 PCIe 适配卡。主机适配器的 IBA 称为主机通道适配器（HCA），是一个用于连接存储设备或其他服务器的交换机。支持 IBA 的协议包括用于 NAS 和 iSCSI 的 TCP/IP 协议，以及服务器到服务器的通信，包括群集的支持。SCSI 远程协议（SRP）映射块存储访问到 IBA的 SCSI 指令集。网关等设备保证 IBA 网络与以太网和光纤通道的网络及设备进行通信。IBA 已经在高性能计算或者在需要大量高性能、低延迟通信的服务器的大规模计算环境，包括集群和网格应用等环境中，取得成功。

IBA 的另一种用途是物理网络和 HCA 的结合，利用连接到光纤通道和以太网网络的软件来创建虚拟化和融合网络适配器的网关或路由器。例如，InfiniBand HCA 被安装到一台服务器，经过软件和固件后，操作系统或虚拟机基础架构所看到的似乎是一个光纤通道适配器和以太网 NIC。其好处在于，对非冗余配置，一个单一的物理 HCA 可代替两个单独的适配器，一个用于光纤通道，一个用于以太网。这种整合使其中服务器被虚拟化，从而减少功耗、散热和占地空间，对于那些需要冗余但适配器插槽有限的环境非常有用。

11.8.6 iSCSI（互联网 SCSI）

iSCSI 是 SCSI 命令集映射到 IP 的结果，它支持通过现有的硬件，采用基于块的存储方式访问以太网 LAN 和 WAN。尽管附有 TCP 卸载引擎，并可通过卸载 TCP/IP 的主机服务器改进性能的 iSCSI 适配器和 iSCSI 协议处理存在开销，但大多数部署仍旧利用基于软件的启动和驱动程序与标准的板上 1GbE 网卡。10GbE iSCSI 部署的数量有所增加，但应用方面的"赢利点"一直趋向于将现有技术低成本化的 1Gb 以太网，以减少更昂贵的万兆以太网适配器和网络交换机的成本。

iSCSI 技术的好处（SCSI 映射到 TCP/IP）是使用内置 1GbE 网络接口卡/芯片（NIC）和结合 iSCSI 启动器软件的标准以太网交换机带来的低成本。1Gb iSCSI 除了成本低，在易用性和可扩展性方面也很具优势。iSCSI 技术的一个挑战是当面对速度更快的专用 I/O 连接时性能较低，这样，当使用共享以太网时，流量增加可能会影响其他应用程序的性能。iSCSI 可以在万兆以太网网络上运行，这种方法需要昂贵的适配卡、新的布线和光纤收发器以及交换机端口，这将增加高性能的共享存储解决方案的成本。

11.8.7 串行连接 SCSI（SAS）

串行连接 SCSI（SAS）称为用于连接硬盘驱动器到服务器和存储系统的接口，它也广泛用于连接存储系统的服务器。基于 SCSI 命令集的 SAS 不断发展，具有 6 Gb/s 的速度，10m 以上电缆长度（使用主动式传输线可达 25m），和非常好的性价比。价格、性能、共享连接和距离的组合非常适合集群和高密度的刀片式服务器环境。SAS 可用于将存储设备连接到服务器以及将硬盘驱动器连接到存储系统和控制器。

SAS 包罗万象，从协议接口芯片到内插器、满足 SAS 接口和 SAS 扩展器双端口的 SATA 硬盘要求的多路复用器、SAS 主机的 PCI－X、PCIe、外部

RAID 控制器、3.5 英寸和 2.5 英寸 SAS 硬盘驱动器等各部件。不论是对基于块还是 NAS 文件存储解决方案，SAS 硬盘驱动器都可用于部署存储系统以满足不同的价格区间和细分市场需求。SAS 提供的产品基于自己的目标市场或特定解决方案的目标价格区间进行部署，其准则是组件第一，其次是适配器、入门级块和 NAS 存储系统，再次是企业级解决方案。

对于高密度规模化和横向扩展环境，存储正朝着共同的形式更接近服务器和交换的 SAS。虽然云服务和提供功能的服务器可能距离要访问它们的服务器有一段距离，但是共享或交换的 SAS 正在越来越多地作为一个性价比不错的后端存储解决方案存在。过去，可连接到典型的共用 SAS 或 DAS 存储系统的服务器的数量存在一定差距。随着本地 6 Gb/s 端口的使用和 SAS 交换机增加出扇（从存储到服务器）或入扇（服务器到存储）的使用，连接服务器的数量已产生了变化。存储越来越接近服务器的另一个例子是虚拟化技术，它利用了行业标准的流程与外部存储相连。最后，整合将服务器和存储的未来紧密联系在了一起。

适用于共享和交换 6Gb/s 的 SAS 的应用程序或环境包括：

➤ 高密度服务器和刀片系统的存储。
➤ 磁盘到磁盘的备份/恢复和数据保护设备。
➤ 视频和多媒体，安全或游戏监视和地震分析。
➤ 数据库和业务分析。
➤ 横向扩展的 NAS，对象和云存储解决方案。
➤ 应用程序和服务器群集（MSCS 和 Oracle RAC）。
➤ 电子邮件，消息传递和协作（微软的 Exchange 和 SharePoint）。
➤ 服务器和桌面虚拟化。

图 11.10 显示了共享配置和切换 6Gb/s 的 SAS 存储支持不同的应用程序或环境的需要。越来越多行业的发展趋势是利用 NAS 文件服务设备连接到共享或交换存储，例如，SAS 可以操控，包括虚拟服务器在内的非结构化数据。这六台服务器的配置为非高可用性（非 HA），而 NAS 存储配置为 HA。

在图 11.10 的中间有三个服务器以 HA 配置双连接于一个 NAS 网关。图 11.11 中的 NAS 设备利用共享直接连接或交换 SAS 存储，同时支持传统和虚拟服务器。其中的两个服务器，如图 11.10 中间显示的 PM，被配置为集群托管虚拟机，作为 Citrx/Xen，微软的 Hyper – V 或 VMware 的 vSphere 等的超级管理程序。图 11.10 右侧通过添加一对 6 Gb/s 16 端口 SAS 交换机和一个高密度刀片系统增强配置。服务器刀片中的刀片系统可为多个应用服务，以通过经由 HA 配置提供性能和可用性的 SAS 宽端口访问共享 SAS 存储系统。各种应用程序都可以部署在刀片系统上，如微软的 Exchange、SQLserver 和 SharePoint，或需要多个服务器和高性能存储的单个横向扩展应用。

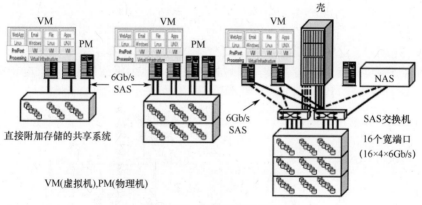

图 11.10   分享和交换 SAS

11.8.8   块存储的最佳协议

采用什么类型的服务器和存储 I/O 接口及拓扑结构往往要从成本、现有技术和能力这些方面考虑，在某些情况下也要从个人或组织的偏好方面考虑。

表 11.5 比较和定位了不同的 SAN 或存储共享的方法来帮助确定哪些技术或工具适用于给定任务。不同的 SAN 连接方法可以实现不同的功能，但这样做也可能使其超出设计、经济性和服务质量（QoS）的原定数值。

表 11.5   服务器和存储 I/O SAN 技术

类目	1GbE iSCSI	6Gb/s SAS	8Gb/s FC	10GbE iSCSI/FCoE
点到点	可	可	可	可
开关	可	可	可	可
费用	低	低	高	高
性能	好	极好	极好	极好
距离	数据中心及周边	25m 内	数据中心或校园	数据中心或校园
优势	费用 简便性 距离	费用 性能 简便性	性能 规模 距离	性能 规模 距离 常用技术
限制	性能	距离	费用 复杂度	费用 次生的 FCoE
服务器个数	十几到一百多	十几	一百多到一千多	一百多到一千多

11.9   远程访问（城域网和广域网）

远程访问网络和 I/O 技术对虚拟数据中心具有重要意义，其允许数据在不同位置、远程用户和客户端之间移动以访问数据，支持正在旅行或待在家中的工作人员。广域网在用户访问 IT 资源时，包括使用虚拟专用网络（VPN）和物理专用网络，必须保证访问时是安全无忧的。随着云计算、SaaS 和托管服务供应商解决方案的日益普及，广域网也开始支持 HA、BC、DR、电子邮件和其他应用程序（图 11.11）。

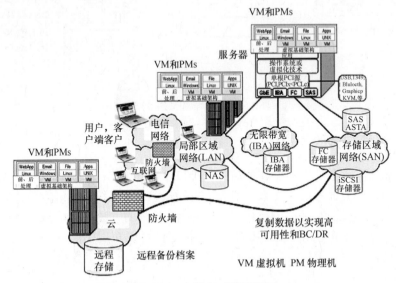

图 11.11　广域和互联网联网

　　虚拟和物理数据中心依靠各种广域网技术保证远程访问应用程序和移动数据。各种技术和带宽的服务，包括 DSL、DWDM、城域以太网、微波、MPLS、卫星、SONET/SDH、IPOVERDWDM、3G/4G、WiFi 和 WiMax、T1、T3，使用光载波 OC3（3 × 51.84 Mb/s）、OC12（622.08 Mb/s）、OC48（2.488 Gb/s）、OC96（4.976 Gb/s）、OC192（9.953 Gb/s），甚至是 OC768（39.813 Gb/s）的 OC 网络，以及其他波长和带宽的服务支持广域数据和应用程序的访问。

　　距离对基于远程访问的网络而言是一把双刃剑。从积极的角度来看，距离保证了生存能力和持续的数据访问。数据保护的坏处是费用、性能（带宽和延迟）和复杂度增加的附加成本。当在网络中跨越距离时，要及时移动数据以保证数据的一致性和连贯性，带宽是重要的，延迟则是重中之重。

　　MAN 和 WAN 网络使用的一些案例包括：

➢　远程与托管型备份与恢复。

➢　数据归档以管理或托管偏远地区。

➢　为 HA、BC 和 DR 执行的数据快照及复制。

➢　数据移动和迁移以及配送服务。

➢　集中式或分布式的资源和应用程序的远程访问。

> 访问云和 MSP 服务器。

高速广域网络正在成为不可或缺的关键应用。业务连续性、远程镜像和复制、云计算、SaaS、MSP 的接入以及连接区域数据中心都需要光纤广域网。考虑到光学选项和价格，挑选最好的技术和方法来传输数据是具有挑战性的。

当比较网络和带宽服务时，考察线路速率或规格表数和确定有效性能和相应延时的性能如何将会是很重要的。例如，一个网络服务提供商可能会提供一个较低的费用以共享高速带宽服务，但该费用可能是基于上传和下载速度，并拥有独立的延迟。另一个例子是，可能会出现有带宽相同数量的一个成本较高的带宽服务，但仔细调查，有一个更好的有效的带宽与更低延迟和更高的可用性服务的组合。

理解网络涉及哪层是很重要的，因为每一层都增加了复杂性、成本和延迟。理解并且最小化延迟对存储和数据移动是非常重要的，因为一致性和处理的完整性在实时数据移动中具有重要意义。具体的延迟量取决于所涉及的技术及其实现的类型，但差别基本不可见。根据 IP 流量移动到网络的方式，用户可能要附加网络层和技术，例如，IP 可能映射到 SONET、MPLS IPoDWDM 或其他服务中。性能和延迟的折中方案是使用可变成本的网络和带宽服务，以跨越更长的距离满足特定的业务需求或应用程序服务级别目标。距离通常认为是同步或实时数据移动的敌人，尤其是随着距离的增加，延迟也在增加。然而，延迟是真正的敌人，因为即使在短距离内，如果高延迟或堵塞存在，同步数据传输一样会受到负面影响。

光网络被理解为可以比电或铜线网络的速度更快，但它们并不一定如此。尽管数据具有在光网络上以光速行驶的能力，但实际性能往往由光学网络的配置和使用决定，例如，密集波分复用（DWDM）有 32 个或 64 个不同的网络接口，每个接口网速是 40Gb/s，这些接口都被多路复用到一根光纤电缆上。

关于广域网的一般注意事项包括：
> 距离——应用程序和数据需要在多远的位置？
> 带宽——有多少数据可以在多长时间范围内移动？
> 延迟——什么是应用程序的性能和响应时间要求？
> 安全性——在传输中或远程访问的数据需要保护的安全级别是多少？
> 可用性——什么是服务的特定水平的正常运行时间的承诺？
> 成本——服务或功能的初始及随时间推移后的成本各是多少？
> 管理——谁以及如何管理网络服务？
> 服务类型——专用或共享的光纤或其他形式的带宽服务的类型是什么？
广域网方案和技术包括：
> 专用和隐藏光纤布线及波长服务。

> 波分多路复用（WDM）和密集波分复用（DWDM）。
> SONET／SDH 光载波（OC）网络和分组 SONET（POS）。
> TCP／IP 服务，网络和协议，包括 FCIP 和 iSCSI。
> 多协议标签交换（MPLS）服务。
> 无线 WiFi、固定 WiFi、WiMax 和 4G 手机服务。
> 卫星和微波无线传输。
> 数据复制优化（DRO）和带宽优化解决方案。
> 防火墙和安全应用。

11.9.1 带宽和协议优化

WAFS 也被厂商称为广域数据管理（WADM）和广域应用服务（WAAS），是笼统的服务和功能概念，用来帮助加速和改善中心数据的接入。WAFS 和其他带宽、数据足迹减少（DFR）和数据处理优化（DRO）技术可提高性能或降低移动给定数据量所需要的带宽。换句话说，这些方法和技术可以最大限度地提高目前必须做的事或以更少的资源满足相同的活动量。

带宽优化技术已经从通用的压缩发展到特定应用的优化。应用程序特定的功能范围从特定协议，如 CIFS、NFS 和 TCP/IP 到远程复制、数据镜像、远程磁带复制和云服务。有些解决方案侧重于最大化带宽，而另一些则优化等待时间、充分利用高速缓存或其他增强技术。例如，对于那些希望从 ROBO 地点整合服务器和存储资源的环境，WAFS 可以是一个有利的技术共存的混合环境以提高分布式数据的备份。另一个例子是用于移动数据、云或远程备份服务，带宽优化可以以数据脚本减少的方式在源端、协议端或网络技术端应用。

11.10 有关云计算、虚拟化和管理的话题

虚拟数据中心，包括虚拟服务器和存储方案用什么网络、I/O 接口和协议，都取决于具体需求和 QoS 要求。其他因素包括 I/O 模式的大小、随机或顺序读取或写入、虚拟机的数量和设备适配器的类型。根据虚拟基础架构，如 VMware 或微软的版本，一些高级功能都只能使用特定的协议支持。例如，虚拟机可能可以开关任何网络接口或协议，而虚拟化管理程序可能会限制特定的配置要求。

另一个要考虑的是虚拟桌面基础架构（VDI）需求，这有可能导致本该由本地磁盘设备处理的活动引起网络活动的突然爆发。一方面，VDI 将磁盘 I/O 转移到服务器，而服务器反过来使用精简客户端或桌面，经由使用或访问的网络发送数据。另一方面，把应用程序和数据连接到服务器可以转移备份桌面和

随后的网络需求的重点或负担。然而，交易网络资源来支持备份，而不是启用VDI并不是个公平交易，因为备份往往是集中在带宽大的顺序流、突发性高压、帧或着重于低延迟的每秒数据包，VDI流量可能更小。谨慎操作VDI，不要简单地移走一个问题而引来一个新问题，应当标明并消除瓶颈，提高服务质量和客户服务经验。

虽然一些虚拟机可以使用，并充分利用当地的细化和非共享存储，但是大多数功能的扩展性和弹性，包括HA、BC和DR，需要某种形式的共享存储。共享存储包括连接到两个或更多的服务器、iSCSI和光纤通道块存储和NFS NAS双重存储或多重SAS存储阵列。其他功能还包括聚类，动态虚拟机移动或搬迁，以及服务器的备份，将视版本、I/O接口和正在使用的协议类型而有所不同。

实际性能因特定的虚拟机配置、底层的硬件结构、客户机操作系统、驱动程序和存储系统配置而异。虚拟化厂商和服务器与存储厂商一样，配置了指南和在线论坛，涵盖各种配置和支持的选项。存储界对iSCSI、光纤通道和NFS NAS厂商哪一个是最有效和最好用的协议存在一定争议。一些厂商声称他们的协议和接口是最好的，其他厂商则采取更中立和协商的方式，应当遵循个人喜好和现有或计划中的技术决策，来确定什么对于手头的任务是最好的工具和技术。

其他的应用程序，如Microsoft Exchange，也可以对基于块的存储或Microsoft文件系统提出要求。传统的数据库，如Oracle、微软的SQL或IBM的DB2/UDB有一个偏好和推荐意见，如果不是必需的，都可以在基于块的存储上运行。数据库，如Oracle可以做或运行在NFS存储上，并通过充分利用NFS V3和后来称为直接I/O（DIO）的功能，执行基于NAS的存储块状访问，而无须读取或写入整个文件。这些规则和要求正在发生变化，请联系供应商或产品的专家，以了解具体的指导方针和建议，咨询是很重要的。

网络和I/O连接是重要的，随着融合的不断发展，存储接口和网络之间的界限正变得模糊。网络和I/O包括网络、服务器、存储和协调不同技术领域各种关系的数据专业人士。例如，如果一个虚拟服务器从一个物理服务器的虚拟机移动到另一台不同物理服务器的虚拟机上，除非NPIV正在使用，SAN的人员必须做分区和配置更改，就像服务器和存储一样。各种任务和活动都必须保持I/O和网络功能良好，以支持虚拟数据中心。

度量网络包括：

➢ 数据带宽移动。
➢ 延迟和响应时间。
➢ 帧或每秒的数据包。
➢ 可用性和服务质量。

- 源和目的地之间交流最多的用户。
- 错误计数，包括重传。

同样不该被遗忘和削弱重要性的是测试和诊断设备。这些措施包括协议分析器、探测器的性能、网络嗅探器，以及故障和错误检测设备。其他一些例子包括网络和物理电缆监控、诊断设备及工作量发电机。一些设备是基于协议的，而另一些在网络接口层工作，还有一些，仍然在物理电缆水平上工作。这些工具可以集成并辅以额外的管理软件工具作为一个整体存储和存储网络管理解决方案中的一部分。

测试和诊断设备可以用于设计和组件的发展，也可以是组件测试单独作为一个整体存储网络的一部分。例如，组件可以单独或在某些特殊条件下同其他设备很好地工作，但是当附加设备和工作量增加时，事情可能会改变。单位和组件为验证和确认的测试，以及整个系统在各种工作负载下的压力测试可能会发现一些没有在正常的测试中发现的问题，如内存、存储或网络漏洞的影响问题。各种设备、操作系统、修补程序和设备驱动程序的组合，可以添加测试和诊断的复杂性。

11.10.1　访问云存储和服务器

公共和私有云服务都依赖于某种形式的网络访问。所需要的网络资源依赖于被访问的云服务和它的位置，例如图 11.12 中，如果使用的是云或 MSP 备份服务，网络带宽可支持数据量在给定的时间内受到保护。以云备份为例，除了有足够的网络带宽来满足数据保护的要求，还有其他优化功能，无论对网络或云访问工具都可适用。

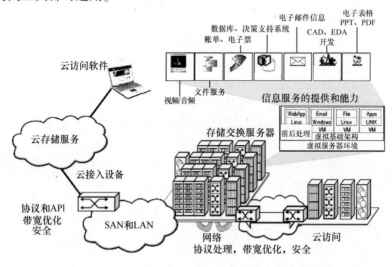

图 11.12　云和 MSP 服务器访问

云端存取工具（图 11.12）可以安装在服务器、工作站，或笔记本电脑，或通过网关、路由器、网桥等设备访问该服务的软件。云访问工具可在工作站、笔记本电脑或服务器，或通过包括某种形式的优化、安全性和其他专用于访问服务的功能等设备上运行。在本地或广域基础上访问云服务都要用到 TCP/IP。根据服务或云访问工具，其他协议也可以使用，例如，NFS 或 CIFS 的 NAS 文件服务/共享，HTTP、REST 和行业或供应商特有的 API。

11.10.2 虚拟 I/O 和 I/O 虚拟化（IOV）

在传统的物理服务器，即使只有一个物理适配器，操作系统也认为有一个或多个光纤通道和以太网适配器，如安装在 PCI 或 PCIe 插槽中的基于 Infini-Band 的 HCA。在虚拟化服务器的情况下，例如，VMware 的 vSphere，管理程序可以看到并共享一个物理适配器或多个适配器的冗余和性能给客户操作系统。客户系统看到的是一个标准的光纤通道及以太网适配器或网卡使用标准插件及播放驱动程序。

虚拟 HBA 卡、虚拟网络接口卡（NIC）和交换机，正如它们的名称所示，是物理 HBA 或 NIC 的虚拟表现，这类似于虚拟机通过虚拟服务器模拟物理机的模式。采用虚拟的 HBA 或 NIC，物理 NIC 资源分配虚拟机，但呈现的方式不是托管 Windows、UNIX 或 Linux 等客户操作系统，而是以光纤通道 HBA 或以太网网卡的方式呈现。IOV 或 VOI 属于服务器的主题、网络主题、以及存储的主题。好比服务器虚拟化，IOV 涉及服务器、存储、网络、操作系统和其他基础设施的资源管理技术领域与学科。融合 I/O 网络及虚拟 I/O 的业务及技术的好处与服务器和存储虚拟化相似。

IOV 的优点包括能够减少物理互连的数量，从而实现更高的密度，提高空气流和能量效率，带来成本优势。其他好处包括支持那些在过去已经要求的物理硬件变化，如从一个支持 SAN 的适配器类型变到 LAN 的快速重置或配置变化的能力。另一个优点是最大限度地利用 PCIe 扩展槽，包括增强性能和可用性。

11.10.3 N 端口 ID 虚拟化（NPIV）

N 端口 ID 虚拟化（NPIV），如图 11.13 所示，使用 ANSI T11 光纤通道标准，使一个物理 HBA 和开关得以支持适配器的多个逻辑全球广域节点名称（WWNN）与全球广域端口名称（WWPN）共享访问。光纤通道适配器可以跨越不同的虚拟机在虚拟服务器环境中共享，但虚拟机共享一个共同的全球广域节点名称（WWNN）和全球广域端口名称（WWPN）的物理 HBA 地址。跨多个虚拟机共享 WWNN 和 WWPN 的问题是，从数据安全性和完整性的角度来看，LUN 映射和屏蔽需要在底层基础上进行。

在目标操作系统或虚拟服务器环境及其相关的 HBA 与交换机的支持下使用 NPIV，可获得更加精细的分配和地址。使用 NPIV，每个 VM 分配一个唯一的、独立于底层物理 HBA 的 WWNN 和 WWPN。使用唯一的 WWNN 和 WWPN，虚拟机可以移动到不同的物理服务器而不必更改不同物理 HBA 的地址或交换机上光纤通道的分区。此外，NPIV 允许细化 LUN 映射和屏蔽以保证单个或一组给定 VM 虚拟机使用一个共享物理 HBA 访问某个特定的 LUN。细化和唯一的 WWPN 的一个附带好处是一个 LUN 可以通过代理服务器的备份服务器，如 VMware VCB，来移动和访问正确的映射和分区。这样，当虚拟机从一个物理服务器和 HBA 移动到另一个时就不用再费时更改 SAN 安全和分区了（图 11.13）。

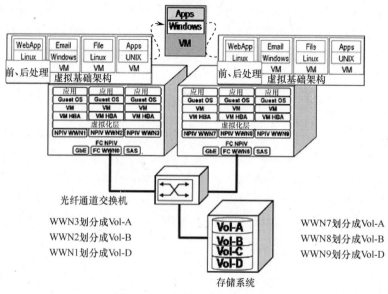

图 11.13　光纤通道 NPIV 实例

11.11　基于可靠性、可用性和可维护性（RAS）的配置

大多数存储应用对时间敏感，需要高吞吐量（带宽）和零数据丢失的低延迟。带宽是在一个特定的时间，如通过网络或 I/O 接口，每秒被转移的数据量。延迟，也称为响应时间，是 I/O 活动或事件发生或发送接收数据时需要发生的时间长度。

考虑到因拥塞和协议效率低下而丢弃的数据包和重传，有效带宽指的是实际可用的带宽。一个常见的错误是将带宽简单地以吉比特每秒所花费的美元为衡量指标。有效或实际的使用量是重要的，在给定的反应时间（延迟级）没

248

有拥塞和分组延迟或丢失的维持带宽也很重要。

另一个要避免的错误是在减少工作量上维持原有的存储应用，并假设重的工作负载将线性扩展带宽和延迟。有效带宽不能线性缩放，而是根据工作负载的添加显著下降。这一点，再加上额外的延迟，常导致表现不佳，特别是对于同步存储应用。因此，对一个组织的特定需求和目标以及不同技术的功能的了解是必要的。

建立一个弹性的存储网络的重点在双重或冗余的 SAN 或结构，每个副本都提供主机服务器及存储设备或其他主机系统之间的单独和孤立的通道。请避免将一切连接到一切的不切实际的想法。为了防止堵塞或堵塞，网络中的各种交换机可能要以互连的方式使用交换机间链路（ISL）以提供足够的带宽。首选的方法是创建两个结构或 SAN，每个个体都与它的设备而不是 SAN 自己互连。

不同的网络路径对弹性的数据和信息网络而言很重要。带宽服务提供商可以提供一个不同的网络路径如何存在等信息，包括通过合作伙伴或分包商的网络。服务提供商还将负责管理和保证网络性能（低延时和有效带宽）。一般而言，拥有越多的技术层，包括网络协议、接口、设备和软件栈来执行 I/O 和网络功能，性能越差，延迟越长。

请注意光纤的走向和它在共享带宽和基础设施上的位置。请确保有唯一的路径和备用厂商都不会收敛于相同的光纤电缆和连接点。另一个预防措施是物理隔离和分离，外部光纤连接进入场所，使它们从电缆切断来实现更好的隔离。

11.11.1　扁平网络

走向扁平化网络拓扑结构是实现融合 SAN 和 LAN 网络技术的一部分。正如其名称所暗示的，扁平网络比传统的局域网拓扑结构层次更少，看起来更像是 SAN 的设计。目前的趋势是局域以太网朝着扁平化的方向发展（图 11.14(b)），通过减少网络分层使其更接近核心—边缘拓扑来降低复杂性和成本，同时提高服务质量。

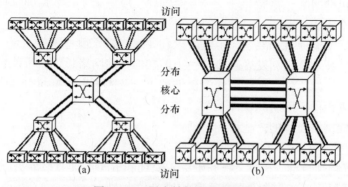

图 11.14　层次结构和扁平网络

以太局域网通过使用多个分层以在开销和性能以及连接需求之间达到平衡，从而产生分层网络（图 11.14（a））。一种分层或层次网络拓扑的设计是利用成本较低的聚合交换机，来支持低性能要求的多端口连接，更好地利用更快的主干链路、上行链路或 ISL 连接到核心交换机。无论服务器是自己调用单个应用程序，还是通过整合与使用可提升性能的绩效管理程序的虚拟机，都需要更好的性能，即局域网设计的不断发展将更接近传统的 SAN 方案。SAN 也受益于数年前引进的优化主机或共享带宽端口的传统的 LAN。

传统的 SAN 和存储的设计理念已经给每个服务器或存储端口限定了各自的全部或确定的性能，这些性能不是共享的，就可能导致超额认购。当许多端口或用户尝试使用相同的可用资源或性能时，在繁忙的信号或延误情况下有可能发生超额认购。一个常见的例子就是许多人试图同时拨打他们的手机。调用不会回撤，就必须排队等待来得到电路，如果是在这样的环境中使用网络或数据服务，那么需要一个连接，但它可能会很慢。与主机优化或共享带宽的端口，系统设计人员能够设计他们的 SAN 分配全性能端口给那些需要低延时或高性能的服务器或存储系统，同时通过在低性能或要求不高的端口共享资源来降低成本。

11.11.2　配置和拓扑

LAN 和 SAN 网络有许多不同的拓扑结构，不仅可用于物理设备的补充，也可结合各种设备来满足不同应用的需要。除了扩大为更大的存储以外，灵活的拓扑结构和互连也用于各种 SAN 或 LAN 岛以连成不均匀融合或统一的网络，简化资源共享和管理。

存储网络的设计可以根据它们支持的环境和应用程序而变化。存储网络设计要有明确的目标，有对业务需求的了解，评估资源，分析信息，记录设计，并能实现它。从范围来看，作为存储网络设计过程的一部分，可以决定从不同的群体，包括网络、存储管理、服务器管理、应用程序、数据库管理和安全性中组建一个团队。

存储网络设计包括规划，了解需求和要求，确定哪些资源（人力和技术）可用，以及技术意识和发展趋势。一个糟糕的存储网络设计，可能导致网络缺乏稳定性、性能不佳、无计划的停机维护，以及因未来增长而引起的中断，而与所使用的硬件、网络和软件无关。

在存储网络设计的一些影响包括：

> 业务驱动因素和要求是什么？
> 可用性目标（SLO、服务质量、RTO 和 RPO）是什么？
> 适用的工作理念、范式、和原则是什么？
> 有多少现有的技术，能持有它们多长时间？

> 网络（多么大小或复杂）的范围是什么？

> 预算和项目的限制或需证明的能力是什么？

存储网络的一个好处是灵活性，它可以满足不同的需求，并支持不同的应用在本地和广域上运行。因此，存储网络设计需要具有灵活性和适应性，来支持变化的业务需求和技术启用。类似于传统的网络，存储网络可以建立在一个"扁平"方式或"分段"的基础上。扁平的做法是将所有的设备视作一体的大型 SAN 或结构，并可以访问所有服务器。另一种方法是将存储网络分成两个或多个子网，物理隔离但可共同管理，在一个共同的管理模式下，其在物理上相互连接，但在逻辑上则是分离的。

适合自己的存储网络的拓扑结构就是一个适合自己、并拥有可扩展性和稳定性，以及一个可满足自己业务需求的结构。拓扑不需要很复杂，但它们确实需要扩展来满足自己的复杂和多样化的要求。从物理网络和硬件的角度来看，构建具有数千个端口的存储网络是相对容易的。但是如何管理这些端口，则是影响设计和实施的重要因素。

11.11.3　布线：工具与管理

除了适配器、交换机、网桥、路由器和网关、I/P 和网络也是以铜缆或光纤的形式与和收发器相连的。不同类型的铜和光纤电缆具有不同的价格，支持不同的距离和性能。也有与不同类型的收发器相匹配的电缆速度和距离。收发器采用了附加到铜或光纤网络电缆、接口适配器、NIC、交换机或其他设备的技术。可能存在的收发器有 GBIC、SFP、XFP 等，可连接到双轴（铜）、SMF 或 MMF（光学）上。一些收发器是固定的，而另一些则可被拆卸，从而使交换机或适配器端口重新配置为不同类型的媒介。例如，笔记本电脑或服务器的以太网 LAN 端口就是一个固定收发器。

无线网络不断受到用户的欢迎，但是使用铜和光纤电缆的物理布线也将继续使用。随着服务器、存储和网络设备密度的增加，需要更多的布线以适应给定的足迹。通常是集成或添加到服务器和存储柜来帮助实现管理、网络配置和 I/O 连接，网络设备包括交换机。例如，一个顶部机架或底部机架或嵌入式网络交换机汇聚网络和服务器到柜内的 I/O 连接，来简化连接区域内或队末的组交换机。低性能的服务器或存储可以使用较低成本、较低性能的网络接口连接到本地交换机，然后通过一个更高速的链路或中继，连接到中心区或开关上，这条通道也称为上行链路。

电缆管理系统，包括配线架、主路、入扇/出扇布线开销和底层应用程序，对整理布线非常有用。电缆管理工具包括诊断程序、验证信号质量和 db 损失光布线、清洗和维修连接器，以及资产管理和跟踪系统。低技术含量相对的电缆管理系统包括物理标记线的端点，来确定电缆将如何使用。软件跟踪和管理布线可以很简单，如采用 Excel 电子表格或复杂的配置管理数据库（CMDB）与智能光纤管理系统。一种智能纤维系统可连接到布线，以方便跟踪和识别电缆。在服务器端，存储和网络 I/O 虚拟化的另一个组成部分是虚拟配线架，其通过将添加、删除、移动和与传统的物理配线架相关的变化抽取出来，掩盖了复杂度。对于拥有复杂布线要求和需要取得布线互连的物理访问的大型动态环境，虚拟配线架对于 IOV 交换和虚拟适配器技术是一个伟大的补充。

布线除了可在方式上"绿色"环保以外，线缆和线缆管理的另一种"绿色"考量就是要改善空气流动，以提高冷却效率。混乱的底层布线限制或阻碍空气流动，需要暖通空调和机房空调系统更加努力地工作，消耗更多的能量才能维持冷却的活动。布线不应该阻止空气从冷风口穿过或间接传送系统拦截向上的热空气流动。最新的环境友好的线缆具有更小的线径，可以在相同空间内布置更多线缆。IOV 和虚拟连接技术的刀片服务器及高密度的入扇出扇布线系统的刀片中心可进一步减小布线占用空间，而不会对服务器、存储和网络设备产生消极影响。对于成本敏感的应用，更短距离的铜缆甚至可以继续使用在 10 GbE 上，而光纤布线可在本地应用和广域基础上继续增加。

11.12 普遍的网络问题

如今的网络比过去的更不可靠？从功能、可访问性和可购性、能力和立场等方面考量，网络应该比过去更加灵活，更可扩展，更富弹性。像许多技术一样，如何部署、配置和管理它们来满足特定的服务水平，往往取决于具体财务方面的考虑，这使得网络有不同的潜在或实际的可用性。今天，网络应该，也可以与服务器和存储相同，即使在成本敏感的环境中也可以更具弹性。

云访问依赖于接入网络（本地和远程），如果网络断开会发生什么？请寻求新的方式，以防止网络或访问公共资源是一个单点故障。网络可以在一段时间内持续，因此应当妥善设计来消除故障点，包括具有替代连接或接入点。采用公共互联网接入公共云，Web 访问失败可能会是一场灾难，所以请与有关访问其服务的替代方案供应商交谈。例如，可以调用一个备份或归档服务供应商，并配备适当的安全认证，安排在必要时通过某种物理介质恢复数据。

一个扁平化的网络与光纤通道 SAN 的设计有什么不同？如果熟悉 SAN 的设计，而不仅仅是术语的差异，那么应该可以很舒服地设计扁平 2 层网络。

为什么不直接通过 TCP/IP 运行一切？也许有一天，IP 可以普及，但是，考虑到传统工艺和做法以及其他原因，这不是一朝一夕的事。就目前而言，链路衔接的敲门砖是以太网。

FCoE 是否是一个临时技术？这样看来，在某段时间内，所有的技术都可以看作临时的。由于 FCoE 可能有至少 10 年的时间表，因此笔者要说，在技术方面，它有一个相对长寿命的持续道路衔接配套共存。

以太网之后，下一步怎么走？至少在 10 年或 20 年，笔者看到的以太网或各种形式的 802.X 将继续发展，具有更快的速度，更有效的编码，QoS 和其他功能。这并不是说其他一些接口不会出现并纳入可行方案，而是以太网将继续在消费者的掌上电脑、企业服务器和存储设备等方面呈现增长势头。

11.13 章节总结

为了满足添加到存储和服务器的新功能及提高效率，网络需要更低的成本并提供比以往更多的带宽。这将需要更快的处理器，更强的互操作性和功能性，以及更成熟的技术。网络和芯片将引入更多智能，如深帧和数据包检测加速，支持网络和 I/O QoS，流量整形和路由，安全性，包括加密、压缩和重复数据删除。

I/O 和网络厂商包括 ADVA、Avaya 公司、Barracuda、博通、博科、Ciena 公司、思科、戴尔、Emulex 公司、至尊、F5、富士通、惠普、华为、IBM、英特尔、瞻博网络、LSI、Mellanox 公司、NextIO、网络工具、PMC、Qlogic、河床、SolarWinds、虚拟仪器、Virtensys 和 Xsigo 公司等。

注意事项：
➢ 尽量减少 I/O 对应用程序、服务器、存储和网络的影响。
➢ 事半功倍，包括改进利用率和性能。
➢ 考虑除成本外的等待时间、有效带宽和可用性。
➢ 将最适合的 I/O 和网络类型及层次应用到手头的任务。
➢ 虚拟化 I/O 操作和连接以简化管理。
➢ 朝着网络传输和协议融合的方向发展。
➢ 快速的服务器和存储需要足够的带宽及低延迟的网络。

真正的融合是通过有效组合人员、流程、产品和政策与最佳实践，获得业务和技术优势。

第 12 章　云和解决方案包

机会存在于混乱和困惑中：捉住它，压紧它，干掉它。

——格雷格·舒尔茨

本章概要

➢ 哪一种类型的云最能满足需求

➢ 访问和使用一个云服务需要哪些东西

➢ 放置私有云需要哪些东西

➢ 建立属于自己的云需要哪些东西

➢ 什么是批解决方法和批处理技术

本章着眼于公共云和私有云的服务、产品和解决方案，以及如何应用它们处理各种商业和科技上的挑战。本章中讨论的重点包括公共云、私有云和混合云。此外，也将提到产品、技术和解决方案包。

12.1　引言

常常有这样的问题出现：云计算是真实的还是被夸大宣传了，它究竟是什么，在哪里能用得上它。确实，关于云，存在大量的宣传，然而，也确实存在可帮助达成各种不同目的的产品、解决方案和服务。云计算的定义根据交谈对象的不同而不同，还可能反过来影响他们所听过的、见过的、读过的、实践过的、卖过的，以及喜欢的东西。所订购或者喜欢的云产品、云服务、云解决方案、云体系结构的定义将会决定它的使用和放置。

利用托管服务供应商（MSP）和云计算可使组织能够专注于核心的商业职能，同时避免建立一个 IT 数据中心的开销。有些商业模式广泛地依赖于外包或托管服务，例如，虚拟工厂的制造合同、薪酬管理以及人力资源管理，或者来自其他供应商的电子邮件服务。小一些的公司能够通过托管服务供应商（MSP）实现数据保护、邮件、主机托管等，从而节省在此方面的花销。大公司还可以将在线服务、托管服务和传统外包服务作为整个 IT 虚拟数据中心决策的一个部分加以利用。例如，遗留的应用和陈旧的硬件可以一同移交给 MSP来管理，这样能够节省技术投入并拥有更多成功经验，这将比公司自己管理更加划算。

通过将一些工作转移给第三方，内部的 IT 资源，包括硬件、设备、职员，可以重新配置以支持当前的应用和服务。同样地，使用 MSP，新的科技和应用将能更快地得到应用和实施，因此内在能力、人员和相关的技术将能得到更快的发展。

理解云以及它的不同的变化，包括公共云、私有云、混合云、服务，以及解决方案（图 12.1），有助于消除对云的恐惧。这意味着我们要三思而后行，明白何地、何时、为什么、怎么样，以及哪一种云的服务和解决方案能够满足需要。

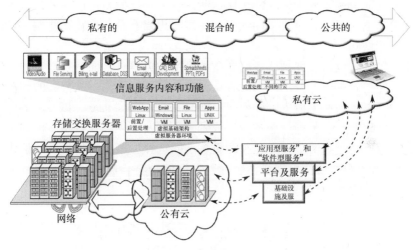

图 12.1　不同的 IT 云

图 12.1 展示了物理资源如何与软件、管理程序、衡量标准、最佳策略、政策，以及人员相结合，以满足信息服务与信息工厂的需求。图 12.1 也显示了诸如"基础设施即服务"（IaaS）、反射式服务器、储存、网络和 I/O 资源的命名方式。除了 IaaS，"平台及服务"（PaaS）又称为中间设备也在图中出现，它是指在公共的或者私有的 IaaS 上，提供一个供开发和开发程序的环境。"应用型服务"（AaaS）和"软件型服务"（SaaS）也在软件接入部分有所体现。

12.2　澄清有关云的困惑：云需要做什么

需要一个云吗（或者想要一个云吗）？如果需要，要的是公共云还是私有云？进一步想一想，我们要处理或者完成的是什么。我们期望能解决或者具有能力应付的商业和 IT 挑战是什么？对于一个供应商、增值代理商（VAR）或者是服务提供者来说，是准备销售一个问题的解决方案用来创造收益，还是在一条新路上寻找一个方法来帮助顾客呢？如果在一个 IT 组织里，怎样能够让云从根本上为该组织提供帮助？

云可以是：

➢ 体系结构、产品，或者服务，收费的或者免费的。

➢ 管理和经营理念。

➢ 公共的、私有的、混合的。

➢ 实体的、远程的，或者通过一个组合的形式提供。

所以，想要一个云是因为已经被告知过、读到过、听说过或者在"这是接下来该做的"节目里见过吗？还是想要让云来办理某个办公室的一些事情只因为他们听说或者被告知让云来做这些事？另一方面，可能在一个认为不需要云的情况下，但是通过更多的学习和探索，想要看看云能在哪些地方补充或者共存于所做的工作中。

不要将云看成是正在做或者将要做的事情的竞争者，而是看看它们是怎样作为一个促进者进行互补的。同时看看云的各种不同类型，从公共的到私有的到混合的，以及那些不同的变异模式，如 SaaS、AaaS、PaaS，以及 IaaS。有些关于云的困惑源自贸易商、服务商，或者解决方案提供商或财团，他们试图给其特色能力下一个定义。要保证关注更多不同选择，毕竟，如果云的价值主张能够解放 IT 组织并使之更加灵活敏捷，那么何苦将自己局限于不那么灵活的模型或方式中呢？

12.3　IaaS、PaaS、SaaS 和 AaaS

云（公共的和私有的）由物理服务器、存储器、I/O 及与软件结合的网络，管理工具、度量（指标）、最佳的实践经验、政策，以及管理某处设备的工作人员组成。根据已经提供的服务类型，服务器将运行程序来支持已知类型的虚拟机，或者一些不同类型的虚拟机，例如，由 VMware、MicrosofVHD、Citrix 和 OVF 混合的类型。除了程序之外，服务器可能会配置数据实例、网络化工具、网络服务工作、PaaS 或者中间设备工具，以及 API 和存储管理工具。存储管理工具既可以是基本文件系统，也可以是含有 NFS、HTTP、FTP、REST、SOAP 和 Torrent 等协议支持的基于对象的接入。在 PaaS 层，支持可直供于例如 . Net 或 VMware Spring Source 等的特殊环境。

第 1 章给出了一些云服务的例子以及一些高水平的供应商。并不是所有的云服务供应商都是一样的，有些关注于特殊的功能和特性，而有些则提供多样性的服务。云特性指的是云可以做什么，比如可以使用电子邮件来服务，使用计算机来服务，使用 VM 来服务，或者存储，或者分享文件，备份文件，修复文件和存档文件或者 BC/DR。

另外一些特性包括社会媒体、协同操作，以及照片和音频分享，这在 SaaS 或 AaaS 模型下常占用大量空间。如果将计算机、智能手机信息备份到一个云端的服务，例如 ATT、Carbonite、EMC Mozy、Iron Mountain、Rackspace Jungle-disk、Seagate i365 或 Sugarsync，就是在访问一个 SaaS 或者 AaaS 模式的云。如果使用网络收费报告工具如 Concur，就是在使用一个云。如果使用谷歌邮件或者微软 Live office 服务，就是在使用一个 SaaS 模式的云。如果利用亚马逊、谷歌，或者 Rackspace 等网站使用分布式计算或者其他的开源工具开发一个大型数据分析应用，就是在使用云、IaaS 和 PaaS 混合服务。如果那些相同类型的功能源自个人的设备或系统，就是在使用一个私有云。如果有人正在使用同样的服务，但是没有人在分享数据或者信息，就是在使用一个公共云。如果私有云依靠于一个 IaaS 的公共供应商，如亚马逊、AT&T，或者谷歌、Rackspace、Iron Mountain、VCE，或者其他用于远程储存或者 VM 主机，那么就在使用一个混合云。图 12.2 显示了私有、混合以及公共云及 IaaS、PaaS 和 SaaS 层的焦点。

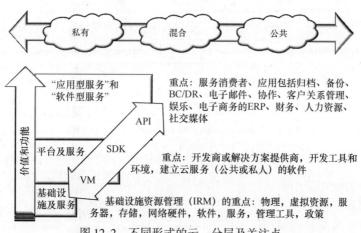

图 12.2　不同形式的云、分层及关注点

云技术现今的发展状态是，在 IaaS 层，不同的供应商与提供者会操纵他们的工具以支持如物理服务器、存储器与聚合网络系统以及管理程序的环境。IaaS 层的目标是对新的以及已经存在的环境和应用都提供支持。在 PaaS 层，既需要支持已有的应用，又要为将来搭载新系统做准备。所以在 PaaS 层，应更多地关注于工具、开发环境、API 和 SDK 等。这与过去关于究竟选择何种语言、开发环境、执行阶段绑定的决定是相似的。虽然有的应用生命周期可能很短，而且如今的工具使新的应用被快速应用，但仍有许多应用需要继续运行数年甚至更久的时间。

关注 PaaS 层和中间层的发展走向是很重要的，因为这些应用对一个私有云或者一个公共云来说都将是向前发展的必要基础。云的黄金法则与虚拟化的黄金法则是相似的：控制了囊括开发环境的管理手段，就控制了"金子"。

12.4　访问云

云服务是通过一些类型的网络来进行访问的，可以是公共网络，也可以是专用连接。所访问的云服务的类型（图 12.3）将决定需要哪些东西。例如，有一些服务可以使用标准的网络浏览器进行浏览，有一些则需要插件或者加载附加模块。有些云服务可能需要下载应用、代理，或者其他用于访问云服务或者云资源的工具，有些则提供一个在线的或者预先下载的应用或网关。

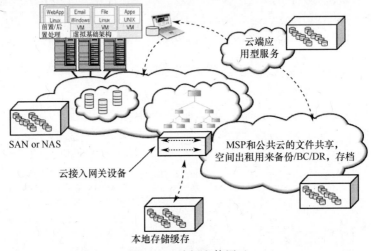

图 12.3　访问和使用云

本地的应用使用云访问软件和网关或设备访问云储存的资源。网关，除了使云能够访问以外，还提供复制、快照以及其他存储服务的功能。云访问网关或者基于服务的软件包括由 BAE、Cireix、Gluster、Mezeo、Nasuni、Openstack、Twinstrata、Zatta 等提供的工具。除了云网关设备或者入网云点（cpops）以外，公共服务的访问也支持通过多样的软件工具来实现。许多的信息资源管理和数据保护工具包含备份/恢复、归档、复制和其他添加的应用（或者是计划将要添加），支持访问各种不同的公共服务，如 Amazon、Google、IronMountain、Microsoft，或者 Racksapce。

这些工具有些增加了本地支持，利用各种类型的应用程序接口（API）作用于一个或者更多的云服务，而其他的工具或者应用则要依赖第三方访问网关设备，或者是原生应用和设备的结合。另一种访问云资源的方式是使用服务供应商提供的工具（图 12.4），包括服务供应商自有的，来源于第三方合作者的，或者是开放式的资源，除了使用他们的应用程序接口，还可以定做独有的工具。

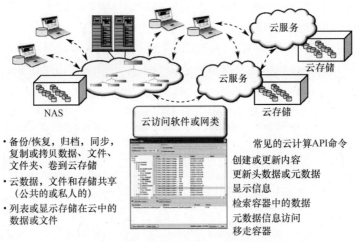

图 12.4　云访问工具

举例来说，当访问 Amazon S3 或者 Rackspacec 存储账户时，可以通过使用他们的网页或经由其他提供基础功能性工具的服务商来实现。然而，对于备份和恢复，可以使用服务供应商提供的工具连接两个不同的云存储服务。工具呈现出一个界面来界定备份什么，保护什么，恢复什么，而且还能够分享（公共的以及私有的）存储设备和网络驱动。除了提供一个连接（图 12.4）以外，工具也能够表明不同的服务特有的应用程序接口和协议，包括创造或者更新容器（PUT）、更新头数据或元数据（POST）、检索信息（LIST）、元数据信息访问（HEAD）、检索容器中的数据（GET），以及移走容器（DELETE）的功能。实际动作和应用程序接口功能会因服务供应商的不同而有所差异。以上所提及的例子的重点在于，当着眼于云存储服务供应商时，将会在容量和可用性服务之外关注到 PUT、POST、LIST、HEAD、GET 和 DELETE 的操作。有些服务将包括一个有限的操作数据，而有些将会在基本的存储费用之外收取一定费用来进行对数据的升级、列举与检索。熟悉了云数据的基元功能，比如 PUT 和 POST、GET 和 LIST 之后，就会对用它们来做什么以及怎样用它们来评估不同的服务、定价以及服务计划等有更加深入的概念。

除了 XM、JSON，或者其他的格式化的数据以外，根据云服务的类型，也有各种不同的协议和接口在使用，包括 NAS NFS、HTTP、HTTPs、FTP、REST、SOAP、Bit Torrent，以及 . NET 和 SQL 数据库指令的 API 和 PaaS。通过文件传输工具或服务器的上传功能，可将虚拟机移动到云服务上。举个例子，一个 VMDK 和 VHD 的虚拟机可以在本地环境中准备，然后上传至一个云供应者来执行。云服务可以提供一个访问程序或套件，配置数据来确定在何时、何地以及怎样进行保护，与其他的备份和存档工具类似。

一些传统的备份和存档工具增加了直接的或者通过第三方的支持来访问 IaaS 云存储服务，如 Amazon、Rackspace 等。第三方访问应用或门户通过呈现

259

一个标准界面的方式使得现存的工具在云环境中读取和书写数据，如通过后端云服务格式获取映射的 NFS。举个例子，如果订购了 Amazon S3，就以对象的形式配置了存储并充分利用了各种工具。云访问软件和应用了解怎样与 IaaS 存储器的应用程序接口沟通，并指出它们是怎样使用的。访问软件工具或者门户，除了在云应用程序接口之间进行翻译或者映射以外，还规定了应用的格式，包括安全、加密、带宽优化以及数据轨迹缩减手段，如压缩和去重。其他的功能还包括支持多样接口的报告、管理工具，包括 SNMP 或 SNIA 在内的协议和标准、存储管理主动权说明（SMIS），以及云数据管理主动权（CDMI）。

12.5 公共云服务器

公共云提供的服务可能收费也可能免费。这些服务从 SaaS、AaaS 到 PaaS 和 IaaS，以及 XaaS 的变化形态（表 12.1）。XaaS 的变化形态包括"文档即服务"（AaaS），"存储器即服务"（另一种 SaaS）"桌面即服务"（DaaS）（不要与"磁盘即服务"混淆）"计算机即服务"（DaaS），"备份即服务"（BaaS），以及"电子邮件即服务"（EaaS），还有许多其他的排列。有些公共服务器提供信息或者数据分享，如 Flicker；有些则提供可共享的或者多用户分享的服务，数据或者信息若没有被共享，则将保持其独立性。

表 12.1　云的属性、功能及实例

	属性	功能	实例
SaaS	提供应用或信息服务，无须购买和安装私人的软件和架构。专注于消费	存档，备份，电子邮件，办公，薪酬管理，费用管理，文件或数据存储，照片或信息分享服务及其他	AT&T, Boxnet, Carbonite, Dell medical archiving, Dropbox, EMC Mozy, Google, HP Shutterfly, Iron Mountain, Microsoft, Rackspace, Oracle, VCE, VMware 等
PaaS	创造和放置应用或者服务功能的环境	开发和放置服务的 API、SDK 和工具	Amazon EC2 和 S3, Facebook, Microsoft Azure, Oracle, Rackspace, VMware, W3I
IaaS	提供支持处理（计算），储存（存储）和信息移动（网络）的资源	E2E 管理评估的度量，具有可变 SLO 和 SLA 的抽象的弹性资源	Amazon Web Services（AWS）EC2 和 S3, Dell, EMC, HP, IBM, Microsoft Azure, NetApp, Rackspace, Savvis, Terremark, VCE, Visi, Sungard

除了可用于补充本地实体、虚拟以及私有云环境以外，公共云还能够用于支持其他的公共云。举个例子，如果用 Rackspace Jungle Disk 作为云或者 MSP 备份，它们带有 Rackspace 或 Amazon IaaS 储存的选项。有些服务会让使用者选择使用 IaaS 还是 PaaS 环境或者是其他能够使用的服务，而有些服务则将这个选项隐藏起来使其不可选，只能使用他们自己的或者别人的服务。

例如，一个IaaS解决方案包可以包含一定数量的VM（标准的或者实用性高的）、防火墙和vpn、存储、可计量的或者不计量的网络连接（带宽）、一定数量的公共的或者是私有的专用IP地址，以及收费的VINC和VLAN、FTP、RDP和SSH通路。服务的形式可能是全部托管，也可能部分托管，或者不托管，根据不同的网络、储存及服务的表现能力的分层而不同。可选费用用来对服务的类型和层次进行升级，（如为了更快或者更多的核心），或者是为了更多的存储器、存储能力、除了备份之外的I/O和网络性能、BC/DR，以及其他附加的性能。

要记住公共云必须保证安全性和可访问性。资源的连接可能会丢失一段时间，但数据或信息应不会丢失。最好的做法是在本地保留一份任何云端数据的备份。修改过云端数据的备份不需要是最新的，只取决于它的价值或重要程度，但除非可以不需要它正常工作，否则还是保留一份备份吧，即使它在另一个位置。另外，对于尤其需要考虑在何处存储如备份、归档或对BC、DR的支持数据的服务而言，如何在给定时间内快速存储大量数据也是一个考量点。个人文件或许可以很快经由在线服务恢复，但大量数以兆字节、吉字节甚至太字节的数据又如何存储呢？

注意服务提供方提供何种机制或途径作为基本打包付费的一部分或是需额外附费以支持大量数据的输入输出。此外，还要记住当传送电子数据到云服务时，通常会在操作系统上或经由网关设备调用数据脚本减少（DFR）技术，包括压缩和去重。这意味着即使网络支持更快的下载速度，但只要是一个完整的文件而不是只有变动或者被保护的部分被重新存储，数据上传到云的速度就会比从云端恢复到本地更快。

12.6　私有云

私有云与公共云类似，区别在于私有云意在提供给一个组织内部的使用和消耗。私有云可以在完全内部的环境中建设，也可以利用外部和公共的资源。私有云和传统IT的分界线可能是模糊的，这要根据不同的定义或者解决方案的产品来看。总的来说，私有云与公共云有相同的客户群和操作标准，都是为了敏捷性、灵活性、有效的资源利用，以及管理评估方式的衡量。此外，私有云还可以与信息服务顾客使用的自助资源和采购资源一样扩展与进化成可以支持退款及账单的应用。许多从硬件到软件和网络的工具与技术，都可以同样用于建设公共云、私有云和传统的环境。例如，EMC ATMOS是一个基于对象的存储系统，用来支持多种多样的接口，包括基于文件接入的NFS，以及给财务、管理和退款使用的内置计量，也供应其他厂商类似的解决方法。EMC AT-MOS可以用于开发私有云，就和公共云一样。除了IaaS解决方案或产品以外，PaaS和中间软件产品也支持公共云和私有云的开发。

服务器虚拟化通过对服务器及服务器的应用程序和数据的封闭提供一个机制，让公共云和私有云成为可能。通过将应用密封进 VM，应用可以轻易地移动至私有云，或者在必要时移到公共云中。通过对 VM 中的数据解耦，也可轻松地使用存储，与实体伺服器分享存储是类似的。举个例子，VM 已经能够在本地指向远程的云存储，VM 还能够移动至云，并使用云提供的存储。

12.7　堆栈和解决方案

云计算和云解决方案堆栈有多种变化，从松散的多厂商销售联合，到完整而且经过测试的互通性强的科技支撑构架。堆栈（图 12.5）包含来自相同的或者不同的厂商单独购买的或者相同 SKU/零件数的产品。

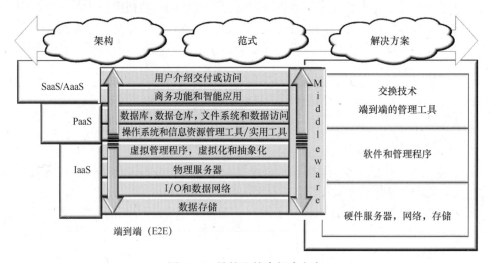

图 12.5　堆栈和综合解决方案

堆栈主要关注：

➢ 应用的功能性（数据库、SAP、EMR、PAC、电子邮件）。

➢ 平台或者中间设备，包括管理程序。

➢ 基础设施（服务器、存储器、网络）。

➢ 数据保护、备份、存档、BC/DR。

堆栈可以以网络和服务为中心，如 Cisco UCS、存储器、服务器、网络、管理程序，以及如 EMC vBlocks 的管理软件，或者其他的变化形式。还有一种堆栈是 Oracle Exadata II，其结合了服务器、存储器和软件以及数据库工具。此外，Oracle Exalogic 则结合了服务器、存储器、操作系统、管理工具和中间设备，以支持各种不同的应用。堆栈和解决方案堆的重要价值是能够方便地获取、部署和提供互操作性。

262

解决方案堆栈或解决方案堆可以存在于自己的场所，也可以存在于代管或者托管网站。有些解决方案堆栈专注于 IaaS，支持 Crtrix、Microsoft、VMware 的服务虚拟化，结合了服务器、存储器、管理程序和管理工具。其他的解决方案包含数据中间设备或者 PaaS，以及电子邮件。预配置数据中心解决方案已经存在了许多年，工厂里有整合好的服务器、存储器，网络，以及相关的电线、电能和冷却设备。相比现存的整合好的包括数据中心或者 SAN 的解决方案，它已经拥有了丰富的市场声誉，解决方案堆栈与它的区别是密度和规模不一样。现存的解决方案基本上建立在一个或者数个整合过的机柜上，所有部件以一个消费者的角度准备快速安装。

总而言之，这些处理方法的一大优点是，它们是捆绑的，这样，从消费者的角度而言减少了部分复杂度与开销。这些解决方案用一个准备好部署的方案为跳跃式启动提供了一个动态的、收敛的、虚拟又灵活方便的环境。采集的舒适性、安装的舒适性、配置的舒适性为成本节约提供了可能，并且如果提供了工具，这些工具还能有效实现自动供给。如果配置一个与客户在过去所作的类似或相同的技术具有一定的成本优势，这就节约了开销。然而，如果解决方案包/堆栈的供应商提供了较高的价格，那么这笔成本优势就需要从其他地方获取了。

堆栈和解决方案包括：

> Cisco 统一运算系统（UCS）。
> Dell 虚拟整合系统（VIS）。
> EMC vBlock。
> HP 融合式基础构架。
> IBM 动态基础构架和 Cloudburst。
> NetAppFlexPod。
> Oracle Exadata II 和 Exalogic。
> 虚拟运算环境（VCE）。

解决方案包和解决方案堆栈的注意事项包括：

> 包括哪些管理工具和接口？
> 什么可选的附加组件是可利用的？
> 有任何管理程序或者操作系统工具安装吗？其中包含许可证吗？
> 谁对保养不同的部件负责？
> 怎样实现跨不同技术组的管理？
> 能够不违反约束而重新配置个体部件吗？
> 能使用的和维持成本一样的许可和权利是什么？
> 对于其他解决方案堆栈的交互操作的灵活性选择是什么？

12.8　POD 和模块化数据中心组件

为了使大规模环境能够面对快速增长，或者是已经拥有大规模服务器、存储器和网络部署的情况，一种用来扩充资源的安装和实现的新方法是使用大型的船运集装箱。一种实际的方法是使用半挂车运载来作为数据中心，这种方法在过去数十年中，已经被一些提供"轮子上的数据中心"的供应商用于灾难恢复。将标准 20 英尺船运集装箱作为"盒子"，并在"盒子"中提供预配置的，"预先装满"的数据中心，正在被越来越多的 IT 资源厂家特别是服务器供应商所采用。取代船运集装箱，船运集装箱不再是用来将机柜、服务器、存储器和网络部件、电缆布线、能源、动力以及冷却部件运送到客户的地点，而是作为预先配置好的"可即时使用的微型数据中心，模块化计算机房或者一个大型数据中心"。

新一代盒子里的数据中心，建立在运输产业标准的联合运输方式集装箱的基础上。这些集装箱称为"联合运输"是因为它们可以用不同的运输方式来运送，包括船运、铁路运输、公路运输，以及通过大型的货运飞机等方式，不再需要卸货以及重新装入货物。有了联合运输集装箱的不同用法后，规范化带来了稳定健康的集装箱，它们通常用于运输高价值的货物。一个标准的 20 英尺的联合运输集装箱的内部规模大约是长 18 英尺 10 英寸，宽度为 7 英尺 8 英寸，高度为 7 英尺 9 英寸。在货物集装箱船、铁路平板车和联合运输双栈（两个集装箱那么高）或者路上拖拉机、拖车、卡车中，这些联合运输集装箱常见的尺寸有 20 英尺、40 英尺、46 英尺、58 英尺和 53 英尺。

使用预配置大型集装箱基础的数据中心模块的好处包括：
- 船运集装箱对于科技升级来说是一个大型可更换单元。
- 包括服务器、存储器和网络在内的 IT 资源成为整体。
- 在客户处的安装和实现的时间变短了。
- 实现了新的或者升级后的数据中心的容量能力的迅速展开。
- 可插入能源设备、冷却设备、网络和监视接口的单元。
- 用到了日常管理费和其他的固有的运输及布线计划。
- 大量的服务器、存储器和网络设备的部署得到支持。
- 接收、运输和设备登台的区域可以变得更小。

12.9　厂商锁定：好处、坏处和阴暗之处

云和虚拟化是否消除和移走了厂商或技术的锁定？厂商锁定是由厂商、他们的合作者、产品、协议所产生，还是由客户所产生？它可以归结于所有的，

264

或者一些，或者是一个无足轻重的话题。厂商和技术或者说服务的锁定是一个形势，这个形势指客户开始变得独立，或者说客户可以对一个特定的供应商和技术通过选择或者其他情况来进行"锁定"。

厂商锁定、账户控制和黏性的不同是什么？总的来说，锁定、黏性和账户控制从本质上来讲是一样的，或者努力达成相同的结果。厂商锁定有一种消极的负面形象，但是厂商黏性是一个新的术语，也许讲起来更酷一点，同时也没有那种（或者任何的）负面烙印。使用一个新的术语，如用黏性代替厂商锁定，可以把局势变得看起来不一样，或者更好一些。那么厂商锁定或者黏性是不好的东西吗？不，这不是必要的，特别对于精明的客户，并且他们依然掌控了环境。

笔者曾经对厂商锁定持有不同的看法好些年。当笔者以一个客户的身份，工作在一个 IT 组织里，想要成为一个厂商然后成为一个咨询分析顾问师时，这些看法转变了。即使作为一个顾客，在不同环境下也对厂商锁定有不一样的看法。在有些案例中，锁定是由于上层管理有他们最钟意的厂商，意思是当一个机遇在更深一层发生时，有时厂商锁定也将跟随到深一层。另一方面，笔者还在一个 IT 环境中工作过，在这个环境中有多个技术不同的厂商，用于保持在供应商中的竞争力。

当作为一个厂商时，笔者参与了"挑选最佳"的客户网站，而其他人则是与一个或少数几个厂商结盟。有些是与来自笔者曾经工作的那个厂商的技术结盟，有些是与来自其他厂商的技术结盟。在有些案例中，作为厂商我们一直被拒之门外直到在另外一边有一个管理或者授权的机会。在另一些锁出发生的案例中，有一些产品是 OENd 或者由现任的厂商在出售，那么锁出结束。有些厂商在建立锁定、账目管理、账目控制附着性与其他厂商相比的做得很好。有些厂商可能尝试将一些顾客进行锁定，以创造锁定百分比。还有一种观点认为厂商锁定的发生只与最大的厂商有关，但是这种情况也发生在小微厂商身上，他们赢得对客户的控制、保持增长或者使其他厂商退出。

厂商锁定或者附着性不总是由于厂商、增值经销商、顾问或者服务提供者对一个特定技术、产品或者服务的推动所产生的。顾客也可以允许或者接收厂商锁定，要么是出于通过联姻来掌管一些商业主动权的目的，要么只是偶然地放弃账目控制管理。如果厂商锁定能为供应商和顾客带来双赢，那么它并不是一件坏事。另一方面，如果锁定在使供应商受益的同时引起了顾客的损失，那么它对顾客来说就是一件坏事。

有些技术相比其他技术而言，是否会更倾向于被厂商锁定？答案是肯定的。举个例子，厂商锁定方面被认为易被攻击的硬件通常是昂贵的，而在笔者看来软件是极具附着性的。用虚拟化的解决办法，厂商锁定可以发生在特定的管理程序或者相关的管理工具下。

锁定或者附着性可能发生在不同的情况下：应用软件、数据库、数据和信息工具、信息传送或合作、基础设施资源管理（IRM）工具，到管理程序的备份和邮件的操作系统的安全。另外，由于硬件越来越具有互操作性，因此从服务器、存储器和网络到整合市场或者联合堆栈，锁定更易受到攻击。另一种附着性的机会存在于驱动程序、代理或者软件刀片的形式，通过它们，可以挂载到一个接下来能够驱动未来决策的特别功能上。换句话说，如果愿意，锁定能够发生在不同的地方，在传统的 IT 中，在管理服务中，在虚拟化或者云计算的环境里也可以。

厂商、服务、科技锁定的想法如下：

> 客户需要管理他们的资源和供应商。

> 技术提供者需要进一步接触来影响客户的想法。

> 单一供应商采购存在损失，归因是竞争的缺失。

> 当作为积分器功能时，会产生相对应的损失；在运营商及其技术中切换会造成损失。

> 管理供应商可能比管理上层更轻松。

> 虚拟化和云对锁定来说是一种资源和使锁定最小化的工具。

> 作为一个顾客，如果锁定提供了利益，那么它就是一件好事。

从根本上说，如果客户接受厂商锁定，那么管理环境和做出决定还是取决于客户。诚然，上层管理者是锁定的起源，因此一些厂商会将注意力集中于直接或间接地影响高级管理顾问。当一个厂商的解决方案可能成为锁定的方案时，在客户允许之前，并不会开始形成锁定的问题或者麻烦。记住 IT "黄金法则"：谁控制着管理工具（服务器、存储器、网络、服务、实体的、虚拟的、云），谁就控制着"黄金"。

12.10 评估云服务和解决方案

对于大多数人和组织来说，公共云的其中一个价值命题是，相比使用传统的自身的功能，公共云是低广告成本的。作为评估云服务的一部分，在服务的条款中，要明确广告费用包含的内容。举例来说，如果费用是用星号或者限定语来表露的，那么费用是建立在使用量或者服务水平上的。对于任何低价推行的东西，要观察到随着数据变化的或者通路增加的费用是什么。也要观察一个特定费用水平的服务是否受限于一定数目的使用者或远程连接信息（总的和同一时间的），使用服务的连接数量，有多少浏览信息或传输数据的网络流量。举例来说，Amazon S3 存储通常在云讨论中被人们提及，但是当问到他们是否知道扩大输入输出的费用、实际读写数据和生成报告的费用、基于目标位置服务的费用时，经常都会收到迷茫的眼神或者惊讶的反应。假设给定一个固定价格，服务客户将会获得他们期望的，并不一定是服务价格实际包含的。Amazon 就是一个这样的例子，它有一个分等级的服务价格模式：随着数据存储量的增加，每吉比特或每字节的价格将下降（相当于一个大的折扣），包括一些指定数量的读取、写入、状态或者咨询。Amazon 只是作为一个例子；其他的服务供应商有不同的申购计划、SLO 和 SLA 来满足不同的需求。

可选的服务包括选择有效性等级的能力以及数据将要保留的地理区域。明确地理区域很重要，因为符合法律的数据或者应用不能够离开特定的管辖权的边界。同样还要检查在区域性灾难的案例中，服务供应商作为申购包中的一部分，是否将有偿或是无偿地、自动地把数据移动和读取到不同的地方。另外，不同的费用可能提供不同的服务水平，包括更快的存储和网络存取，改进提高数据弹性、可用性和长期保存。一个服务供应商的财务和商业稳定性也应该考虑，包括如果停止提供服务，数据如何恢复。至于新兴的技术和解决方案供应者，是寻找灵活的和拥有一份活跃客户名单的组织。在某些情况下，一种低级的"照菜单点菜"的价格模式可能是一个好选择，需要决定哪些部件、服务和效用是最需要的。对于其他的情况，一个高价格但是包含更多的程序包可能价值更大。至于提供的免费或极低费用却包含了所有能消耗的服务，寻找服务的条款来看看什么是 SLA 和 SLO，特别是对于急需的信息。

评估云解决方案和服务的额外考虑包括：

➢ 包含或支持什么管理工具。
➢ 在云里移动数据、应用和 VM 的能力。
➢ 信息隐私的（逻辑和物理）安全。
➢ 承诺和审计功能的报告。
➢ 与 API 和存取工具（门户、软件）的互操作性。
➢ 计量、测量、报告和退款。
➢ 服务管理，包括 SLO 和 SLA。
➢ 服务是否在不同的位置维护数据的副本。

12.11　云常见的问题

公共云和私有云的有效利用是什么？冒着被贴上云计算拉拉队长的标签，公共云和私有云在访问不同服务和功能上是有许多有效利用的。笔者喜欢使用基于云的备份来补足本地数据保护，因为这种混合以一个高性价比的方式在提高敏捷度的同时添加了弹性。归档是云资源的另一个有效利用，把公共云存储作为另一个存储层。电子邮件、办公软件、合作工具和服务、以及传统的多功能托管站点也是有效利用。

笔者的托管服务就是一个云，可以自己准备和自己采购。其中有些是付费的，有些是免费的，服务有 SLO 和 SLA，管理和报告显示器，从电子邮件、word press 和其他博客到 HTTP Web 的支持，还有许多其他的自己的设备里不需要去购买、托管和管理的功能。私有云对那些想要运送至一个云运算和管理模式以及想要维持控制的人来说是一个好的选择。混合云是一种自然的演化，是公共服务对私有云和传统功能的补足。

其他的有些对云的优秀的利用包括，当需要更多的计算和服务器资源时，云支持季节性上涨的需求。此外，对于季节性的工作量平衡，云支持发展、测试、质量保证和回归分析测试，特殊的保护活动也是好的候选者。这意味着所有事情都应该搬到云里吗？通过进行一个试点的或者概念验证的项目来理解云带来的好处和警告，以此来建立最佳实践和新的使用规范，从而获得进步。后退一步并三思，不要害怕，做个计划，明确从功能和服务水平支持的远景上它是否有意义，而不要只是在最低成本的条件下，搬到云里。

云是不是必须通过网络传递？公共云服务不通过网络可能非常难以访问，除非某些私有网络的类型是可用的。对于私有云，公共网络和专用网络的结合是可以有效利用的。

云是否需要退款？云需要测量、计量和度量，以及包含与服务管理相绑定的应用和活动计算的相关报告。收费服务需要回收账单；其他的服务因为信息的目的可能牵涉用法声明。需要好好了解和认识用来满足 SLO、SLA 的服务和用来建设一个信息工厂的活动资源。

传统的 IT 数据中心现在已经死去了吗？在大多数情况下不是的，尽管对于有些环境来说，如果不对现行的 IT 数据中心进行淘汰，会带来更多的过度和减少。有些 IT 环境将会继续像从前一样，也许转移到一些已有的云并随着时间利用公共云来作为另一个 IT 资源的层级，以增加和补足它们做的事。

对于新的和旧有的应用来说，云是最合适的选择吗？这取决于考虑的云的类型以及为了什么目的。在某些情况下，移去旧有的系统而用托管或者管理服务供应商可以使资源空出来，以支持使用公共云和私有云的处理的组合来展开新的系统。在另外的情况中，使用公共云和私有云的混合进行部署，对进行新的发展更有意义。

"如果需要或者涉及销售人员，那么就不再是云"这种说法是真的吗？这个观点背后包含的前提是，真正的云不是产品，只有像来自 Amazon、Google或者其他公司的有效的服务才是云，而它们并没有销售人员来敲门兜售。无论如何，请记住，无论云服务做出多大的市场营销努力，除非服务是免费的，否则必须有人完成销售并付款。

"别害怕云，但是三思而后行"的意思是什么？做好功课，包括阅读本书，理解云服务、云产品、云解决方案的各种变化，理解它们怎样能够完成已经在做的事情。

268

12.12　本章小结

移动数据到云里是简单地移动一个问题还是一次提升整个商业层次的词汇，明确这个问题很重要。同样必要的事情是记住基于云的服务需要创造利润并需要依赖他们自己的托管或者管理服务供应者以使他们的服务进驻或是利用他们自己的设施，包括设备。他们的目标是保持支出越低越好，在多样的用户和订阅者中散播资源，避免产生绩效或者资源争夺问题。对于从云和网络服务供应商那里访问信息的性能和等待或延迟问题，同样也需要保持关注。

总的活动项目包括：

➢ 云并不需要成为一个全无或全有的方法。

➢ 云可以对正在做的事情进行补充。

➢ 将云看作 IT 资源的另一个层面来实现信息服务。

➢ 情境意识对使用云的方式很重要。

➢ 别害怕，但是三思而后行。

除了本章所提到的那些以外，公共云和私有云服务及解决方案与管理工具厂商包括 Amazon、Appistry、Aster、AT&T、CA（3tera）、BMC、Cirtas、Cisco、Citrix、Cloudera、Cloudcentral、Cloud. com、CSC、Ctera、Enstratus、Eucalyptus、Fujitsu、GoGrid、HP、IBM、Joynet、Microsoft、Mezeo、Nasuni、NetApp、Nirvanix、Openstack. org、Redhat、Reliacloud、RightScale、Scality、Seagate i365、VCE、Verizon 和 Xyrion。

第13章　管理和工具

如果所拥有的就是一把锤子，那么所有事情看起来就是钉子。

——格雷格·舒尔茨

本章概要

> ➤ 完成各种不同的存储网络任务所需要的不同类型的工具
> ➤ 度量和测量对于态势感知的重要性
> ➤ 端到端管理和跨技术管理
> ➤ 管理软件许可证的价值和重要性
> ➤ 工具的好坏只与它们怎样使用以及在哪里使用有关

本章讨论云计算、虚拟化和数据存储网络的管理工具。重点讨论基础构架资源管理（IRM）、端对端（E2E）管理、公共云和私有云以及最佳实践。

13.1　引言

软件和管理工具与硬件、服务器和最佳实践以一种透明的方式互相交织着。这句话的意思是，不应该单独地考虑软件、硬件和工具，而必须把它们放在一起考虑，因为没有软件就没有硬件，同样地，没有硬件也没有软件，这意味着虚拟化和云服务依赖于根本的实体资源、工具、人员和最佳实践。

相对于传统 IT 技术，云和虚拟化的一个主要观点以及价值主张是为了加强基础构建资源管理、IT 服务管理（ITSM）与服务传递。如果区别仅仅是工具，那么为什么不把那些工具投入到旧的环境和科技中，然后简单地将它们标记为私有云、IT2.0 或者动态的优化的环境呢？工具只有在将它们投入使用并利用它们为实现某个目的和目标时才成为工具。这意味着云资源和云工具能够在传统的方式下用于模拟标准的 IT 和 IRM 活动。类似地，不同的工具和科技可以通过不一样的方式来使用，用来实现一个融合的、多变的、灵活的、可扩展的、弹性的数据基础构架——通常称为"云"。

前面已经探讨了好几种支持传输信息服务的数据和 IRM 的科技、工具、技术和最佳实践。尽管拥有一个多样化的 IT 工具箱是重要的，但懂得如何运用这些工具也同样重要。如果所拥有的是一把锤子，那么所有事情看起来就是钉子。

270

13.2　软件和管理工具

　　管理工具可以是软件、硬件两者的结合，或者是像服务一样可以使用的东西。例如，SaaS 就是一个基于网络的可以用于传递商业和信息服务以及促进 IRM 活动的工具。基于硬件的一个例子是用于访问服务、存储以及网络健康和故障排除的分析器或探针。组合方法可能包含硬件诊断或监视工具，它们通过云 SaaS 功能提供服务端或虚拟器上运行的软件的信息。工具可以在网页上购买、租用、借用，或者在网上下到免费、捐助的共享软件。

　　软件和管理工具与下列有关：
- 基础构架服务（SaaS）、平台服务（PaaS）。
- 实体、虚拟化、云资源。
- 服务器、存储器和网络硬件设备。
- 应用、中间设备、IRM 软件。
- 操作系统和管理程序。
- 设施、能源、动力、冷却和 HVAC（供暖、通风和空调）。

　　软件和管理工具的适用范围如下：
- 应用、商业功能、信息服务。
- 服务和帮助台、事故、故障报告表。
- 表现、可用性、容量、变更追踪。
- 数据移动和数据移植。
- IT 服务传递和 IRM 活动。
- 测试、仿真、诊断、标记。
- 安全、承诺、身份管理。
- 数据保护，包括备份/恢复和高可用性（HA）。
- 商业连续性（BC）和灾难恢复（DR）。
- 减少数据轨迹（DFR）和最优化。
- 计划和分析、预测、获得、IT 资源的配置。
- 度量和测量，促进态势感知。
- 活动和事件的监测、计费、退款。

　　可以得出如下结论：任何形式的软件都是一种工具，就像许多工具是硬件一样，都可以用来管理资源和服务传递。有些软件或者硬件技术专注于促进服务之外的管理或者支持其他工具。举个例子，数据库就是一个用于组织和管理数据的软件工具，很多其他应用都会调用它进行信息读取与传送。附加工具多用于配置、调整、安全、执行维护或者升级、保护数据库中的数据。还有其他一些工具通过访问数据库来执行分析、查询、支持处理，还可应用于输入和输

271

出数据到别的应用和工具中，包括数据集市、数据仓库和大型数据分析系统。

　　拥有一个多样化的工具箱（图13.1），知道使用什么工具，在何时、何地使用，以及为什么使用，对于促进一个由实体、虚拟化和云资源组成的，对信息服务传递进行支持的信息工厂是很重要的。需要特别注意的是，使用过多的工具过度关注工具箱会分散服务运营管理的精力。这意味着保持关于正确的工具、最佳时间、人工技能、自动化、洞察力和信息服务传递意识的平衡是很重要的。

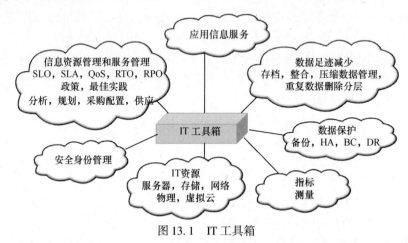

图 13.1　IT 工具箱

　　回顾贯穿本书的信息工厂一词，我们发现，工具和使用工具对于将资源转化为传递服务是很重要的。工厂依赖于以设备的形式存在的工具，如印刷出版、金属冲压和折弯设备、搅拌机和压榨机、炊具和包装机。这些物理的工具连同不同的技术和设备由各种各样的其他的工具进行管理，并收集度量信息以完成监视、管理、排除故障、超前性或预测性地分析、控制品质、完成配置、计费等活动。

　　工厂中的工具可以自动化活动，将图形用户界面（GUI）、文本打印、命令行接口（CLI）和各种警报与事件预警机制融合。也有些工具和工具设备本质上是通用的，如锤子、扳手、螺丝刀和老虎钳，与为特有工厂技术的特定任务定做的工艺设备一样。信息工厂有着相同的特征，就是对传递信息服务有着各种不同的工具或者技术，这必须用自动化和人工介入的结合来进行管理。与传统意义上的工厂维护、配置、修复工作的运行一样，信息工厂也具有专业的工具来保持有效的服务传输。举个例子，不论是免费还是付费的操作系统、管理程序和文件系统都是嵌入的或者是第三方提供，便于管理，包括配置、供应、分配资源、诊断及检修、监视，以及报告。

　　公共云服务同样是工具，它利用软件运行在一个基于实体资源的虚拟化环境中，依次依赖于各种插件、程序、驱动、垫片、代理、仪表板，或者实用程

272

序，以上这些也都是工具。虚拟化管理程序是具有抽象、透明性、仿真和灵活性的工具，并且还支持合并。还有一种用于管理超级监视者和它们与 IRM 相关活动的工具，包括供应、容量规划、安全和数据保护。

工具和功能可以像一般用途的软件一样运行在标准的非专用设计的 x86 服务器端，在实体机器（PM）上，或者与其他软件和工具共存，如应用、数据库、电子邮件、网页和其他服务器。工具和软件也可以在专用的硬件（开放的 x86 或者供应商专用的）上运行，此时它们常视作一种应用。应用也可认为是网关、网桥、路由器和服务器。工具可以在一个虚拟机器（VM）上展开运行，或者作为固件或微码嵌入一个实体服务端、存储器、网络设备。

13.3　管理工具接口

什么是最好的管理工具？是具有最棒的 GUI（图形用户界面）工具？还是透明及自动化到人们忘记它存在的工具？答案是，不一定，这根据任务的不同而不同。有些人喜欢 GUI，有些人喜欢 CLI（命令行接口），有些人根据任务和功能的要求喜欢综合使用 GUI 和 CLI。除了 GUI 和 CLI 以外，接口还包括 API 和上传或下载信息的机制。举例来说，性能、事件或者其他的信息可以用 XML 和 CSV 以及其他格式进行下载，导入到其他的工具和应用中。有些工具是面对客户的（图 13.2），包括服务请求和系统状态，而有些工具则关注于内部的手动介入和分析。

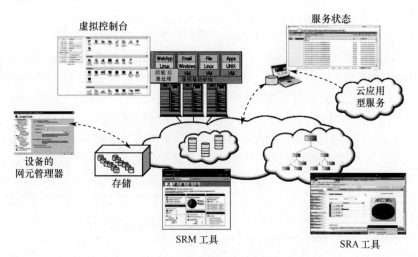

图 13.2　管理工具界面

有些工具虽然有接口，但还是借助对从不同数据源（如事件日志、使用或活动等）获取数据的约束来支持自动操作。在图 13.2 中，单元管理展示了对存储配置、诊断、快照和其他装置级及精细功能的管理。监视用的 SRM 工具、管理、系统资源分析（SRA）工具也在图中列出。这些工具能够相互连接，或者与框架工具进行连接。

图 13.3 展示了使用与云服务有关的各种不同的管理工具和接口。图 13.3 中的图形包括了基于网页的 SaaS 供应商的服务地位显示（右侧），在客户或者使用者的计算机上运行配置支程序（中心），还有一个 IaaS 的可接入网络管理控制台。各种不同的技术包括网络存取、带宽、数据足迹减少最优化、HTTP 和 REST。时间和性能的信息可以通过 CSV 或者 XML 进行下载，用来导入其他的工具里进行分析或者事件关联。

图 13.3　云存储面板

除了应用程序、基于网页或者基于浏览器的 GUI 和 CLI 之外，其他的访问信息或者移动信息的管理接口包括：HTTP、FTP、XML、JSON、RSS、CSV、SOAP 和 REST；供应商和产业使用的应用程序接口（API）及软件开发工具包（SDK）以及包括来自 Amazon、GoGrid、Google、Open Stack 和 Rackspace 的那些行业标准；其他的管理工具、接口、标准和 API 包括云管理工作组（CM-WG）、分布式管理任务组（DMTF）、虚拟管理主动权（VMAN）、服务硬件的系统管理体系结构（SMASH），以及服务硬件的桌面和便携体系结构（DASH）。其他的还有欧洲通信标准研究所（ETSI）、英特尔开放数据中心联盟，美国国家标准技术研究所（NIST）、开放云计算联盟（OCC）、开放云计算处理界面（OCCI）、开放网格讨论（OGF）、目标管理组（OMG）、结构化信息标准提升组织（OASIS）。其他的举措和标准包括简单网络管理协议（SNMP）、管理信息基础（MIB）、存储网络行业协会（SNIA）、存储接口管理规范（SMIS）和云数据管理接口（CDMI）。

13.4　端对端管理

在云或者虚拟化动态环境中，一个重要的需求是要有 IT 资源的态势感知。

这意味着能够洞察到怎样部署 IT 资源才能高性价比地支持商业应用和满足服务目标。IT 资源利用的意识提供了战术和战略计划以及决策所必需的洞察力。换句话说，有效的管理需求不仅要知道哪些资源在手，还要知道怎样使用它们，以决定不同的应用和数据应该布置在哪里来满足商业需求。

在抽象的和虚拟化的层面背后，是要依靠协调的方式进行管理的实体资源（服务器、存储器、网络和软件）。有效管理资源的关键是能够识别、追踪和调整这些资源何时何地用于服务传递。还有一个重要的方面是及时地协调发生在不同科技领域的机会（服务器、网络、存储器、应用和安全）。例如，从实体到虚拟的迁移或转换服务器和应用（P2V），虚拟到虚拟的服务器或应用迁移或转移（V2V），虚拟物理迁移或转换（V2P）的转变，普通 IT 资源的合并、数据中心或存储器的移动，以及技术的重构、更新和升级。

常见的管理实体和抽象环境的事件包括：

➢ 逻辑到实体映射的发现、识别和追踪。
➢ 关于何种资源可以用于给定等级服务的意识。
➢ 识别哪些硬件和软件的升级是必要的。
➢ 生成蓝图或文档以决定何时移动什么到何处。
➢ 在技术管理组中推进任务执行和工作流。
➢ 各种不同技术的工具的容易出错的手动交互。
➢ 分析多个供应商、多个技术的互操作性的依赖性。

虚拟化和其他抽象形式的商业利益是可提供透明度和灵活性。然而，由于引入了一个高度复杂的层，因此需要端对端（E2E）的跨技术管理。存储器和网络对于 IT 组织来说是必要的，这有助于 IT 组织有效地管理其资源以及向商业用户传递应用服务系统资源分析（SRA）工具，从而支持对服务器数据的采集和相关处理。

本质上，当虚拟化或传统 IT 环境的管理运行时，一个新型的提供 E2E ARS 和数据保护管理（DPM）的工具对于计划和移植是必需的。跨技术领域的 SRA 和探索工具能够帮助鉴别在所处环境中什么是必需的，何地、何时、为什么以及怎么样来部署那些资源，从而促进 IT 服务在商业活动中的递送效率。促进 IT 和数据存储转变成更有前景的云、虚拟化或者其他抽象形式的环境所必需的三个重点能力是移植自动化、工作流、配置管理。

还有一个重点能力是关于普通的 IRM 任务，包括 BC、DR、DPM、资源追踪、变化管理和性能容量计划的能见度（情境警觉）。工具应该提供情境警觉，包括鉴别资源的用法和分配，提供在实体资源中映射到动态环境中的洞察力。除此之外，工具应该能够协调工作流的管理，包括工作流产生、鉴别配置变化所需的区域、流式化的数据和存储器移植活动。E2E 跨技术管理牵涉到映射服务对服务类别及模板的请求，驱动 IRM 及其他功能性任务，从而实现信息服务传递（图13.4）。

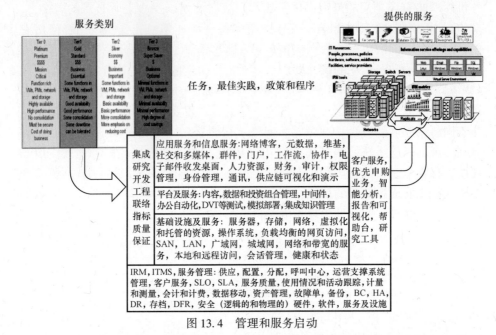

图13.4 管理和服务启动

图13.4展示了管理的重要性和角色，从服务类别的需求到支持服务传递的特殊任务。流式化服务传递不仅要更加机智，还要更加有效才能提高效率。自动化能够用于返回程序的任务，包括资源准备、时间关联、分析，还能够使IT职员专注于知识任务和分析。

13.5 有关许可证的话题

许可证和费用应用于实体的、虚拟的、云资源和相关的服务。产品和服务得到许可的方式根据每台、每个设备，或者用户、企业、网站选项的不同而不同。软件和工具可能是一次性的许可、永久许可或在持续时间段内的许可。永久使用的许可通常是授权给一个或者包含在费用中的一定数量的特殊的服务器端或工作站，在一定期限内的升级和支持也包含在其中。

软件和工具可以由以下方式进行许可：
- 对单个或者多个复制的固定收费，不论有无支持。
- 永久许可（无时间限制），直至购买一个新的版本。
- 有限时间的许可，包括使用软件、进行升级和接受服务支持。
- 商务使用、教育使用、政府使用、个人使用。
- 企业级、组织级和地域级（站点级）。
- 个体应用、系统、服务器、工作站。

> 实体服务器或者工作站实体。
> 每单位 CPU（单核、多核、套接），不论是实体还是虚拟的。
> 不受限制的或以小时为收费基础的。
> 单位用户、座位或者工作站（总数使用或者并行使用）。
> 采购程序成交量和分级定价。

除了许可证费用，还有维护和支持的费用。要考虑与许可相关的工具和在提高维护率基础上不断进行维护的成本。也就是说，这个工具是否在减少每单位支出的同时能够帮助优化环境（包括支持成长需求、维持或者提高服务质量（QoS）和服务等级目标（SLO）。这需要洞察力和衡量准则来估计目前的环境运行得怎么样，并决定预期变化的影响。除了许可证应用软件、相关工具和操作系统，虚拟化也是一个必须包括的成分或层次。由于监控程序和工具的使用，很可能会产生附加的许可证费用和维护费用。当虚拟机器或应用使用云服务时，许可证费用可能包含在打包或者订阅的一部分中，或者可能不得不带上许可证作为 VM 的一个部分。

有些管理程序如果不包含在其他软件中，如 Microsoft Hyper – V 和 Windows Server，是可以免费或者低价获得的。管理工具和附加的功能可能以更低的价格授权或者同免费的管理程序一起使用。管理程序供应商包括 Citrix、Microsoft 和 VMware，还有拥有许可证管理工具的第三方。软件许可不应该妨碍虚拟化和云服务促进机动性与敏捷性的价值。这意味着要确保许可证运行在一个特殊的机器或者给定的位置时才不会受到限制。同样要观察现在的操作系统和应用工具许可证是否可以转移，或者需要免费地转变或免费应用于一个 VM 或 VDI 环境中。服务器端合并减少了实体硬件的支出，但是并不能靠其本身来减少软件许可费用。这取决于怎样在一个 PM 上合并 VM 的数量，因为得到许可的客户端运行系统可能随着它们的应用和 VM 费用而增加。因此，追踪软件或者其他服务费用和许可证与追踪 IT 资源一样重要。这意味着需要制作报告和指标，来展示拥有的工具，什么许可证在使用，什么对于使用是有效的，有什么其他的许可证是必需的。

另一种大多数软件工具或服务供应商不敢去采用的衡量方法是基于使用某种工具所获利益的费用。这是一个更加复杂的模型，它没有一个清晰的度量指标，而且这种复杂性与回收到的价值的主观性有关，这也是它常常被使用一个更加直截了当的费用模型替代的原因。然而，在厂商自身的工具更加富有成效的情况下，将一些基准或者传统费用与红利相结合成混合费用系统的机会是存在的。对于客户，好处是更低的起步费用，而任何支付给厂商的额外费用是对已实现的节省费用的补偿。取代利润分摊，将它想成是厂商、供应商或者服务提供者与客户合作而获利的"生产力分摊"。什么时候这将会发生以及是否将会发生，谁都会有疑问。然而，若要驱动改变，就要从另一个角度看问题，所以也许将会看见有人能够通过搭建真实的合作伙伴关系而与他们的客户关系更为紧密，而不只是传递贩卖空口白话。

软件、工具、云计算、虚拟化许可证合并涉及以下考虑：

➢ 对虚拟环境的许可应该包含合同和系统管理员。

➢ 软件许可证应该作为 IT 资源能力计划预测过程的一部分被包含进去。

➢ 当从样板配置 VM 时，确定有可用的临时许可证。

➢ 懂得如何以及 VM 是在何时计数的，它是按年度结算还是按平均结算。

➢ 拥有一个许可证以回顾执行，确保在那些资源上获得最佳的 ROI。

➢ 运用来自不同厂商的层列式管理程序来对应不同的服务需要。

➢ 调整适用的层，使得监控机与工具适用于所需服务等级。

➢ 单位 VM 的许可证能够适用于不以巩固自身为目的的系统。

➢ 单位实体服务器许可证能够适用于可以合并的应用。

➢ 如果组织关注硬件成本，那么也要关注软件费用。

13.6　管理工具的角色进化

管理工具和软件应该帮助减少或者至少屏蔽复杂性，而不是增加环境中的复杂度和活动。工具也应该通过支持增长需要，维持或者优化 SLO、SLA 和 QoS，并减少单位支出，来驱动 IRM 或者 ITSM 创新。创新的一个重要方面是更好地使用 IT 资源，而不是消极地影响 QoS 或者 SLO。这个创新应该适用于硬件、软件、设备和人员。

大多数公司和组织的主要目标不是为了支持管理。公司的存在是为了通过各种不同的管理中的资源来转变和传递服务。云计算、虚拟化和数据储存网络环境不应该为了主持或者服务管理的需要而存在；相反，管理应该使得存储网络更加高效。包括 IRM、ITSM 以及其他活动在内的资源管理在减少包含每单位支出的浪费和重复劳动的同时，应该关注于驱动革新、支持需求、维持或者优化 QoS 和服务传递。对人员、制度、最佳实践和组织边界及技术的管理形式不应该增加信息服务传递的复杂性。

管理和工具考虑包括：

➢ 解决方案或者服务的焦点和范围是什么？

➢ 能够在不同的产品中使用工具、技术或者服务吗？

➢ 工具怎样与其他厂商的技术、解决方案和服务工作？

➢ 什么样的接口、协议和 API 是免费或者收费支持的？

➢ 什么样的度量和衡量指标能够使工具作用于其他资源？

➢ 工具是与名字和品牌成为整体的还是与实际的技术成为一体？

➢ 带有插件与维护的技术许可证怎样定价？

> ➤ 技术怎样向其他的实用程序提供信息和结果？
> ➤ 解决方案或者服务会减少还是增加基础设施复杂性？
> ➤ 工具的可扩展性能力怎么样？

13.7　硬性和软性产品

　　软性产品（不要与软件混淆）指的是将各种包括软件和硬件在内的资源整合成服务并传递出去。硬性产品指的是一些技术，诸如硬件（服务器、存储器、网络和工作站）、软件或者服务，包括网络带宽，它们可以用不同的方式使用或者部署。软性产品通过借助硬性产品技术传递各种各样的服务，这些服务融合了最佳实践、个性与通过配置、观察和感受以及其他定制形式实现的功能。

　　换言之，软性产品指的是在相同的硬性产品下如何使服务不同于别人的服务。这说明不同组织可以使用同样的硬件、软件或者网络以及云服务；利用这些资源，并且通过配置和管理这些资源形成了软性产品。举个例子，两个不同的航空公司可以从制造商处以不同的价格购买一架波音737喷气式飞机，而价格的不同建立在成交量的折扣上。飞机将会刷上不同的油漆，但是拥有虽然不完全相同也非常相似的引擎和基础组件。两家不同的公司怎样安排它们的座椅排距和舒适度，一旦投入服务，他们怎样给这些飞机配备职员，以及飞行中服务（也可能没有）的不同，都区分了他们的软性产品。

　　以这个例子为基础，两家不同的公司怎样使用不同的工具来管理他们现有的飞机，做新机计划、预测人员配置和燃料，以及管理客户服务传递，同样是他们软性产品的一部分。回过头看看本书中贯穿全文的工厂理论，诸如云计算或者管理服务提供者和托管网站的信息工厂常常使用同样的硬性和软性工具——他们怎样管理那些资源以及他们的服务样品定义了他们的软性产品。

　　使云计算和虚拟环境成为可能的一些条件是，使用不同的结合了服务样品和之前在书中讨论过的度量指标来建立或者传递独特的软性产品。理解软性产品的重点是在使用常见的组件时，什么会创造它们不一样的支出或者形成各种各样的服务。借助不同度量指标以及测量值，可以洞悉在减少浪费及占用劳动力又增加成本的重复工作的同时怎样传递服务。举例来说，单纯地把目光聚焦于减少支出、抬高利用率，而不考虑与QoS、SLO以及SLA的服务传递，会导致糟糕的客户满意度、重复劳动或者其他形式的浪费（如损失生产率）。最大化资源是减少支出的一部分，但减少复杂度、浪费、重复工作和其他损失的机会包括在达成新的服务中的停机时间或者延迟也是要考虑在内的。

　　自动化能够帮助处理耗费时间和容易产生误差的普通进程，如时间日志分析、资源发现、服务水平监视，以及变化确认。跨领域系统资源分析能够通过观察各种事件或者活动的日志，在发生前识别问题所在进而确定趋势，帮助组织更加有效地管理资源。类似的实践还应用于观察各种不同的表现、用法、活动、事件和配置信息以监视资源是怎样用于满足服务传递的。

除了基础的监视和基本的比较以外，SPA 和其他的工具可以主动通知工作人员或自动化工具基于策略管理者采用正确的行动以避免服务混乱或减速。就像在传统的工厂中一样，通过综合使用自动化、工具、洞察力和态势意识的度量以及标准可重复进程和程序来推进活动，可有效实现支出的缩减和客户服务的改良。换句话说，需要最大化的主要的 IT 资源是熟练员工的时间，使他们更加有效地工作，承担特殊的任务和偶然的异常处理，而不是应对每一个客户所要求的定制服务。

13.8 其他 IT 资源：人，过程和政策

比将各种功能融合成一个单一产品更重要的，是公司的目标和聚合技术的价值主张，包括减少复杂性和在得到更低支出的同时希望能够推进生产力并因此盈利。在某些情况下，聚合会导致获取或产品选择的单一化，然而有时却能用更少的钱做更多的事，如拉伸财务预算、合并或者促进新的功能。在部署合并技术之前，要考虑整合组织过程、最佳实践，以及员工来支持一个给定的技术。举例来说，谁拥有网络？答案可以是实体网线、交换机，也可以是支持那些科技的协议。在一些组织中，合并的过程在很好地进行着，对其他组织而言，技术可能是在运行中，但是将它所有的潜能发挥出来依然还是一个遥远的目标。例如，一个已安装的聚合网络交换器，有可能依然是作为一个 LAN 或者 SAN 盒子在网络或者存储组中管理及使用。

从这个网络核心交换器例子可以得出，有两件事情要考虑：第一，交换器像盒子一样进行管理，而不是自愿；第二，盒子要么像一个联网组的 LAN 装置一样，要么像一个服务器或者存储组的 SAN 装置一样进行管理。有些组织已经把管理联通设备组件结合的工作推进到了中间的步骤，然而，它们还是依然从一个 LAN 或者一个 SAN 的视角或者理念来实现。

利用合并技术的障碍不一定是人，它可能是组织的界限、进程、规程和政策。当然，员工个人的偏好和经验对于考虑者来说也是一个要素。举例来说，一直在网络中或者 LAN 环境中工作的人可能比使用服务器或者存储器的人更期望看到不同的东西。类似地，在一个开放性系统服务器和存储器背景下的人可能与一个具有主机操作经验的人用不同的方式看问题、解决问题。

在有些讨论或者情况中，冲突可能会围绕着实体电缆、盒子、管理工具、配置和其他有形资产，实际的问题可能是可控的。另一个障碍的原因是，组织的技术构造或者技术策略，如向谁报告或者采纳的是谁的财政预算。最终结果是将收敛装置、网络交换器、收敛的网络架构（CNA）、管理工具、服务器、

存储器和支持云计算及虚拟化环境中的其他资源部署为垂直的或者面向特殊功能的技术。举个例子，一个交换机或者适配器可能为 LAN 或者 SAN 使用，但是不能为二者共用。

因此透过网线与盒子，识别哪些组织进程和科技文化障碍可以改变，从而实现聚合技术的优势是十分必要的。虽然了解工具和科技是重要的，但是理解何时、何地、为什么、使用什么，以及相关的最佳实践或政策也是很重要的，这样它们才不会成为障碍。除了从技术的立场来做准备以外，考虑组织构架、工作流、最佳实践，以及准备用于影响合并网络技术的下一步进程也是重要的。这意味着，将 LAN、SAN，以及服务器人员整合到一起，识别常规背景、目标及领域的同时使大家意识到相互之间的观点以及需求是有所欠缺的。

运用聚合技术意味着采用不同的方式管理资源。并不是管理实体的盒子、网线或者转接器，而是变成管理进程、协议、程序，以及像支持各个单独的技术领域一样支持合并技术的政策。向云计算、虚拟化和实体环境融合的聚合基础构造的转变意味着聚合或者统一管理。由专业的服务器、存储器、网络硬件和软件经验共同工作而构成的混合团队能够识别现存的方法或者程序上的瓶颈。瓶颈可能是由于对某个技术领域"过去就是这么做的"这种心态所造成的。例如，SAN 人事部门长期以来都将目光聚焦在低等待时间、确定性的性能及服务传递上。而 LAN 的支持者们已经将互操作性和普遍性作为一般原则。惯用 SAN 的人们常常依据块或者文件进行思考，而使用 LAN 的人们依据 TCP/IP 和相关技术进行思考。在此并非想要争辩谁拥有连接线或者什么是最好的连接线，收敛管理组需要超越实体而拥有一个逻辑化和抽象的视野。对有效的服务传递来说，不仅在于谁拥有协议和相关进程，而在于怎样对常见技术进行管理。通过利用不同技术组的最佳经验，要思考工作流怎样能够更加合理化。

首先将合并网络解决方案部署在可用于传统的 LAN 或者 SAN 盒式功能环境的同时共存模式中。其次才是利用聚合功能，将技术以及组织管理途径拓展到盒子之外。通过建立虚拟化团队来打破组织的障碍进而促成跨技术领域和 E2E 的管理。随着时间推进，不同组应该学习为什么他们的对手用特有的方式思考和做事。像一个虚拟化团队那样工作来支持云计算、虚拟化和实体技术，新的进程、提供者以及最佳实践，会越来越多地得到开发与应用。

13.9　常见的管理相关的问题

有了堆栈和解决方案包，存储器与系统管理是否会被淘汰？存储器和系统管理包含了工具、人员和最佳实践。有些结合了硬件和软件工具的综合解决方案能够简化特定的任务，而自动化则能够应用于常规的时间消耗性活动。通过从常规任务腾出时间，存储资源和系统管理人力资源就有更多时间用于学习和增值活动。

应该拥有一个单独的能做一切的管理工具吗？一个单独玻璃的窗格，也就是一个面向单独实体或者虚拟显示器的管理工具，可以作为一个目标，但是部署各种技术所带来的复杂性和成本阻碍了其部署。与管弦乐编排一样，联合的支持跨技术领域跨多样资源的活动的工具能够帮助简化和流水线化管理活动。

13.10　本章小结

虽然虚拟化、云计算和其他技术或者其他促成动态 IT 环境的工具能帮助我们从应用中抽象出实体资源，但是关于 E2E 管理工具提供态势意识的需求可能更加重要。从已有设备中获取洞察力，建立一个基准，知道事物是怎样运行的，找到瓶颈和问题，消除复杂性而不是移动或者掩饰它，以及避免聚合产生的恶化，都是至关重要的。适当的管理工具能够帮助识别和追踪各种服务器、存储器和网络资源之间的构形和相关性。

虽然抽象带来了一些简便性，但是仍然存在额外的复杂的管理，需要清楚和及时地查看资源是如何使用的和分配的。除了需要通过系统资源分析工具进行态势感知以外，虚拟化或者抽象环境还需要流水线化日常工作流管理。速度、灵活度和精确度对于支持动态 IT 环境是重要的。因此，能够识别、追踪、支持自动化以及使各种厂商的技术形成工作流文件的工具是使 IT 组织转变成抽象环境的核心。

一般的行动项目包括：
- 优化组织以利用云计算、虚拟化和收敛技术。
- 自动化处理常见循环任务。
- 人工处理知识型活动。
- 利用工具，避免增加复杂性。
- 在 IT 工具箱中拥有多种工具，同时知道何时、何地、为什么以及怎样使用它们。
- 在提高回报率或者开创新回报的基础上考虑工具和许可证。
- 像管理服务器、存储器和网络资源一样管理软件许可证。

以下厂商以及在之前的章节中提及的厂商，为管理云计算、虚拟化和数据存储网络环境提供工具：Amazon、Aptare、Autotask、BMC、CA、Commvault、Cisco、Citrix、Cloudera、Ctera、Dell、EMC、Enstratus、Fujitsu、Google、Gluster、HP、Hitachi、HyperIO、IBM、JAM、Joynet、Mezeo、Microsoft、Netapp、Network Instruments、Open　Stack、Oracle、Quest、Racemi、Rightscale、SANpulse、Seagate、SGI、Solarwinds、Storage　fusion、StoredIQ、Symantec、Teamquest、Veeam、Viridity、Virtual Brighes、VMware、Whatsupgold/Ipswitch、Zetta。

第14章　运用所学

是什么并不重要，重要的是如何运用它。

——格雷格·舒尔茨

本章概要
- ➢ 具有前瞻性、策略和计划的重要性
- ➢ 对比和评估不同技术的注意点
- ➢ 利用各种方法实现有效信息传送服务

本章将各种不同的技术、方法，以及本书中提到的话题联系在一起，以使其更加高效地进行信息服务传递，包括今天能够做什么，未来该怎样准备。

14.1　引言

到目前为止，本次学习已经跨越了13章，涉及云、虚拟化和数据储存网络的需求和机遇，同时还有各种各样的为促进高效、有用、敏捷、可升级及可恢复数据的技术方法。回顾第1章，本书曾提到，读者可能会在某一个早晨醒来思考："我如何让人去购买或者实现一个云、虚拟化，或者储存网络解决方案"。本书的另外一个主题是如何在支持信息服务传送的同时减少开销，保持或提高服务质量、服务等级目标、服务等级协定等。这要求我们创新——使顾客可以更加有效地实现新的功能。该怎样实现这个创新呢？要借助最好的时间、政策和人工技能，使用各种各样的硬产品（硬件、软件、网络、服务）来创造不同的软产品。

创新还意味着转变资源获取、放置、管理的方式，以及当其不再符合使用成本效益时，处理它们的方式。可能从阅读本书开始，读者已经看见了云、虚拟化和数据存储网络技术带来的机遇，它们将在今天或者未来读者所处环境中发挥重要作用。这一作用意味着它们可以共存和弥补，甚至替代现有的环境功能。在另外一方面，读者依旧会思考，为什么需要一个云、虚拟化或者数据存储网络环境。

14.2　别害怕，但请三思而后行

本书的一个持续性主题是"别害怕，越过那些天花乱坠的广告，三思而后行"。这意味着退后一步，再问一次：确定想要或者需要一个云吗？理由是什么？需要或者想要虚拟化吗？为什么？能够减少软件许可权的数量和管理复杂度以减少支出，同时保持并提高 QoS 和 SLA 吗？尽管宣传铺天盖地，但并不是所有的环境都准备好了转变为公共、私有或两者混合的云解决方案或云服务。然而，很多公共云、私有云、混合云服务和解决方案正在进行并且值得一看究竟。

跨过天花乱坠的广告和 FUD（害怕（fear）、不确定（uncertainty）和怀疑（doubt））意味着试水，即"概念验证"（POC）或者试验各种各样的解决方法和服务。"概念验证"的目标是决定服务和解决方法如何符合目前及未来的商业需求，以及 SLO、QoS 及 SLA 的技术需要。"概念验证"还将帮助读者获得技术和工具上的舒适和高效，提供一个改善和建设新的最佳实践的机会，这个实践就是在环境中将云服务和云解决方案具体化。虚拟化应该跨越整个整合内容进行评判，用发展的眼光来看它，探究如何利用它消除各种 IRM 功能的复杂性，使其更加敏捷和灵活。当然，还需要有财务和商业方面的考虑，以决定各种不同的方法、技术和科技下投资回报率（ROI）的所有权总成本（TCO）。ROI 和 TCO 以及总支出应该根据功能确定在一个对等的基础上，SLA、SLO、弹性功能及其他功能需满足给定服务水平。既认可传统的硬件和软件，又能够接受云计算和虚拟化服务及解决方案的买家是聪明的。

无论是一个增值二手商（VAR）、顾问，还是制造商，一个明智的卖家能够适应不同的机会并对市场变化做出快速反应。举个例子，如果竞争者都在尝试用服务器或者桌面的虚拟化来减少硬件成本的销售理念与客户周旋，那么改变策略——到一个不一样的情境中，或者添加一个新的情境。举个例子，在对手无法卖出一个解决方案而挫败地离开后，应该将其视为一个机遇，坐下来并找寻真正的阻力所在，或者关注的源头。可能发现是由于 QoS、性能、实用性、安全或者一些其他问题，但都可以用不一样的工具和技术来解决。在解决这些挑战的过程中，挖掘出顾客的兴趣点，而这正是你与竞争者们最初想要卖给他们的。

14.3 机遇与挑战并存

许多组织都对使用资源来使他们的信息服务传递变得更加高效这件事情感兴趣，而忽略他们是否正在使用或者将要使用云和虚拟化技术。结果是，有些组织会暂时采用近似云的管理方法和操作范式。有些环境将会购买私有云解决方案包或堆栈，其他的环境则利用它们已有的东西，把目光聚焦于进程、程序、提炼度量指标、调整服务水平期望值。

无论哪种方式，这个旅程将伴随着科技、技术、计划、策略和愿景的改变而发展。结果是，愿景、策略和计划都将随着时间不断调整以适应商业需求、挑战和机会。随着新的科学和技术的不断发展，总能找到运用这些科技，使之成为实现投资回报率和其他利益的机会。图 14.1 左边显示了在信息服务传递中，抑制或增加成本的常见问题和阻碍，右边则列出了目标。

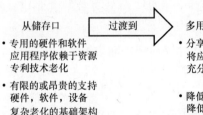

从储存口　　过渡到　　多用户和灵活

- 专用的硬件和软件
  应用程序依赖于资源
  专利技术老化

- 有限的或昂贵的支持
  硬件，软件，设备
  复杂老化的基础架构
  缺乏及时挂钩到企业的指标
  未优化的资源（过量或匮乏）

- 缺乏敏捷性和灵活性
  及时发现服务器的传输和损耗
  时间数据保护现代化
  失去机会，返工或浪费

- 分享资源（硬件和软件）
  将应用程序或服务调整为最佳资源
  充分利用开放的互操作技术

- 降低复杂性和损耗
  降低提供服务的成本
  提高服务质量和服务于传输
  优化的，有弹性的，灵活的，敏捷的

- 使其敏捷和灵活
  优化的服务和资源
  及时有效的数据保护

图 14.1　去除 IT 障碍，保证传输效率

通过不同的科技、技术、工具和最佳实践以多种组合方式来实现变革（图 14.1），直至满足自己特定的需求。对降低成本和支持增长来说，进展比聚焦于如何提高利用率的意义更大。提高利用率只是变革的一个部分，如何降低浪费及因工作流和处理复杂性所导致的工作时间流逝、重复工作也应考虑在内。例如，对于因生产力、客户以及机会流失等所导致的成本降低，与服务等级和类别相一致的流水线工作或模板可有助于加速资源供应。另一个例子是通过跨服务器、存储、网络、硬件、软件、数据保护安全技术领域及管理组的流水线工作和处理划分，减少从现有存储系统移植到新的、云的以及 MSP 所需的时间。

作为信息资源的消费者，客户的请求越快得到处理或资源越快准备好，就能够越早提升产能。作为信息服务的提供商，通过流水化及激活更快的资源供应，员工及其他资源可以在相同时间内做得更多，从而改善单位成本和 ROI。

流水式可能包括自动化工具的使用来应对常规循环任务，使得熟练的、知识渊博的员工可以解放出来，把精力用到客户及用户身上，指导他们合适地使用各种资源。例如，各种向导的组合可以对指导消费者或信息服务用户如何接入或取得资源有所帮助，并且还可以与弹出式的在线聊天对话框相结合，实现人工远程辅助。另一种常见的模式是让熟练的员工真实或虚拟地坐下来与客户解决大型的、规模更复杂的附加价值问题，从而将节省出来的时间用于工作流程及其他处理。

14.4　视野、策略和计划是什么

除非有大量的时间和资源能想去哪里就去哪里，否则大多数的旅程都是以愿景、策略和计划的形式进行的。愿景是将要去哪里，策略是旅程怎样完成，而计划是何时何地该做什么和怎样做。计划的一部分涉及决定从 A 到 B 的选择。考虑到物资和经济状况，可以随身带上什么以及什么是将不得不扔在身后的。计划的另一部分包含计量和测量的工具，以监视到了哪儿、现在的状态，包括财务状况、日程计划和其他因素。

为组织网络制定的愿景、策略和计划与技术能力等，均需要与商业的需求和机遇相匹配。不要从科技或者流行词（如存储、统合式网络、去重、物理或虚拟服务器、云、退单拒付和架构）开始，而是应该放缓脚步，思考一下怎样才能利用这些元素去实现愿景、战略和计划。它们是否会增加支出和复杂性，能够使信息服务传递更加高产和流畅吗？想要那些科技、工具和技术，或者说需要它们吗？是否能支付得起它们？如果这些工具、科技和技术不适合，这是否是由于愿景、战略和计划需要进化，以使那些条件能够满足公司的需求呢？或者说是否处于需要解决方案来寻找问题并解决的情境中吗？

后退一步，可以建立适当的期望值，避免陷入由于对能力的错误估计而引起的失望和挫败中。今天一个云或虚拟化或统合式存储的环境记录仍然在愿望清单上，而客户却通过加强控制、实施度量指标、减少数据占用影响、革新数据保护使之更敏捷等为下一步环境作准备。此外，还可能围绕云做一些最初的 POC 以备份/存储、BC、DR、存档档案或者通用存储共享，并且虚拟化了一些服务器用以准备行程的下一个阶段，同时精炼商业模型。

建立一个信息工厂的行程，无论称它为 IT2.0、3.0、4.0，还是云（公共云、私有云、混合云），动态的还是虚拟的，都涉及一个愿景、一个战略和一个计划。愿景将跟随时间进化发展，战略将会变得精确，以支持新的需求和把握机会，同时，计划是在稳步进行中并将跟随客户的步伐而随时更新。图 14.2 展示了一个简化的"融合了的"愿景、战略和计划的关系图，作者力求将其精炼为一个简单的示意图来表示比书中所述更丰富的含义。然而它是一条能够使读者继续这趟行程的途径，读者可以通过制定今日计划、短期计划和长期计划来精炼及满足其独特的愿景与战略要求。这个计划应该包括定期回顾及调整愿景、战略和计划。

前面章节所进行的关于云、虚拟化和数据存储网络，以及融合及其他科技和技术的讨论，可以用于满足各种各样的愿景、战略、计划的目标和需求。环境的解决方案将会是多样性的（表 14.1），这取决于需求、要求、预算和商业目标，将会牵涉到各种各样的科技、技术和服务。IT 服务传递的普通目标和需求，包含了传统的 IT 环境，同时还有云和 MSP，包括加速产能、减少成本、加强 QoS 和 SLA、优化服务传递，以及减少导致超支的复杂度、浪费及再劳动。附加的目标包括减少数据保护上的时间和支出，同时增强商业弹性和覆盖范围。

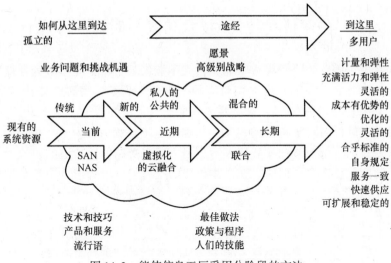

图 14.2　能使信息工厂采用分阶段的方法

表 14.1　各式各样的公共和私有云服务都用在什么时候及什么地方

	私有云	公共云
	更多控制。 如果需求可以使用资源，则可能更加划算	更少控制。 如果与 SLO 和 SLA 需求一致，则可能具有更多的动态性和更低的成本
SaaS	移植现有应用程序到网络服务模型，加速及支持新应用开发。释放内部资源投入到更关键的应用与服务中	快速访问新服务或功能或者补充现有能力。一些由内部传送给公共服务的电邮，将关键或敏感的用户保留在现有系统中。利用云备份支持远程办公室/子办公室、工作组及移动个人设备
PaaS	开发和建立允许在私有、公共及混合环境中移动的新应用	在公共或私有云环境开发及建立新应用。在弹性平台上使用多种开发环境建立应用
IaaS	本地及远程、虚拟和实体的服务器、台式机、存储器及网络资源以按需和可测的服务方式传送	为资源付费（或者免费），各种服务层，补充数据中心及资源，平衡峰值和需求，更有效地利用自己的资源，快速启动

　　这么多的硬产品（硬件、软件、网络和服务）是怎样与成功案例、政策和服务模板结合的呢？这将会决定软产品。正在提供的软产品或者服务可能会将不同类型的公共云、私有云、混合云结合到不同的程度，从全部（所有事都由云完成）到较少的数量。同样地，一些资源可能被虚拟化，从最初关注的合并，扩展至这个敏捷灵活的实现方式。

14.5　在评估科技、技术和服务时需要考虑什么

当考虑云服务和云解决方案时，目光不能仅限于每千兆字节云存储所消耗的成本，而要放在与服务需求相对应的云服务水平上。需要信任云和 MSP 服务，并利用它的 SLO 和 SLA 来满足客户的需求。就好像购买服务器、存储器、网络硬件、软件时对于价值的定义，考虑的不止是费用。为了某些功能，免费或者很便宜的极低成本的在线服务等也是有其自身的使用价值的，或者其存储和服务访问信息是有价值的。在基本价格的基础上，可为可选服务和超过基本资源支付额外的费用。有些服务允许免费存储信息或者免费访问某一个功能，而对检索、访问或使用一些高级的功能收费。在点击"是的"之前，花些时间读一下在线服务条件（TOS）协议，可能会惊奇于一些服务条款的内容，包括怎样能够使用服务，来自什么国家或地区及信息的类型等。

当决定了向虚拟化、云、存储、融合性网络计划和其他的最优化倡议前行时，与其他类似的组织交流一下，看看什么能行，什么不能行，为什么会这样。记住什么在一个环境中无法工作，但有可能在另一个相反的环境中却又行得通。这意味着为了获得各式各样的软产品功能，相同的工具、科技、技术、硬产品可能有不一样的开展方式。即使是同一家公司或企业，各种各样的服务和软产品在不同的组织中所起的作用可能是不一样的。因此，理解为什么有些东西能起作用有些东西无法起作用，这样才能够为特定的条件和形势做出计划。

当把数据和应用移动到一个公共云环境时，是本着能够在需要的时候访问那些数据的想法的。因此考虑以及时和低成本的方式在云和虚拟化环境中移动数据的灵活性具有重要意义，这使得可以利用不断改进的解决方案或服务供应商的能力应对不断发展的商业需求。同样需要考虑最初将怎样把数据和应用移动到一个新的环境中，哪些现存的工具将能够使用，哪些需要升级，可能还涉及费用问题。考虑服务提供商，或者一个产品供应商的支持能力，包括在非高峰时间接触支持中心人员的数量，观察他们怎样应付故障排解问题。另一个方法是让一些经验不足的员工接触支持中心，用模糊描述的问题来测试他们能够多快多容易地判断问题。

评估云和 MSP 的另一项考虑是了解它们的 HA、BC 和 DR 计划或者能力，包括它们将公开披露什么和保密协议（NDA）是什么。如果准备依靠一个服务或者解决方案来准备 HA、BC 和 DR，那么这些资源不应该变成环境中的失败点或弱点。了解服务能力的一部分是找出在线副本保存在何处，包括国外的，并在可适用的范围内遵守规则。同时确定在数据被复制到另一个位置时，他们是否加收了费用，或者复制是免费的，但访问数据却要收费。

14.6　常见的云、虚拟化和数据存储网络的问题

作者被问到的最常见的问题是什么？从 IT 的专业角度来讲，最常见的问题就是，什么样的服务、供应商和云产品是最好的，究竟云和虚拟化是否是夸张了的、令人怀疑的？作者对后者的回答是，建议跳过宣传和怀疑去看看有什么样的现有的解决方案和服务，能够使环境在不增加费用和复杂程度的情况下适应及修复。就什么是最好的服务、供应商和云产品而言，任何能够满足甚至超过需求的，并考虑了成本效益 SLA 的，提供可靠信息及服务的，就是最好的。云适用于每个人吗？云对于大多数人和大多数组织来说是适用的且有价值的。然而，不是每个人都有必要去使用和利用它。

虚拟化和云是不是会增加复杂性？是的，但是取决于它们的发展程度和所使用的工具，对于它们带给环境的方便和利益来说，它所增加的复杂程度可以忽略。

计量、测量、报告和退单能够影响资源使用行为吗？是的，这是需要牢记的规则。举例来说，因为某个特定服务的优越性能给它定了一个高价（无论实际上是否开具了一张发票），这将消费者导向一个低成本的性能考虑。另一方面，如果消费者在购买和比较供应商的服务时，只关注价格，那么他们很可能将会错过 SLO 和 SLA 的影响因素。另外一个例子是，如果想让使用者更多地将数据存储到硬盘而不是将磁带作为存档文件，那么就将基于磁带的存档文件的定价提高。然而，当发现将更多数据储存于硬盘而磁带档案卷存储更少数据，传送服务的费用面临挑战时，这可能就需要重新审视在材料、服务项目、成本结构上的账单并考虑怎样投入市场和推动它们的好时机。

云和虚拟化会不会自动地清除数据或者掩盖 IT 错误？云和虚拟化可能会导致或者隐藏一些问题，但可能会在修好它们之前争取时间。另外一个方面，如果没有恰当的部署，云、虚拟化或数据存储网络可能会带来问题。这意味着要提前为使用这些资源做准备，包括清理数据足迹和识别瓶颈或问题，而不是简单地将数据移动到别处。

云能够为用户自动提供和决定放置及优化数据应用的最佳位置吗？有些云服务利用模板、GUI、向导程序，能够自动操作供应进程并提供可运用的资源。然而，有些需要建立和管理那些服务模板、指导、向导程序，以便对更加复杂的环境进行分析。

所有关于 IRM、服务级别、模板和工作流的讨论，是否意味着 IT 组织应该开始像服务提供者那样思考和运作？是的，即使环境还没有计划要开展和使用云技术或者扩展虚拟化活动，检阅和评估服务类别也是很重要的。这意味着与客户一起重新探究他们的需要是什么，他们想要的是什么，他们能够支付的

是什么。有一句常见的戏言是这么说的：云当且仅当它支持退款时才是云。这话在服务提供商对使用者产生发票或账单时是对的。然而，将有关资源利用的计量、测量和统计映射到所传递的服务才是必需的。使用云真的更便宜吗？这取决于所使用的是免费服务还是收费服务、想要达到的级别、需要的东西及其他因素。把眼光放到云的低成本的价值主张以外，将比较焦点扩展到价值、信任、可实现程度及考虑度。举例来说，在写这书时，作者改变了云备份提供者，不是因为成本，事实上，如果继续和先前的提供者合作，作者将节省成本。作者通过改变来获得更多附加的功能，能够使自己做更多事情，而这些事情最终会带来更多的价值并因此获得更高的投资回报率。

当云供应方关闭服务时，怎样取回数据？这是一个很重要的问题，同样地，会在这个领域发生更大的震动和挑战。不会所有的服务都关闭，当然，它们中的许多必将提供一段时间来使客户逐步退出使用，同时将数据取回，或者是允许它失效并在保留期截止后删除。对于其他的应用和数据来说，可能不得不通过导出来移动它，然后再将它导入到别处，或者是在云服务供应商面前，使用一个云通道、工具、软件或者 cpop 作为透明性或者虚拟化层次来移动数据。为了保证大量的还原和输入，大多数服务提供了或包含在整个包中的或可选择费用的服务来支持数据在各种各样的可移动媒体间的移动。

云、虚拟化、数据保护现代化的障碍是什么？有许多的障碍，从信任和信心的缺乏，到有限投资到这个项目的预算资源。跟 VAR 和顾问共事与卖主和服务提供商一样，可以建立一个战略和计划来找到实现节支改善的方法，会对后续步骤的收效产生帮助。拥有一个正确的指标来衡量环境是怎样运行的，正在传递的服务也很重要，它为建立 TCO 和 ROI 模型提供了一个基准以进行对比或制定决策。

14.7　本章小结

本章的观点：总的来说，没有不好的科技和技术，只有当它们用于不合适的任务时的不当操作、决策和部署。

一般的操作项目包括：

> 如果没有一个愿景、战略和计划，那么就建立一个。
> 如果已经有一个愿景、战略和计划，继续提炼它。
> 用云、虚拟化和存储网络做一个概念验证。
> 获得经验，发现差距，提炼策略和最佳范例。
> 利用度量指标和测量值来做一个更明智的买手和服务提供者。
> 投入市场，并向顾客推动信息服务功能。
> 使顾客或消费者成为眼光聚焦于价值的更高级的买家。

第 15 章　综述下一步的工作和本书摘要

本章概要
➢ 现在的位置及将要去哪儿
➢ 效率对效用
➢ 下一步做什么
➢ 未来的方向
➢ 结束语

15.1　圆满结束这段行程

回顾第 1 章，作者提出了一个关于云计算和虚拟化的问题。这个问题就是，客户是否在某天醒来时对云计算、虚拟化、融合或者数据存储网络环境及解决方案感到好奇。

如果不是供应商、咨询顾问、分析师、记者或者也不是所在组织与 IT 相关的解决方案的负责人员，那么通常来说，购买和部署一个新解决方案的需求是为了解决一些商业问题。可能在早上醒来时思考怎样将信息服务传递模式演变为或者进化为更有效率的、更有效果的、更加优化成本的、更具有弹性的、灵活的、可扩展的面向服务的环境。与其去犹豫是否需要或想要云计算、虚拟化、融合或者数据存储网络，不如将话题引回来，问问怎样能使信息服务环境变得更加灵巧、灵活、有效率以及更能优化成本。工具、科技、技术、最佳实践和技术人员的配置可以帮助实现特定的目标。

15.2　到哪里了，将要去哪里：从效率到效果

通过本书的各章，读者们已经经历了丰富多彩的旅程，现在到达了目的地。诚然，这个目的地可能不是这趟行程的终点，它大概应该称为要点、暂停点或者对一段时间来说的暂停点。类似地，本书中所讨论的科技、工具、技术对有些人来说可能是目的地，而对其他人来说，那些可能将会是为了促进继续转化以及实现目标的工具和平台。特定的目标将会根据尝试去完成的事情而变化。有的人喜欢旅行，享受旅行；有的人喜欢技术，并一直在寻找运用技术的

方法。有的人因为价格的原因而忍受旅行，它们对技术也有相同的想法。

使用旅行来类比，还有信息工厂的例子，是为有助于使本书覆盖的话题视图化，以扩展读者的想象。有的人恐惧飞行或者旅行，也有的人忍受飞行或者旅行，还有的人——比如作者，享受它，当然也是有节制的。不要畏惧云计算、虚拟化、数据存储网络，以及融合的概念，而是做个计划，在开始前三思，然后开始"家庭作业"。这里的"家庭作业"指代制定可应用的计划、安排、管理和包装。

在许多组织中，一个常见的挑战是爆炸式的数据增长以及与此相关的管理任务和限制问题，包括财务预算、人员配置、时间安排、实体设备、占地面积、电力和冷却。在未来几十年里，将会持续不断地有越来越多的数据移动、数据处理、数据储存、数据保护、数据服务的需求到来。然而，在可预见的未来，商业和经济的需求将继续对资本和运营支出或财务预算进行限制。好消息是作者经常得到来自世界各处的 IT 组织正在增加用于多种角度的财务预算。然而，坏消息是这些组织必须做更多的财务预算，包括支持增长、新的应用，以及功能性、保持竞争力和维持或者增长服务水平、服务等级协议、SLO 及面对承诺的可靠性和其他目标。

回顾第 1 章，有一个图（图 15.1）展示了三条曲线，一条曲线与支持经济增长的需求相一致，一条显示了减少每个资源单位或服务传递的消耗，第三条与 QoS、SLO、SLO 及其他一些与服务传递经验相关的指标联系在一起。在过去的几年里，许多 IT 组织为了公司生存，也和服务供应商一样，聚焦在提高效率以减少支出。有一些组织已经扩展了，或者正在扩展，所以除了变得高效之外，他们更加关注于如何更加有效果。效率和效力常常被可交换地使用，用来表示减少、保存、巩固、节约或者回避及（或者）加大利用以减少支出。实际中，效率就像战术，做正确的事情，无论是针对保存、减少、节约还是回避。

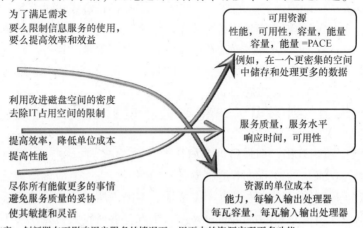

图 15.1 为满足创新性的寻址信息服务递送需求

效用则是在正确的时间正确的地方做正确的事情，或者用战术的和战略的目标针对当前的任务调整可用的工具、技术或最佳实践。效率可以认为是为了节约、减少或是提高利用率效用顾及到重复劳动、重复传递、重复播报、糟糕的响应速度造成的浪费和失去的机会或失去的有效性。在图 15.1 中，创新与效率及效用一起在更高的密度上支持不断增长的信息和数据，这里的密度指的是在每立方足迹、每瓦能量或者每单位冷却量中所存储的内容，每人或每个软件许可管理及保护内容，在数据保护上减少的开销和成本。

图 15.1 中，效用指的是对不引入浪费的高密度化的支持，这种浪费包括由于使用增多而造成的响应时间劣化，由于性能瓶颈而造成的网络流量重传，由于等待数据恢复或刷新造成的故障停机或链接失效，以及由于信誉及不道德的人为原因所导致的信息服务失效和中断。效率意味着将未充分使用的存储容量整合到更少的、大容量的、低成本的磁盘存储器，可以是本地的，也可以是远程的，或者是基于公共云的，焦点则是每瓦能量每单位容量的支出。效力意味着将未充分使用的存储容量的 I/O 活动整合到更少的高性能设备上，其测度则由每个活动（处理、I/O、页面浏览、文件访问）每瓦能量的支出进行衡量。

在行程中，读者们已经提及了许多不同的科技、趋势、技术和最佳实践，能够以一个稳定的模式实现图 15.1 中的创新目标（支持需求，维持或者提高 QoS，减少传输服务的单位支出和总支出）。

谈到能量，一个通常的错误认识是，绿色信息科技只与减少二氧化碳的排放水平有关。而实际上，绿色信息科技包含很多其他的准则，其中一个主要的主题是，在追求越来越高效、有效、高产的商业和经济目标的同时，也带来附加利益，即促进环境利益。这导致了"绿色缺口"（通信产业和信息技术的挑战与机遇的脱节），信息技术组织把绿色信息技术看作有关环境的话题，他们想要参与其中但是却没有足够的资金。不幸的是，"绿色缺口"导致在帮助环境和维持商业的同时，错失了变得更加高效、有效和高产的机会，作者提到"绿色缺口"是因为在云计算周围一直环绕着一个迷雾，这团迷雾将阻碍实现云计算和虚拟化的真实主题。

所有潮流科技都会经历一个发展规律周期，然后在破灭的低谷期后平息一段时间。有实力的或者是持续有潜能的科技、技术、趋势，通常在经过一定的技术成熟、系统进化、加强培训之后，带着新的活力重新出现。虚拟化已经走过了从热炒到低谷的阶段，已经再次现身，在融合的道路上大步前行，并且现在正将焦点扩大到敏捷度和灵活性。合并是一个相当容易理解的概念，也能很快地说清楚，所以它最先受到关注。敏捷度和灵活度可以产生一个成本效益更长远的优势，但是要花更多时间来理解，要走更长的一段路。现在，有关如何帮助超越合并范畴的虚拟化技术带到下一个服务器、存储、应用、网络和桌面的浪潮中的故事已经讲完了，相信大家也理解了。而绿色信息技术在过去的数年里，已经处于破灭的转折点上，或者处于环境科学技术的底部。绿色信息技术在提升效率和效用的环境下是生机勃勃的，同时能够帮助环境和促进行业的敏捷度和灵活性。

云计算目前处于发展规律周期的最开始，将会经历一些形势的破灭，这取决于怎样看待它，它可能已经准备好了。然而，各种不同种类的云计算产品、云计算科技、云计算服务和云计算解决方案都将发展、成熟，而且在很长的期间内以不同的形状和形式遍布各处。这与其他的信息服务传输模型、范例和平台（或者是信息科技行程的站点）如何继续生存是类似的，如主机、服务局、分布式小型机、分时使用系统、个人计算机、外包服务、委托服务、网站、内包、协同定位（主机代管）、托管和除了这些的其他。

15.3　下一步要做什么

从性能、实用性、容量、能量和经济的（PACE）角度来优化数据及数据基础设施（如服务器、存储、网络、设备、服务），以及 IRM 活动（如数据保护、HA、BC、DR）。例如，使用更少更快速的设备合并输入输出从而优化性能，包括与快速存储系统和性能加速器的速度一样快的 SSD 和 15.5K SAS，同时找出并解决基础设施和应用程序中的瓶颈。通过优化可用性以减少、消除或屏蔽单点失败，包容或隔绝错误，现代化数据保护的方式。这也意味着积极地利用 HA 和 BC，这样资源能够得到主动地使用，再辅以传统的备用模式，从而提高利用率和减少 DE 耗费。然而，实践中关心的是在关键的服务类型里通过增加利用率降低成本并不会引入瓶颈和单点失败。应该将 HA、BC 及 DR 作为商业能力的最后一道防线，而不是成本开销。

容量优化和空间优化是另一个需要关注的重点，并且顾及贯穿于整个环境的性能等级和压缩比。有一些存储器容量的优化与性能和可用性的优化有关。有一些可用性和能量的优化涉及重新访问服务种类，保留周期及需求或期望。同样要记住的是，在大的基础上，小比例的变化会有大的收益。当试图把重点放在能够带来大比例变化或者提升工具上时，如果它们只是在少量数据的基数上做出大的变化，这就不是工具应该关注的问题。举例来说，如果有 100TB 的数据，并且每天只有 10%（也就是 10TB）的数据变化更新，那么使用重复数据删除技术及日常备份，一个 10∶1 的压缩比产生大约 1TB 的数据，或者大约是一个高容量磁盘驱动器（根据 RAID 和设备的保护水平来决定）的存储容量。那么 100TB 的存储和数据的剩余部分是怎样的呢？它是怎么实现减少的呢？它可以被删除吗？答案是"也许"，这是由数据类型、应用时间敏感性以及本书中所讨论的其他影响因素决定的。

通过使用多样的技术和工具，包括实时压缩技术、归档数据库、电子邮件、文件系统和空间节省快照技术来实现数据保护现代化，同时调整可应用RAID的水平，精简配置，分层存储和数据管理，那么整个环境的性能就能够增强。举个例子，假定实时压缩技术在100TB的整体中应用，同时，假定当实现2：1这个常见的压缩比时没有显著地影响性能。对比在同样背景下使用10：1的压缩比，2：1的压缩比看起来相当小，甚至是毫无意义的。然而，10：1压缩比也只是对于环境中的一个小子集有用，只有这个子集能够适用这套方法而获得相对小的节约（如从10TB到1TB）。2：1的压缩比与用流磁带解决方案所见结果类似，应用在100TB以上的在线数据时（再一次假设没有对性能产生影响），就能看到显著的节约，或者有效容量总量的增加。

这其中的秘密在于：不同的数据脚本减少（DFR）技术是相互竞争的，如存档与压缩、压缩与重复数据删除。考虑一下怎样能够共同使用它们，以提供一个大多数应用能够适应的比率（在性能和时间上），同时这个比率（在空间和容量上）是最有效的。数据脚本减少是一项重要的考虑，因为访问扩张中的大量数据是需要被保护的，使用不同技术来高密度地服务是实现更高效和更有效的关键。

如果准备将数据移动到云里，怎样才能做到高效和有效地完成这件事呢？看待这个问题的另一个方法是，云资源是怎样通过帮助用户储存其信息以减少占用的数据空间。

下一步要做的事情中包含了重新思考愿景、战略和计划，做出必要的调整。实施敏捷度的评估，或者监察已有的信息提供的服务环境以及数据基础的建设，来建立一个基准，包括现在的活动、资源用法和服务提供效率。明确周期的和所提供信息服务工作量的峰值需求，并同时将那些在基准、容量预测和服务提供的计划中的内容考虑进去。制定一份与愿景和战略高度统一的计划指导现在及将来的行动，来使用本书中或新兴的各种科技、技术和成功案例。使用云服务、云产品、云解决方案来开启POC测试。应用从POC里学到的课程来建设新的成功经验、工作流程、样板服务流程以提高服务供给。

需要考虑的项目包括：
- 改变IT观念，从以成本为中心到以业务能力为中心。
- 学习根据商业利益传递IT资源。
- 识别花在日常被动任务上的，可以被自动化的工作时间。
- 将工作时间聚焦于增值业务，使之更加高效。
- 以有效服务传递代替开销，对员工进行评估。
- 通过减少数据脚本来减少数据。
- 大百分比的变化或比率是有益的。
- 大基数的小百分比更新不应该被忽视。

> 平衡会提高效率，同时提供变得越来越有效力的机会。
> 将焦点从效率扩展到效力，同时平衡 PACE 。
> 使服务消费者成为聪明的买家。
> 如果没有度量指标和端对端的管理，将会盲目飞行。
> 将度量指标与公司活动与服务提供形成一致。
> 通过度量指标来比较内部服务和外部服务。
> 预测容量（包括服务端、存储、网络，软件、服务）能够帮助做出明智和有效的决定。
> 用相关支出传递服务类型（SLO 和 SLA）。
> 明确使用云服务的所有支出，包括可选的费用。
> 将组织的工作流程、规程及最佳范例合理化和简单化。
> 为了更加有效，科技融合需要对应的融合案例支撑。
> 对设施、硬件、软件、员工技能进行投资。
> 与顾客重新讨论服务水平期望。

15.4　未来、趋势、前景和预测

如今，针对各式各样非结构化数据形式的"大数据与大带宽"的应用程序受到较多关注，用以发现事件关联、做分析、进行数据采集、产生销售情报、进行模拟分析，以及其他的一些应用。这些应用程序包含了传统的分析方法，这种方法利用像统计分析软件这样的工具，运行海量的数据（又称为"数字运算"）来处理文本或日志文件流。新的解决方法则是利用云计算和基于分布式计算网格架构。一个共同的观点是，这些应用需要大量的计算机资源、I/O 带宽和存储容量。对有些人来说，"大数据"这一术语仿佛是似曾相识的，因为这是他们许多年来一直在做的事情；对另外一些人来说，这是一场使用新工具和新技术的革命。

动态（RAM）和静态非易失性存储器（如 FLASH）将会持续性地发展，作为 SSD 和其他补充、独立设备以及服务器或主板上的组成部分。同时留意第一级和第二级块文件、对象存储以及其他的 DFR 优化技术包括去重、存档、CDP 和节省空间的快照等带来的由在线压缩增加的资源调配。用户将持续性地认识到，归档不仅是一个常规原则，还为许多日常 IT 存储或数据管理突发情况提供数据恢复的保障，同时也是绿色 IT 的一个必要条件，能减少数据脚本或减少数据脚本的影响以向云端传送数据。

根据连通性或者输入输出和网络基础，寻找 PCIe 的改进，来支持更有效的带宽、更多设备和更少的等待时间。串行 SCSI（SAS）将作为一个设备到控制的接口或服务器接口，从 6GB 升级到 12GB。FCoE 继续发展为一个基于分块访问的替代者，使用常见的或者是融合的网络适配器、交换机和布线方式，以及支持 IP 和统一通信的以太网管理工具。光纤通道（FC）正在从 8GB 变到 16GB，也许在某些规避风险的环境中或者是在保持 SAN 和 LAN 独立的草案中还会达到 32GB。

融合的 E2E 管理工具，包括 BMC、EMC、Dell、HP、IBM、Microsoft、NetApp、Solarwinds、Symantec、VMware，以及其他的管理工具，提供了对不同种类的云和不一样管理程序的异构性或联合支持。

表 15.1　行动号召：做什么，怎么做

谁	做什么	怎么做
CEO, CFO, CIO, CMO, COO	将 IT 和信息服务看作一种能够区别于其他公司的资产及业务的推动者。信息服务将被当作一个工具或推动手段，使客户借助其进行创新	想想怎样在一个信息扮演者的背景下投递信息服务，像其他供应商一样获利。以符合成本效益的方式关注生产力、降低浪费并加强客户满意度。授权并参与员工活动，去了解怎样获得一个更加有效灵活并激发信息服务传递的环境。提高意识及能力，将服务期望和需求按照商业目标与需求的关系指定。要有"不论想去哪里都要带着怎样去的策略出发"的意识
IT 主管，建筑师，经理	改善视野，策略和计划；应用本书所述技巧、主题和技术。将信息服务联系到业务范畴	扩张已有的同时，要发展与收集新的维度，像能力基线、预报和计划。利用各种技术优化数据轨迹，使之更简单的方式移植到云或其他多层存储环境。进行 POC，在没有优化的前提下运转工作流程和建立服务目录，并同时改善最佳方案和政策
服务供应商	培训及形成服务对于客户及未来影响的意识	将那些关注于提供成本，包括 SLO 和 SLA 及建立信任和信用为更低成本的竞争区别开。传递一个关于价值与低成本机会的命题
学生	为了推动灵活的，可衡量及有弹性的基础，学习各种技巧技术	学会掌握两种语言，同时使用商业与科技语言。学习可能特别关注的交叉技术领域；然而，也要学习服务器、存储、I/O 网络等知识、硬件和软件及各种 IRM 主题及最佳实例
供应商及增值经销商	分化和升值既是相近的又是长期的。为了卖出一个闪亮的新玩具或科技，就要避免陷入为了使顾客继续依赖而售卖传统产品的怪圈	寻找机会来区分增值，包括通过准备短期产品方案及长期的愿景、策略和计划来协调客户或寻求发展。扩张销售策略的选择并发展动态蓝图，抓住机会忽略其他。填补对手具备而没有覆盖范围的缺口，他们可能更关注于未来，以确保当前收入及可信的机会

与虚拟化和云计算有关的产业标准和举措，如 SNIA CDMI，也将继续发展。在 CDMI 和其他标准或 API 被销售商和服务供应商接受，并被消费者所采

用时，其价值主张就是增加数据和应用的灵活性、可移植性（运输性），管理的轻松性，希望能够用更少的复杂度来实现降低成本。伴随着任何新的重大的科技和技术的趋向，早期的解决方案供应商和销售商会面临衰退，这是生态进化和成熟过程。通过抽象层，利用联合或多样性的工具将会为组织避免发生必然的变动带来帮助，同时促进未来的进程。

15.5 章节和本书总结

希望通过本书，作者已经促使读者开始为下一个或者当前的旅程做准备，或者至少给读者提供一些灵感。作者希望已经回答了一些问题，激发出一些新的问题，并启发了关于不同的工具、技术和成功案例是怎样运用的思考。毕竟，最好的工具或者技术是最适合的那个，而不是其他。

一般的活动和可以直接借鉴的项目包括：

➤ 一般说来，并没有坏的技术，只有不适当或者欠佳的实行、部署、使用和推进场景。

➤ 运用大量资金或者财务预算、人员配置、硬件、软件、便利、虚拟化以及云资源解决问题可能带来短期缓解或者掩饰根本的问题。可以买到一些时间，但是迟早这些挑战、问题和瓶颈都需要解决。

➤ 云、虚拟化、收敛、存储网络和其他技术如果实施不当或者因为错误的原因实施，可能会产生不利的结果并增加复杂性。

➤ 减少复杂性将会减少开销，并有助于发现和解决问题。

➤ 云作为现有技术的补充可看成是另一种 IT 资源。

➤ 无法有效管理不知道的事情，因此需要 E2E 管理和态势意识。

➤ 度量和测度与核算、性能容量计划和退款一样都是管理的重要方面。

➤ 不是所有的服务器、存储器、网络和数据中心都能整合，但是可通过虚拟化简化管理。

➤ 在未来 10 年或 20 年的 IT 旅程中也许会有下一次的停站或终点，但那会是什么目前还不明朗。然而，可以利用历史经验根据当前所在和当前所学去预测将去往何处。

无论虚拟化或云是否在读者的近期或长期规划中变得更加有效率和有效力，应该尽快出现在未来规划中。如何获得效率和效力将会成为独特的软产品和信息服务传递的宣言。罗马不是一日建成的，同样，大多数信息服务及其传送机制也不是一日建成的。这表明，信息系统以及它们内在的架构，包括云、虚拟的和物理的资源，以及最佳实践、处理器、进程和人工技能需要时间去发展才可达成目标利润。然而，有些利润可能在几天之内发生，如果不是几个小时。因此要利用本书中所讨论的各种技术做好今天的事，为明天做好准备。

只有行动才能获得投资回报（ROI），在分析和计划中花费越长的时间，实现利润的延时就会越久。另一方面，过于快速的启动会导致错误或失败的启动，将会影响到成本和服务，给客户带来麻烦。因此，要在准备、分析、调查以及初始化试用研究、观点验证、原型和其他活动中寻找平衡，以获取经验、准备或提炼最佳实践，磨练技术，应对未来信息服务传送的不断进化。

最后（到现在为止），不论旅途的终点是云还是虚拟化和绿色 IT 数据中心，享受这一段旅程吧。不要害怕，做好准备。我很愿意听到来自你的消息，如果你们需要我也愿意提供帮助，所以给我留言、发 email 或寄张明信片谈谈你的旅程进展如何吧。祝福你们拥有一个安全和富有成效的旅程。